大连理工大学"新工科"系列精品教材

能量系统分析与优化

尹洪超 刘 红 赵 亮 穆 林 谢 蓉 编著

U0287237

科学出版社

北 京

内 容 简 介

能源是人类生存和社会发展进步的重要基石。研究能源的转换与利用系统的性质及特点，进行能量系统分析、模拟和优化，对有效利用能源、解决目前能源短缺问题、降低污染物排放具有十分重要的意义。本书讨论的能量系统分析与优化是以能量传输、转换、存储与利用为主要环节的能量系统的工程决策方法。本书共分为 6 章，主要包括能量系统分析与优化方法概论、能量系统分析的基本原理与方法、能量系统模拟的基本原理与方法、能量系统优化的基本原理与方法、热能系统分析与优化、蒸汽动力系统分析与优化。

本书可作为能源与动力工程、工程热物理、化学工程等相关专业的研究生和高年级本科生的教材，也可供从事热能系统节能设计的工程技术人员参考使用。

图书在版编目(CIP)数据

能量系统分析与优化 / 尹洪超等编著.—北京：科学出版社，2024.8
ISBN 978-7-03-075074-7

Ⅰ.①能… Ⅱ.①尹… Ⅲ.①能源—系统分析 ②能源—系统优化 ③动力工程—系统分析 ④动力工程—系统优化 Ⅳ.①TK

中国国家版本馆 CIP 数据核字（2023）第 039547 号

责任编辑：张 庆 孟宸羽 / 责任校对：韩 杨
责任印制：徐晓晨 / 封面设计：无极书装

科学出版社 出版
北京东黄城根北街 16 号
邮政编码：100717
http://www.sciencep.com

北京九州迅驰传媒文化有限公司印刷
科学出版社发行 各地新华书店经销
*

2024 年 8 月第 一 版 开本：720×1000 1/16
2024 年 8 月第一次印刷 印张：14
字数：300 000

定价：84.00 元

前　言

为贯彻落实《大连理工大学一流大学建设方案》要求，进一步推进世界一流大学和一流学科建设工作进程，突出人才培养在学科建设中的核心地位，大连理工大学推出了"新工科"系列精品教材专项。本书有幸入选学校首批精品专业教材建设项目。

能量系统分析与优化是热能系统工程的核心内容，是系统工程、数学规划、计算方法及计算机技术在热能工程领域的综合应用。本书是编者在 1994 年编著的《热能系统分析与最优综合》教材基础上，针对当前多种新能源出现后多能流相互耦合、多种能量系统分析和优化所需理论亟须更新的现状，结合近 20 年的科研工作并总结长期以来教学研究和教学改革的成果编著而成。

本书由尹洪超进行结构设计和统稿，具体分工为：第 1 章由尹洪超编写，第 2、3 章由刘红编写，第 4 章由尹洪超编写，第 5 章由尹洪超、谢蓉编写，第 6 章由赵亮、穆林编写。课题组研究生金齐、刘晓硕、虞勇、付朝予、马天歌、缪洪超、李通等在资料整理、文字校对、公式编辑、图形制作等方面也为本书做了大量有益工作。

感谢大连理工大学研究生院对本书的编写和出版给予的大力支持。同时，也感谢国家重点研发计划"工业园区多能流综合管控与协同优化（2017YFA0700300）"的支持。

由于作者知识水平和实践经验有限，书中不妥之处在所难免，敬请读者批评指正。

大连理工大学能源与动力学院　尹洪超

2023 年 12 月

目　　录

第 1 章 能量系统分析与优化方法概论

能源是人类得以生存和社会发展进步的重要基石，是现代社会活动不可缺少的资源，是人类文明和社会进步的强大推动力，是社会经济发展和人民生活水平提高的重要物质基础。随着经济的发展和人口的增长，以及全球工业的快速发展，全球的能源需求量急剧增加，不可再生的煤、石油、天然气等化石燃料被过度开发和使用。根据英国石油公司（BP）出版的《世界能源统计年鉴 2020》（*Statistical Review of World Energy 2020*），在全球 2019 年的一次能源消费结构中，石油和煤的占比之和超过 60%，是当今能源消费的绝对主体；天然气、水电和核能等较为清洁的能源的占比分别为 24.23%、6.45% 和 4.27%；而风能、光能等其他可再生能源的比例较少，仅为 4.95%。预计到 2040 年，全球能源需求将增长近 26%。能源需求的快速增长使人类对能源的开采和利用日益增加，各种能源资源日渐枯竭。因此，地球上有限的能源资源能否满足未来世界不断增长的能源需求，是人类共同面临的问题。能源问题已成为当今的"全球性问题"之一，具有超越国界的普遍性和国际性，也具有跨越时空的综合性和长期性，它已渗透到各国的国民经济和社会生活的各个方面。

作为世界上增长最快的经济体之一，中国正在经历快速的城市化和工业化。我国虽然能源总量巨大，但是优质能源资源比例较小，"富煤、贫油、少气"的资源特点导致我国能源结构长期失衡。近年来，虽然煤炭消费比例持续降低，但仍然占据支柱地位。《中国统计年鉴 2020》显示，在我国 2019 年一次能源消费结构中，煤炭占比高达 57.7%，仍然在我国的能源消费中占比超过一半，远远高于全球的煤炭消费比例；石油和天然气的消费比例之和为 27%，除此之外的其他能源占比仅为 15.3%。

由于我国以煤炭为主要能源，煤炭的大量使用，也带来了诸多环境问题。另外，我国过去采用粗放式的能源管理方式，能源效率低下，单位 GDP 能耗约为世界平均水平的两倍，更远远高于发达国家。在这种背景下，提高和改善各种能量系统中能量利用的有效性，使有限的能源产生更大的经济效益，已经成为当前能源工作者迫切需要完成的任务。

目前，在能源利用过程中，为了适应消费者的需要，大部分一次能源是通过能源转换系统被转换为其他形式的二次能源而被利用的。

1.1　系统工程与能量系统工程

系统是指若干部分相互联系、相互作用，形成的具有某些功能的整体。我国著名学者钱学森认为，系统是由相互作用、相互依赖的若干组成部分结合而成的，具有特定功能的有机整体，而且这个有机整体又是它从属的更大系统的组成部分。

目前，系统工程的应用已十分广泛，是一种跨越各专业领域，研究各行各业中系统的开发和运用的科学方法，其基本思想是：从系统整体的观念出发，周密考虑系统内各个组成部分相互间的制约关系，研究系统整体的最优策略。从广义上讲，以系统科学为代表的新的理论综合，产生了现代组织论、系统论的世界图景和思维方式，因此它是现代科学理论中具有普遍意义的方法性学科。系统工程研究和处理问题时所遵从的原则一般有整体性原则、综合性原则和科学性原则。其主要理论基础有运筹学、控制论、信息论、系统理论和应用数学。其主要技术手段则是电子计算机。因此，系统工程可以认为就是一种立足整体、统筹全局，使整体与局部辩证统一，将分析和综合有机地结合，运用数学方法和电子计算机等来认识和处理系统的科学方法。

把系统工程方法应用于各个不同的社会系统或工程系统，就形成了具有各部门特点的系统工程学。能源的转换、传递和利用过程，均以能量的形式进行，把系统工程与能量过程结合起来就形成了能量系统工程。

狭义地讲，能量系统工程是将自然界的能源资源转变为人类社会生产和生活所需要的特定能量服务形式（有效能）的整个过程，可以认为它是为研究能源转换与利用规律的需要而抽象出来的能量系统决策方法论的技术学科；从广义上讲，能量系统工程是对能量系统进行规划、研究、设计、制造、试验和运用的一门组织管理与经营管理的优化技术，以系统观点和系统思维方式为指导，运用现代数学方法、系统技术和电子计算机技术等建立能源系统模型，对能源系统进行仿真分析，策划能源开发、利用的综合化、高效化和最优化。主要内容包括能源预测、规划、计划、评价、可行性研究和各类系统分析等。

本书所讨论的能量系统仅限于以能量传输、转换、存储与利用为主要环节的能量系统的工程决策方法，即主要研究能量系统本身的分析与优化，而不涉及能源规划和能源管理等方面的宏观问题。

1.2　能量系统分析与优化的概念

1.2.1　能量系统分析与优化的主要内容

能量系统工程的主要任务就是利用系统工程的思想和方法，基于质量守恒和能量守恒原理，在一定的限制条件下，根据系统的输入条件（温度、压力、流量等）和输出要求（热力或电力等需求），寻求整体性能最优（能耗最低或成本最低等）的能量系统。为了实现这一任务，能量系统工程需要做以下几个方面的工作。

（1）能量系统分析。它是对系统结构及各个子系统或单元均为已知的能量系统进行分析。具体地说，就是针对已知能量系统，研究反映各个子系统或单元特性的数学模型，并由能量系统的结构特点以及给定的输入条件和约束，基于数学模型计算系统运行参数，进而推测能量系统的特性或能量系统所能提供的结果，如能量系统的热力学分析、㶲分析等。

（2）能量系统综合。它是对有待设计或改造的能量系统进行系统综合，也称为能量系统合成。能量系统综合是能量系统工程的核心内容之一。在哲学上，综合是指将各部分或各种因素结合在一起，构成较为完善的观念或体系。能量系统综合就是按照预定的能量系统特性，寻求为实现该特性所需要的能量系统结构及各子系统或单元的性能，并使能量系统最优化。或者说，能量系统综合就是选择已知的各种单元，设计一个整体系统，实现能量系统结构优化，使由给定的输入条件达到最优的输出要求。能量系统综合需要以能量系统分析为基础，同时对能量系统分析提出新的要求，是一个极为复杂的大系统多目标最优组合问题。

（3）能量系统优化。它包括能量系统运行优化和能量系统结构优化两个方面。为了保证能量系统的某个或某几个指标最优，例如效率最高、成本最低或能耗最小，不仅需要通过能量系统综合确定能量系统的构成方式，还要确定能量系统的最优设计参数。由于外界环境在不断地变化，能量系统本身的某些部分也随之变化，因此还需通过改变控制变量或决策变量的方法使能量系统的运行状态达到最优。如在一已确定的能量系统中对其中的操作参数（温度、压力、流量等）进行优选，使某些指标（费用、能耗、环境影响等）达到最优。

1.2.2　能量系统分析与优化的主要步骤

应用系统工程方法对一个能量系统进行分析与综合一般有以下几个步骤。

1. 确定能量系统的目的和要求

对于给定的能量系统对象，首先要明确系统与环境的关系，划定系统边界，确定系统的边界条件，明确哪些是状态变量哪些是决策变量。还要分析和确定能量系统的目的、功能、要求及系统性能的评价指标，明确是单目标问题还是多目标问题，并弄清各项评价指标之间的结构关系，然后开展能量系统分析、能量系统综合和能量系统的最优化。

2. 能量系统分析

在进行能量系统分析时，一般可分为3个阶段。

（1）将能量系统逐级分解成一系列子系统，一般要分解到能明确写出描述子系统特性的数学模型为止，在能量系统分析中通常分解到单元过程或单元设备。在分解时还应使各个子系统间的相互关系明确、简单，子系统的数目尽可能少，以便于解算，因而能量系统的分解应考虑解算方法或解算顺序。

（2）建立能量系统的数学模型，也就是基于质量守恒、动量守恒和能量守恒等基本原理，用一组简化的数学方程组及其边界条件来描述能量系统各主要参变量之间的关系，具体包括单元过程或单元设备的物料与能量衡算模型，以及能量系统的结构模型，进而构成能量系统的总体模型。这往往是最困难的一步，要善于抓住主要因素，忽略某些影响较小的次要因素，将那些变化不大的参数作为常数处理，以减少变量和方程式的数目。模型可能不止一个，还要根据模型的适用范围及求解的难易程度选择最为合适的。

（3）选择适当的解算方法，编制计算机程序，将各单元的特性按照能量系统的结构特点或各单元之间的相互关系进行数学处理和计算机分析解算，从而对整个能量系统进行数学模拟，表达出能量系统及各单元的运行特性。最后还要对计算结果进行分析和校核，或改变某些参数或部分模型重新解算，以修正模型或分析在各种不同条件下能量系统的性能。能量系统分析包括稳态模拟、动态模拟以及可靠性与柔性分析等。

3. 能量系统综合

能量系统综合的主要任务就是确定为达到系统目标而采取的各种策略与方案，即针对给定的条件和任务，明确构成能量系统的各个单元及相互之间的组合方式，确定可以达到预定目标的多种策略和方案，从中选择结构最优的能量系统。下面以热能系统为例，说明能量系统综合的一般步骤。

（1）根据该热能系统的目的、特性要求和外部环境，进行热能系统的规划，选择组成该热能系统的各子系统或单元，并将它们组合成各种可能的系统方案。

（2）将热能系统的功能划分到各个子系统，从而将问题转变为各个子系统的综合问题。

（3）对热能系统可能的方案进行结构优化设计，确定系统的最优结构。

4. 能量系统的最优化

通常说的最优化不外乎最优设计、最优控制和最优管理。本书仅限于讨论最优设计问题。最优设计包括运行参数最优化设计和结构参数最优化设计。

为了达到能量系统最优设计这个目标，必须把各个可能的方案放在同一基准上来比较，也就是必须首先使各个可能方案本身最优化。这就是对结构基本上已知的可能方案进行设计参数优化的过程。对于稳态热能系统的最优化设计问题，其求解有以下几个步骤。

（1）确定能量系统方案，即明确研究的最优化问题所涉及的范围，确定能量系统的功能和目标。

（2）建立反映这一能量系统实际过程的数学模型。这就要求对所要求解的能量系统的结构、物理性能及内部过程有充分的了解，并正确选择变量和参量，只有这样才能构造出反映系统基本属性的目标函数和约束条件。

（3）应用相应的数学规划方法，通过计算程序实现该能量系统方案的决策参数最优化。

5. 评价与决策

在明确各个可能方案的性能后，根据评价准则对每种方案进行综合评价，选出最优的方案。大多数情况下，选出的方案往往是"较优的方案"或"满意解"，而不一定是"最优解"。实际上，由于受到某些信息不全或其他约束等限制，很难达到最优。而所谓的最优，往往既耗费精力又未必能真正实现。

综上所述，能量系统分析和能量系统综合是两类不同的问题，同时两者之间也有着紧密的联系。能量系统综合以能量系统分析为基础，通过对可能方案的分析、模拟和计算，获得能量系统综合必需的信息；同时在能量系统综合的过程中，也能发现问题，反过来对能量系统分析提出新的要求。能量系统分析和能量系统综合的核心目的在于能量系统优化，因此优化方法是本课程的理论基础。另外，热力学是能量系统分析的基础，故本教材要求同学们掌握有关热力学分析的方法，以及数学规划和计算机的应用等方法。

1.3　能量系统分析与优化的主要方法

如前所述，热力学分析方法，以及数学规划和计算机的应用是能量系统分析与优化必不可少的方法。本节简要介绍这些方法。

1.3.1　热力学分析

如图 1-1 所示，能量利用的过程就是将煤、石油、天然气等一次能源，通过能源转换设备，生成易传输的能源载体（电、热等），以满足各种能源需求的过程。能量利用的过程实质就是能量传递和转换的过程。能量守恒定律是自然界的基本规律之一。热力学第一定律实质是能量守恒定律，是能量守恒定律在热现象中的应用，它确定了热力过程中热力系统与外界进行能量交换时，各种形态的能量在数量上的守恒关系。热力学第二定律是阐明与热现象有关的过程进行的方向、条件和限度的定律。由于工程实践中热现象普遍存在，热力学第一定律和热力学第二定律广泛应用于热量传递、热功转换、化学反应、燃料燃烧、气体扩散、混合分离、溶解结晶、生物化学、低温物理以及其他诸多领域。在这些领域中，能量转换与利用过程都必须遵循包括热力学第一定律和热力学第二定律在内的热力学基本定律。因此，热力学分析方法是能量系统分析与综合的重要理论基础。

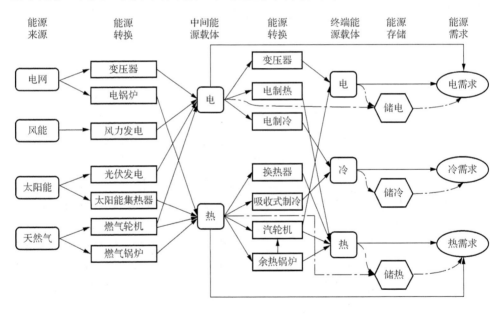

图 1-1　能量及其工程应用

所谓热力学分析方法，包括能量衡算法、熵分析法和㶲分析法等。能量衡算法、熵分析法和㶲分析法等热力学分析，可以揭示出能量系统中的转换、传递、利用和损失的情况，确定能量系统的㶲效率。其突出特点是不仅从量的角度，而且从质的角度来考察能量系统的性能，本书将在第 2 章介绍热力学分析的基本理论和方法。

1.3.2　数学规划

能量系统分析与优化的核心目的是系统的最优化，也就是说，系统分析与优化的过程可以归结为一个相应的数学规划问题的求解过程。在系统分析中，利用优化技术对已知的系统寻求最优的系统参数或运行控制参数；在系统优化中，则利用优化技术寻求最优的系统结构。因此，寻求数学模型最优解的数学规划法是进行系统分析与优化的主要手段，也是系统工程的基础。

数学规划作为一个领域，已发展成为一个独立的数学分支。简单地说，数学规划所涉及的通常是有约束的极值问题，它包括线性规划、非线性规划、整数规划、二次规划、几何规划及动态规划等。在进行系统分析与综合中，要寻求系统在某一规定的最佳目标下的一组决策变量值，就需要寻求或掌握行之有效的优化计算方法。这不仅要对数学规划的基本理论和基本概念有所了解，还要很好地掌握一些具体算法，并用来解决能量系统工程的实际问题。由于数学规划的内容十分丰富，教科书种类繁多，加之本书的篇幅所限，不可能全面介绍，只在第 4 章及其他有关章节中介绍数学规划在能量系统分析与优化中的应用方法。关于数学规划的基本理论和算法，读者可以参考有关书籍。

1.3.3　计算机的应用

由于能量系统日趋复杂，方案众多，而每一个方案总是包含大量的变量。因此无论是系统分析、系统综合，还是系统的最优化，都必须在高性能计算机上才能实现。从这种意义上说，能量系统分析与综合相当于计算机在能量系统工程领域中应用的理论基础，这门学科的诞生和发展与计算机的发展密切相关。计算机是进行系统分析与综合的主要计算工具和手段，可以说离开计算机就无法掌握、研究和发展能量系统工程。这就要求我们不仅要熟悉计算机的软硬件，还应当具有计算机程序的设计能力，同时还要熟悉一些适合于计算机的数学方法和数值计算技术。

1.4　典型能量系统介绍

随着信息技术的进步、能源互联概念的提出，如何实现不同能量系统间能量的转换、传输、应用等过程的分析和优化，实现多种能源之间的互联和优化共享，是全新的课题。

1.4.1　热能系统

热能系统是最典型的能量系统，在能源利用过程中，大约有 90% 的能源是以热能的形式被直接利用，或者经过热能这个重要环节转化为其他形式的能量再被利用的。因此，分析研究热能的产生、转换与利用，对有效利用能量具有十分重要的意义。

热能系统是指由若干个相互作用和相互依赖的能源单元（热工设备或热力过程）按一定规律组合而成，并具有特定功能的有机整体。热能系统具有以下几个特征。

（1）集合性。热能系统是由许多单元按照一定的方式组合起来的，即集合性。例如，电厂蒸汽动力系统是由锅炉、汽轮机、冷凝器、泵及各种加热器等单元组成的；工厂能量利用系统是由锅炉、工业涡轮机、热交换器、热力管网和各种用能设备组成的；余热回收系统是由各种换热器、余热锅炉、热机热泵等单元组成的。随着科学技术和社会生产的发展，热能系统越来越复杂，其单元数目也越来越多。

（2）关联性。热能系统的各个组成部分之间相互联系、相互制约，这种联系和制约具有一定的规律，也就是说系统中各单元设备不是随意组合或无序堆积，而是按照其性能上的特点和规律匹配联结起来的。

（3）目的性。热能系统总是具有其特定的功能。它可以是由少数几个设备构成的单功能简单系统，也可以是由许多单元组成的多功能复杂系统。热能系统的目的就是要合理有效地转换和利用能量，满足不同的能量需要。

（4）环境适应性。热能系统总是存在并活动于特定的环境之中，与环境不断地进行物质和能量的交换。外界环境向系统提供物料和能量，这些物料和能量在系统中流动，形成物流和能流，并不断加工、转换、处理或利用。同时，系统也要向环境输出物料和能量。正是由于系统与环境之间的相互作用和制约，以及系统内部能量的转化和转移过程，才确定了系统的特殊功能。

1.4.2 电力系统

电力系统是由发电、变电、输电、配电和用电等环节组成的电能生产与消费系统。它的功能是将自然界的一次能源，通过发电动力装置转化成电能，再经输电、变电系统及配电系统将电能供应到各负荷中心，通过各种设备再转换成动力、热、光等不同形式的能量，供应到各用户。为实现这一功能，电力系统在各个环节和不同层次还应具有相应的信息与控制系统，对电能的生产过程进行测量、调节、控制、保护、通信和调度，以保证用户获得安全、优质的电能。

电力系统的主体结构有电源（火电、水电、风电、太阳能发电、核电等发电厂），变电所（升压变电所、负荷中心变电所等），输电、配电线路和负荷中心。各电源点还互相连接以实现不同地区之间的电能交换和调节，从而提高供电的安全性和经济性。输电线路与变电所构成的网络通常称为电力网络。电力系统的信息与控制系统由各种检测设备、通信设备、安全保护装置、自动控制装置以及监控自动化、调度自动化系统组成。电力系统的结构应保证在先进的技术装备和高经济效益的基础上，实现电能生产与消费的合理协调。

1.4.3　联供系统

联供系统是指两种或多种能量联合供应的系统，常见的联供系统包括热电联供系统，冷热电联供系统，大型石化、化工、冶金等企业中的热功联供系统等。热电联供（combined heat and power，CHP）系统又称热电联产系统，是将燃料的化学能通过燃烧转化为用以发电的高品位蒸汽，同时抽取部分在汽轮机中做功之后的低压蒸汽，应用这些低品位蒸汽对外界供热。该系统能够同时满足供电和供热两种需求，也称为蒸汽动力系统。冷热电联供（combined cooling, heating and power，CCHP）系统是指该系统同时满足冷、热、电三种能量供应需求。如燃气冷热电联供系统，就是以天然气为燃料，利用小型燃气轮机、燃气内燃机、微燃机等设备将天然气燃烧后获得的高温烟气首先用于发电，然后利用烟气余热在冬季供暖，在夏季通过驱动吸收式制冷机供冷，同时还可提供生活热水，充分利用了排气热量。燃气冷热电联供系统一次能源利用率可提高到80%左右，节省了大量一次能源。联供系统是实现能量梯级利用、提高能源利用率的重要技术和措施，同时也使联供系统的热经济性大大提高。

1.4.4　分布式能源系统

分布式能源系统（distributed energy system，DES），是指各种集成或单独使用、靠近小型用户、容量范围在几千瓦到 50 MW 的模块化能源装置。分布式能源系统具有靠近用户、易实现梯级利用、一次能源利用效率高、环境友好、能源供应安全可靠等特点，在许多国家和地区已是一种成熟的能源综合利用技术。它可以位于终端用户附近，建设在工业园区、楼宇、社区里。分布式能源系统可为不适宜建设集中电站的地区和输电网末端的用户及输配电系统提供能源，能够有效降低热、电、冷等远距离能量输送损失和相应的输配电系统投资，为用户提供高品质、高可靠性和清洁的能源服务。

根据燃料不同，分布式能源系统的主要形式可分为燃用化石能源、燃用可再生能源和燃用二次能源及垃圾燃料等。燃用化石能源的动力装置有微型燃气轮机、燃气轮机、内燃机、常规的柴油发电机、燃料电池。利用可再生能源发电技术的有太阳能发电、风力发电、小型水力发电、生物质发电等。利用二次能源发电技术的有氢能发电。根据用户需求不同，分布式能源系统可分为电力单供、热电联产和冷热电联产等方式。

1.4.5 储能系统

储能即能量存储，是利用储能介质，先将能量以一定的方式存储，在未来需要的时候以特定能量形式释放出来的循环过程。在对储能过程进行分析时，为了确定研究对象而划出的部分物体或空间范围，称为储能（stored energy）系统。储能系统可以存储的能量包括热能、动能、电能、势能、化学能等，储能系统可以改变能量的输出容量、输出地点、输出时间。储能系统的基本任务是克服在能量供应和需求之间的时间性或者局部性的差异。产生这种差异有两种原因：一种是由能量需求量的突然变化引起的，即存在高峰负荷问题，采用储能方法可以在负荷变化率增高时起到调节或者缓冲的作用。由于一个储能系统的投资费用相对要比建设一座高峰负荷厂低，尽管储能装置会有储存损失，但由于储存的能量是来自工厂的多余能量或新能源，所以它还是能够降低燃料费用的。另一种是由一次能源和能源转换装置等引起的。储能系统（装置）的任务是使能源产量均衡，即不但要削减能源输出量的高峰，还要填补输出量的低谷（填谷）。可以看出，储能系统往往涉及多种能量、多种设备、多种物质、多个过程，是随时间变化的复杂的能量系统。由于储能系统非常复杂，需要多项指标描述其性能。常用的评价指标有储能密度、储能功率、储能效率、储能价格等。它包括能量和物质的输入和输出、能量的转换和储存设备。

目前储能技术的研究、开发与应用以储存热能、电能为主，广泛应用于太阳能利用、电力的削峰填谷、废热和余热的回收以及工业与民用建筑和空调的节能等领域。新能源储能系统可完成存储电能和供应电能，应具有平滑过渡、削峰填谷、调频调压等功能，可以使太阳能、风能等新能源发电平滑输出，减少其随机性、间歇性、波动性给电网和用户带来的冲击。

1.4.6 多能流系统

在传统能源系统中，各类能源耦合不紧，不同能源系统相对独立，如电网、热力网、天然气网归属不同公司管理和运营，导致能源使用效率总体不高。随着能源和环境问题的日益严峻，为了提高能源的总体效率和可再生能源的消纳能力，多类能源互联集成和互补融合的需求日益迫切，多能流系统的概念正是在此背景下应运而生的。多能流系统是指对能源的生产、传输与分配（能源网络）、转换、存储、消费等环节进行有机协调与优化后，形成的能源产供销一体化系统。其主要由供能网络（供电、供气、供冷/热等网络）、能源交换环节（CCHP 机组、发电机组、锅炉、空调、热泵等）、能源存储环节（储电、储气、储热、储冷等）、大量终端用户共同构成。

相比于传统的相互独立的能源系统，多能流系统的主要优点在于：第一，多能流系统打破了电热气冷等供能系统相互独立运行的模式，能够实现不同能流间相互耦合；第二，多能流系统可以根据不同能流的特点，促进多能源互补融合和互联集成，实现能源综合梯级利用和协同优化；第三，多能流系统可显著提升可再生能源的消纳率、能源系统的综合利用率及能源供应的灵活度。

第 2 章　能量系统分析的基本原理与方法

2.1　热力学基本定律

能量系统分析以能量转换与利用规律为基础，作为常见的能量系统，热能系统遵循热力学基本定律，主要为热力学第一定律和热力学第二定律。其中，热力学第一定律说明了能量在转换与传递过程中总能量在数量上的守恒关系，它可以发现装置或循环中哪些设备和部位的能量损失大。热力学第二定律从能量的质的角度提出了能量转换的条件和限制，从而能够很好地指明系统性能的改进方向。

2.1.1　热力学第一定律与能量平衡方程

无数实践证明：能量既不能被创造，也不能被消灭，它只能从一种形式转换成另一种形式，或从一个系统转移到另一个系统，而其总量保持恒定，这一自然界普遍规律称为能量守恒定律。根据能量守恒定律建立能量方程。能量方程的一般形式为

系统收入能量 − 系统支出能量 ＝ 系统储存能量的增量

把这一定律应用于伴有热现象的能量转换和转移过程，即为热力学第一定律，热力学第一定律主要说明热能与机械能在转换过程中的能量守恒，根据热力学第一定律建立起来的能量方程，在各种热力过程的分析和计算中有广泛的应用。

1. 闭口系统的能量方程

闭口系统与外界没有物质交换，传递能量只有热量和功两种形式。对闭口系统涉及的许多热力过程而言，系统储能中的宏观动能和重力势能均不发生变化，因此热力过程中系统总储能的变化 ΔE，等于系统内能的变化 ΔU。如图 2-1 所示，取气缸中的工质为系统。

$$\Delta E = \Delta U = U_2 - U_1 \tag{2-1}$$

式中，U_1、U_2 分别代表 1、2 两个位置的热力学能，或称系统内能。在热力过程中系统从外界热源取得热量 Q；对外界做膨胀功 W。根据热力学第一定律建立能量方程

$$Q - W = \Delta U \tag{2-2}$$

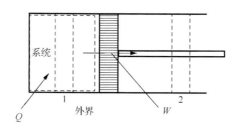

图 2-1　闭口系统的能量转换

或写成

$$Q = \Delta U + W \tag{2-3}$$

对于单位质量工质的能量方程可写成

$$q = \Delta u + w \tag{2-4}$$

式中，q 为单位质量工质所含热量；Δu 为单位质量工质内能变化；w 为单位质量工质对外做的膨胀功。

对于微元热力过程可写成

$$\delta Q = \mathrm{d}U + \delta W, \qquad \delta q = \mathrm{d}u + \delta w \tag{2-5}$$

能量方程表达式是代数方程，如果是外界对系统做功，或系统对外放热，系统内能减少，则方程式各项为负值。由于能量方程是直接根据能量守恒定律建立起来的，因此能量方程适用于闭口系统任何工质的各种热力过程，无论过程是可逆还是不可逆。

对于可逆过程，由于 $\delta w = p\mathrm{d}v$ 或 $w = \int_1^2 p\mathrm{d}v$，于是有

$$\delta q = \mathrm{d}u + p\mathrm{d}v$$
$$q = \Delta u + \int_1^2 p\mathrm{d}v \tag{2-6}$$

式中，$\int_1^2 p\mathrm{d}v$ 为系统所做的膨胀功，其中 p 为作用在系统内部的绝对压力，v 为系统的比体积。

应当指出，由于热能转换为机械能必须通过工质膨胀才能实现，因此闭口系统能量方程反映了热功转换的实质，是热力学第一定律的基本方程式。虽然，上式是从闭口系统推导而得，但其热量、内能和膨胀功三者之间的关系也适用于开口系统。

2. 开口系统的能量方程

能量系统工程中遇到的许多设备，如汽轮机、压气机、风机、锅炉、换热器

及空调机等，在工作过程中都有工质流进、流出设备，都是开口系统，通常选取控制体进行分析。

图 2-2 表示一个典型的开口系统，系统与外界之间有热量、质量和轴功的交换。在实际工作过程中，系统与外界的质量交换与能量交换并不都是恒定的，有时会随时间发生变化。所以控制体内既有能量变化，又有质量变化，在分析时必须同时考虑控制体内的质量变化和能量变化。

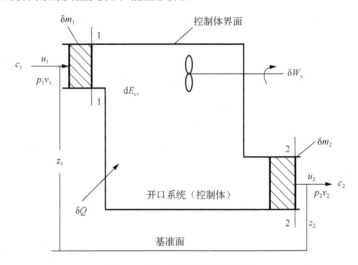

图 2-2 开口系统的能量转换

注：① u_1 为单位介质流入系统所含内能；② p_1v_1 为单位工质流入系统的推动功；③ u_2 为单位介质流出系统所含内能；④ p_2v_2 为单位工质流出系统的推动功；⑤ z 为重力场中的高度，其中，z_1 为位置 1 的高度，z_2 为位置 2 的高度；δW_s 为对外所做的轴功。

按质量守恒定律可知
　　进入控制体的质量 － 离开控制体的质量 ＝ 控制体中质量的增量
按能量守恒定律可知
　　进入控制体的能量 － 控制体输出的能量 ＝ 控制体中储能的增量
通常把控制体内质量和（或）能量随时间变化的过程，称为不稳定流动过程或瞬变流动过程，例如储罐的充气或排空就是这种过程。储能系统是典型的瞬变过程。如果系统内的质量和能量都不随时间而变化，各点参数保持一定，则是稳态流动过程。如在定工况条件下，不考虑动能和势能变化及散热损失的燃气轮机、汽轮机等动力机，以及压气机、换热器、热工管道等。下面先从最普遍的不稳定流动过程着手，用热力学第一定律来分析图 2-2 所示的控制体，从而推导出开口系统能量方程的一般表达式。

设控制体在 τ 到 $(\tau + \mathrm{d}\tau)$ 的时间内进行了一个微元热力过程。在这段时间内，由控制体界面 1—1 处流入的工质质量为 δm_1，随 δm_1 流入控制体的能量包括焓 h_1、动能 $1/2c_1{}^2$ 和势能 gz_1，其中 $h_1 = u_1 + p_1v_1$；由界面 2—2 处流出的工质质量为 δm_2，随 δm_2 流入控制体的能量包括焓 h_2、动能 $1/2c_2{}^2$ 和势能 gz_2，其中 $h_2 = u_2 + p_2v_2$；控制体从热源吸热 δQ；对外做轴功 δW_s。控制体的能量收入与支出情况如下。

进入控制体的能量：$\delta Q + \left(h_1 + \dfrac{1}{2}c_1^2 + gz_1 \right)\delta m_1$。

离开控制体的能量：$\delta W_s + \left(h_2 + \dfrac{1}{2}c_2^2 + gz_2 \right)\delta m_2$。

控制体储能变化：$dE_{cv} = (E + dE)_{cv} - E_{cv}$。

根据热力学第一定律建立能量方程：

$$\delta Q + \left(h_1 + \frac{1}{2}c_1^2 + gz_1 \right)\delta m_1 - \left(h_2 + \frac{1}{2}c_2^2 + gz_2 \right)\delta m_2 - \delta W_s = dE_{cv} \tag{2-7}$$

整理得

$$\delta Q = \left(h_2 + \frac{1}{2}c_2^2 + gz_2 \right)\delta m_2 - \left(h_1 + \frac{1}{2}c_1^2 + gz_1 \right)\delta m_1 + \delta W_s + dE_{cv} \tag{2-8}$$

式（2-8）是在普遍情况下导出的，对不稳定流动和稳态流动，可逆与不可逆过程都适用，也适用于闭口系统。

对于闭口系统，由于系统边界没有物质流入和流出，所以 $\delta m_1 = \delta m_2 = 0$，而通过界面的功为膨胀功 δW，系统能量变化为 dE，于是式（2-8）变为

$$\delta Q = dE + \delta W \tag{2-9}$$

又因为在闭口系统中工质的动能和势能没有变化，$dE = dU$，故得

$$\delta Q = dU + \delta W \tag{2-10}$$

上式便是闭口系统能量方程的解析式。

2.1.2　热力学第二定律与熵

1. 热力学第二定律

热力学第一定律说明能量在转换与传递过程中在数量上是守恒的，从能量的"量"的角度阐述能量转换必须遵循的客观规律。而热力学第二定律揭示了能量在转换与传递过程中具有方向性及能质不守恒的客观规律。所有热力过程都必须同时遵守热力学第一定律和热力学第二定律。根据不同种类的热力过程，热力学第二定律具有不同的表述。其中，克劳修斯说法表述为：不可能把热量从低温物体传到高温物体而不引起其他变化。开尔文-普朗克说法表述为：不可能制造只从一个热源取热使之完全变成机械能而不引起其他变化的循环发动机。

热力学第二定律告诉我们，自然界的物质和能量只能沿着一个方向转换，即

从可利用到不可利用，从有效到无效，这说明了节能与节物的必要性。只有热力学第二定律才能充分解释事物变化的性质和方向，以及变化过程中所有事物的相互关系。

2. 熵与熵增原理

熵是为了研究能量的"品质"而引出的状态参数，利用它可以判断过程的方向性和不可逆性，进而通过定量计算的结果进行定性分析和判断。

工程热力学中克劳修斯等式 $\int_{abc}\dfrac{\delta q_1}{T_1}+\int_{cda}\dfrac{\delta q_2}{T_2}=\oint\left(\dfrac{\delta q}{T}\right)_{re}=0$（abc 代表从 a 出发，经过 b 到达 c 的过程；cda 代表从 c 出发，经过 d 到达 a 的过程；re 代表从 a 出发，经过 b、c、d 回到 a 的循环过程）的证明可知，对于可逆循环，式中被积函数 $\left(\dfrac{\delta q}{T}\right)_{re}$ 的循环积分为零，表明该函数与积分路径无关，是一个状态函数。令

$$ds=\left(\frac{\delta q}{T}\right)_{re} \tag{2-11}$$

式中，s 对单位质量工质而言，称为比熵。对系统总质量而言，总熵则为

$$S=ms \tag{2-12}$$

必须指出，熵作为系统的状态参数只取决于状态特性，过程中熵的变化只与过程初终状态有关而与过程的路径及过程是否可逆无关。

式（2-11）表明工质熵变等于在可逆吸热或放热时的传热量与热源温度的比值，因为是可逆传热，工质温度等于热源温度。

有限过程：

$$\int_1^2 ds=s_2-s_1 \tag{2-13}$$

$$\Delta s\geqslant\int_1^2\frac{\delta q}{T} \tag{2-14}$$

式中，s_1、s_2 分别为 1 和 2 两点对应的熵值；Δs 指系统熵变；$\Delta s\geqslant\int_1^2\dfrac{\delta q}{T}$ 称为克劳修斯积分。式（2-13）、式（2-14）说明系统熵变在可逆时等于克劳修斯积分，在不可逆时大于克劳修斯积分。

根据系统熵变计算式与克劳修斯不等式 $\Delta s\geqslant\int_1^2\dfrac{\delta q}{T}$ 不难看出：当闭口系统进行绝热过程时，$\delta q=0$，则有

$$\Delta s_{ad}=0 \tag{2-15}$$

式中，ad 表示绝热系统。

对于孤立系统，因其与外界没有任何能量和物质的交换，同样可以得出

$$ds_{iso} \geqslant 0$$

或

$$\Delta s_{iso} \geqslant 0 \qquad\qquad (2\text{-}16)$$

式中，iso 表示孤立系统。

式（2-15）和式（2-16）表明：绝热闭口系统或孤立系统的熵只能增大（不可逆过程）或保持不变（可逆过程），而绝不能减小。任何实际过程都是不可逆过程，只能沿着使孤立系统熵增大的方向进行，这就是熵增原理。

熵增原理的意义：①可通过孤立系统的熵增原理判断过程进行的方向；②熵增原理可作为系统平衡的判据——当孤立系统的熵达到最大值时，系统处于平衡状态；③熵增原理与过程的不可逆性密切相关，不可逆程度越大，熵增也越大，由此可以定量地评价过程的热力学性能的完善性。综上所述，熵增原理表达了热力学第二定律的基本内容，故常把热力学第二定律称为熵定律，而式（2-16）可视为热力学第二定律的数学表达式，它有着极其广泛的应用。

3. 熵产与做功能力损失

孤立系统的熵增原理说明，熵在热力过程中不像能量那样保持恒定，而是随着不可逆过程的进行不断地产生。孤立系统的熵增即为熵产，任何不可逆过程都有熵产，为了定量地分析不可逆过程，首先应建立熵方程以求熵产，然后确定不可逆过程造成做功能力的损失。

建立熵方程类似于建立能量方程，首先根据研究对象选取热力系统，然后把熵产当作系统的收入部分列出熵的等式，其一般形式为

（输入熵-输出熵）+熵产=系统熵变

或

熵产=（输出熵-输入熵）+系统熵变

如果把系统输入和输出的熵统称为熵流，则熵方程也可表示为

系统熵变=熵流+熵产

即

$$\Delta S_{sys} = S_f + S_g \qquad\qquad (2\text{-}17)$$

式中，ΔS_{sys} 为系统熵变；S_f 为熵流，符号视热流方向而定，系统吸热为正，系统放热为负，绝热为零；S_g 为熵产，不可逆过程为正，可逆过程为零。

根据热力学第二定律的论述，一切实际过程都是不可逆过程，都伴随着熵的产生和做功能力的损失，这两者之间必然存在着内在的联系。通常取环境状态作为衡量系统做功能力大小的参考状态，即认为系统与环境状态相平衡时，系统不

再有做功能力。做功能力的损失 I 与熵产之间的关系可表示为

$$I = T_0 S_g \tag{2-18}$$

对于孤立系统，因为 $\Delta S_{iso} = S_g$，所以

$$I_{iso} = T_0 \Delta S_{iso} \tag{2-19}$$

式中，T_0 为环境温度，K。

2.2　能量系统的㶲分析法

在能量的合理利用及节能工作中，人们习惯用热效率、热能利用系数、制冷系数等性能指标及热平衡（或热流图）来表达或分析热力系统在热能利用方面的总体效果或系统各个组成部分的分配情况。这是由于各种热力系统中生产过程的进行都伴随着各种形式能量的传递和转换，而热能又是能量利用和转换的主要形式。此外，从能量利用的水平来看，热能利用率较低。当前能源工程研究的重点是热力系统的热能利用问题。

由于热效率、热能利用系数、制冷系数等性能指标只能说明各种热力系统在热能利用方面的总体效果，没有阐明系统各组成部分的热力学完善程度，因而也就无法确定问题所在。热平衡（或热流图）也只能说明系统各组成部分热量的分配情况，而不能反映各组成部分实际的热力学完善程度，并且往往给人们以错误的结论。譬如，任意热力循环热效率 η_t 的表达式为

$$\eta_t = 1 - \frac{Q_2}{Q_1} \tag{2-20}$$

η_t 通常为40%或更低。换句话说，向低温热源排出的热量 Q_2 占吸入的热量 Q_1 的60%或更高。看起来好像减少 Q_2 就能提高热的利用程度，实际则不然。这是由于我们只从热力学第一定律的观点出发而没有考虑热力学第二定律的实质，即只单纯考虑了能的"量"，而忽视了能的"质"。或者说，只考虑了"热"对人类的重要性，而没有考虑"功"的更大作用。即使是相同形式的能量，由于所处状态的不同，其做功能力也有很大差别。因此，我们应用热力学第二定律将会发现 Q_2 的品质很低，即做功能力很小，热力循环的主要损失根本不在于此。

㶲分析法是建立在热力学第一定律和热力学第二定律两个基本定律的基础上，通过对热力系统㶲的分析与计算确定系统内有用功及损失功的数量和部位，从而提供对各种损失性质的真实度量。在热力系统设计和性能分析中，采用㶲分析法能对系统的实际不完善程度提供准确度量数值，并指明其部位，还可对复杂的联合循环系统或开式系统的效率进行准确的计算。

2.2.1　㶲的概念及计算

由热力学第二定律可知，自然界一切自发过程都是不可逆过程，使系统由不平衡状态向平衡状态转化，当达到平衡状态时，过程停止。一切不可逆过程都存在功的损耗，即能量贬值。因此节能工作首先需确定一个衡量能量品质的指标，为此，引用㶲（exergy）的概念，表示物质体系在状态变化过程中所具有的最大的做功能力。

与环境处于热力不平衡的系统均具有做功的能力，但不同形式的能量做功能力却大不相同。机械能和电能可以全部转变为功量，而热能只能有一部分转变为功量。由热力学第二定律可知，其转换的最大限度为

$$W_{max} = Q_1 \eta_c = Q_1 \left(1 - \frac{T_2}{T_1} \right) \tag{2-21}$$

式中，Q_1 为系统从高温热源吸入的热量，kJ；T_1 为高温热源的热力学温度，K；T_2 为低温热源（常用环境温度 T_0 表示）的热力学温度，K；η_c 为卡诺循环效率，%。

若低温热源取作周围自然环境，即 $T_2 = T_0$，则

$$W_{max} = Q_1 \left(1 - \frac{T_0}{T_1} \right) \tag{2-22}$$

可见，在传热量 Q_1 一定时，热量转换为功量的程度取决于 T_1 的大小。当 T_1 提高时，转换为功量的数值增大，但 T_1 不能为无限大。因此，热量不能全部转换为功。反之，当 T_1 降低时，转换为功量的数值减小，若 $T_1 = T_0$，即高温热源就是周围环境本身，此时 $W=0$。所以，周围环境大气的内能及以热量形式存在于环境下的各种能量都不能转换为功。因此，把在环境条件下任意形式能量中理论上能够转换为有用功的那部分能量，称为该能量的㶲。能量中不能转换为有用功的那部分能量，称为该能量的㶲（anergic），它相当于周围环境状态下的能量。这样，任何一种形式的能量都由㶲和㶲两部分组成，即能量=㶲+㶲。只不过对于不同形式的能量比例不同罢了。

㶲可以用来表征能量转变为功的能力和技术的有用程度。因此，可以用㶲来评价能量的质量或品位（或能级）。数量相同而形式不同的能量，㶲大的能量称为高品位能或高质能。单位能量所含的㶲称为能级 Ω，能级是衡量能量质量的指标。能级的大小代表能量品质的优劣。机械能和电能是高品位能或高质能的典型代表，理论上能全部转化为功，它们的能级 $\Omega = 1$。完全不能转变为功的能量，如大气、天然水源中含有的内能，其能级 $\Omega = 0$。热能是低品位能或低质能，它的能级 $\Omega < 1$。热能随其所处状态的不同，能级也各不相同。由高质能变为低质能的过程就是功量的耗散过程，即能质的损失过程。在能量的转换、输运及利用中应尽量减少能质的损失。由于能量形式及所研究的热力系统性质不同，所以能量㶲的表达形式

也完全不同，下面将分别叙述几种形式能量的㶲。

1. 热量㶲与冷量㶲

根据㶲的一般定义，系统吸收的热量在温度为 T_0 的环境状态下用可逆方式所能做出的最大有用功，称为该热量的㶲。实际上热量㶲就是热能的可用能，热量㶲就是热能的不可用能。

由于热能是依赖于物质系统状态而存在的，因此温度不同时，其热能的可用部分与不可用部分的比例也不同。例如，在相同的环境状态下，系统的温度越高，其热量㶲就越大，热量㶲就越小，反之亦然。

若在温度 T_0 为定值的环境中，系统从温度为 T_1 的热源吸入有限热量 Q_1 时，根据卡诺循环及卡诺定理可知，其可能完成的最大有用功为

$$W_{max} = Q_1\left(1 - \frac{T_0}{T_1}\right) \tag{2-23}$$

即为热量 Q_1 的㶲，以符号 E_{q1} 表示。热量㶲的一般表达式为

$$E_q = Q\left(1 - \frac{T_0}{T}\right) \tag{2-24}$$

式中，E_q 为热量㶲；Q 为系统提供的热量；T 为系统温度。

不能做功的部分，称为热量㶲，以符号 A_q 表示。一般表达式为

$$A_q = Q - E_q = T_0\frac{Q}{T} = T_0\Delta S \tag{2-25}$$

可见，在温度 T_0 为定值的环境中，加入相同的有限热量 Q 时，系统温度越高其热量㶲越大，热量㶲就越小。㶲只与系统的熵增量成正比，其比例系数为 T_0。

如果加热时系统温度是变化的，设初状态参数为 (T_1, S_1)，加入热量后系统经过一系列状态变化至最终状态 (T_2, S_2)。根据广义的卡诺循环及卡诺定理，可得到相对于温度为 T_0 的环境的热量㶲为

$$E_q = \int_1^2\left(1 - \frac{T_0}{T}\right)\delta Q \tag{2-26}$$

或

$$E_q = \int_1^2(T - T_0)\frac{\delta Q}{T} = \int_1^2(T - T_0)\mathrm{d}S \tag{2-27}$$

热量㶲为

$$A_q = \int_1^2 T_0\frac{\delta Q}{T} \tag{2-28}$$

或

$$A_q = \int_1^2 T_0 \mathrm{d}S = T_0 \int_1^2 \mathrm{d}S = T_0 \Delta S_{12} \qquad (2\text{-}29)$$

式中，ΔS_{12} 为点 1 到点 2 的熵的变化。

热量㶲随着热源温度的升高而增大，㶴则相反。

所谓冷量，是指系统在低于自然环境温度下通过边界与环境交换的热量。因此，冷量也是热量。冷量中也包括㶲和㶴两部分。冷量㶲是指温度低于环境温度的系统，吸入热量 Q'（冷量）时做出的最大有用功，用 $E_{q'}$ 表示。冷量与冷量㶲之差就是冷量㶴。因此，冷量㶲和热量㶲具有完全相同的计算式。对于温度变化的冷源来说，其冷量㶲可表达为

$$E_{q'} = \int_1^2 \left(1 - \frac{T_0}{T}\right) \delta Q' \qquad (2\text{-}30)$$

冷量㶴为

$$A_{q'} = \int_1^2 T_0 \frac{\delta Q'}{T} = \int_1^2 T_0 \mathrm{d}S = T_0 \Delta S_{12} \qquad (2\text{-}31)$$

因 $T < T_0$，故冷量㶲 $E_{q'}$ 为一个负值，这意味着系统从冷物体吸收冷量时放出了㶲，而放出冷量的冷物体得到了㶲。

2. 闭口系统的内能㶲

在给定的环境中，闭口系统从任意状态可逆地过渡到与环境相平衡的状态所能完成的最大有用功，为闭口系统的㶲。众所周知，任意闭口系统储存的能量有宏观动能、重力势能和内能。而宏观动能和重力势能为机械能，根据㶲的定义可知它全为㶲。因此，所讨论的闭口系统的㶲指的是系统的内能㶲，以符号 E_u 表示。

考察给定状态参数 (p, T, U, S) 的任意闭口系统，可逆地过渡到与环境相平衡的状态 (p_0, T_0, U_0, S_0)，过程中系统只与环境交换热量。根据内能㶲的定义，系统所能完成的最大有用功，即该系统的内能㶲。

由热力学第一定律可知，闭口系统的能量平衡方程式为

$$\delta Q = \mathrm{d}U + \delta W \qquad (2\text{-}32)$$

对于可逆过程，则

$$\delta Q_{rev} = \mathrm{d}U + \delta W_{max} \qquad (2\text{-}33)$$

或

$$\delta Q_{rev} = \mathrm{d}U + p_0 \mathrm{d}V + \delta W_{u,max} \qquad (2\text{-}34)$$

式中，$p_0 \mathrm{d}V$ 为系统在膨胀过程中由于克服大气压力必须做的功；$\delta W_{u,max}$ 为过程中系统向外界提供的可利用的最大功，即为最大有用功；δQ_{rev} 为系统在可逆过程中与环境交换的热量。当系统从环境中吸热时，得

$$\delta Q_{rev} = -\delta Q_{surr} \qquad (2\text{-}35)$$

式中，δQ_{surr} 为从环境中吸收的热量。

因为系统进行的过程是可逆的，所以包括系统和环境所组成的孤立系统的总熵变化量（S_{tot}）为

$$\mathrm{d}S_{\text{tot}} = \mathrm{d}S + \mathrm{d}S_{\text{surr}} = 0 \qquad (2\text{-}36)$$

故

$$\mathrm{d}S = -\mathrm{d}S_{\text{surr}} \qquad (2\text{-}37)$$

根据过程性质及熵的定义，可得系统的熵变化量为

$$\mathrm{d}S = \frac{\delta Q_{\text{rev}}}{T} \qquad (2\text{-}38)$$

环境的熵变化量为

$$\mathrm{d}S_{\text{surr}} = \frac{\delta Q_{\text{surr}}}{T_0} \qquad (2\text{-}39)$$

将式（2-35）至式（2-39）代入式（2-34），整理得

$$\delta W_{\text{u,max}} = -\mathrm{d}U - p_0\mathrm{d}V + T_0\mathrm{d}S \qquad (2\text{-}40)$$

系统从任意状态过渡到环境状态时，系统对外界做的最大有用功为

$$
\begin{aligned}
W_{\text{u,max}} &= -\int_U^{U_0} \mathrm{d}U - \int_V^{V_0} p_0\mathrm{d}V + \int_S^{S_0} T_0\mathrm{d}S \\
&= (U + p_0V - T_0S) - (U_0 + p_0V_0 - T_0S_0)
\end{aligned} \qquad (2\text{-}41)
$$

令

$$E_{\text{u}} = U + p_0V - T_0S, \quad E_{\text{u,0}} = U_0 + p_0V_0 - T_0S_0 \qquad (2\text{-}42)$$

则

$$W_{\text{u,max}} = E_{\text{u}} - E_{\text{u,0}} \qquad (2\text{-}43)$$

可见，$E_{\text{u}} - E_{\text{u,0}}$ 为在给定环境中，闭口系统从所处状态可逆地过渡到与环境相平衡的状态所能完成的最大有用功。根据内能㶲的定义，E_{u} 被称为 p_0、T_0 环境中闭口系统的内能㶲。当给定的环境状态一定时，E_{u} 只取决于系统所处的状态。因此，E_{u} 也是一个状态参数。

如果在给定的 p_0、T_0 环境中，闭口系统从状态 1 过渡到状态 2，系统所能完成的最大有用功为

$$\left(W_{\text{u,max}}\right)_{12} = E_{\text{u,1}} - E_{\text{u,2}} \qquad (2\text{-}44)$$

即状态 1 与状态 2 内能㶲的差值。或者说，过程中内能㶲的减少量。

3. 稳定流动系统的焓㶲

工程上大量的热工设备或装置都属于开口热力系统。根据㶲的一般定义，并结合开口系统的固有属性，稳定流动系统的焓㶲可以定义为，稳流工质从任一给定状态流经开口系统，以可逆方式过渡到与环境相平衡的状态，并且只与环境交

换热量时所能做出的最大有用功。

考察给定状态(p, U, T, S)的任意开口系统，可逆地过渡到与环境相平衡的状态(p_0, T_0, U_0, S_0)，所能完成的最大有用功，即该系统的焓㶲。

根据稳定流动能量方程，若忽略系统宏观动能和重力势能，则过程的能量方程为

$$\delta Q = \mathrm{d}H + \delta W_{u,max} \qquad (2\text{-}45)$$

式中，H为稳定流动系统的焓。

过程的熵方程

$$\mathrm{d}S = \frac{\delta Q_{rev}}{T} \qquad (2\text{-}46)$$

与闭口系统一样可得

$$\delta Q_{rev} = T_0 \mathrm{d}S \qquad (2\text{-}47)$$

整理积分后，得

$$W_{u,max} = (H - T_0 S) - (H_0 - T_0 S_0) \qquad (2\text{-}48)$$

令

$$E_h = H - T_0 S, E_{h,0} = H_0 - T_0 S_0 \qquad (2\text{-}49)$$

则

$$W_{u,max} = E_h - E_{h,0} \qquad (2\text{-}50)$$

根据焓㶲的定义，E_h为在p_0、T_0环境中开口系统的焓㶲。当给定环境状态一定时，E_h只取决于系统所处的状态。因此，E_h也是一个状态参数。

在给定的p_0、T_0环境中，开口系统从状态 1 过渡到状态 2 时，系统所能完成的最大有用功为

$$\left(W_{u,max}\right)_{12} = E_{h,1} - E_{h,2} \qquad (2\text{-}51)$$

即状态 1 与状态 2 焓㶲的差值，或者说，过程中焓㶲的减少量。

4. 有化学反应系统的㶲

1）物理㶲E_{ph}

相对于物理平衡环境状态，系统由物理量不完全平衡所具有的㶲称为物理㶲。在p_0和T_0环境状态下，物理㶲可用下式计算。

$$E_{ph} = (H - H_0) - T(S - S_0) \qquad (2\text{-}52)$$

2）化学㶲E_{ch}

相对于物理和化学完全平衡的环境状态，系统由于化学不平衡所具有的㶲称为化学㶲。

化学不平衡的同时必定伴有物理不平衡。因此，相对于完全平衡状态，有化

学反应系统的㶲应是物理㶲与化学㶲之和，即

$$E_{sys} = E_{ph} + E_{ch} \tag{2-53}$$

或

$$E_{sys} = (H - H_0) - T_0(S - S_0) + E_{ch} \tag{2-54}$$

3）扩散㶲E_d

相对于p_0和T_0平衡环境状态，系统仅仅由于自身内部的扩散过程具有的㶲称为扩散㶲。扩散㶲是物理㶲的一个组成部分，通常是由系统与环境的浓度不平衡或气体的分压力不平衡引起的。对于液相系统来说，由于浓度不平衡所具有的扩散㶲值很小，可忽略不计。对于环境空气中的各组分（主要是N_2和O_2等）来说，在p_0和T_0状态下，气体由于其分压力的不平衡或浓度不平衡而具有的扩散㶲，又可做如下定义。

p_0和T_0下的气体可逆定温地转变到所在环境空气中，分压力p_i^0所能做出的最大有用功称为该气体的扩散㶲。

理想气体的扩散㶲E_d从可逆定温过程最大有用功来推导，即

$$E_d = W_{u,max} = -mRT_0\ln\frac{p_i^0}{p_0} \tag{2-55}$$

式中，R为气体常数，单位为$J/(kg \cdot k)$。

对于单位质量气体，扩散㶲为

$$e_d = -RT_0\ln\frac{p_i^0}{p_0} = -RT_0\ln\varphi_i^0 \tag{2-56}$$

对于单位摩尔气体，即摩尔扩散㶲为

$$e_d = -R_M T_0\ln\frac{p_i^0}{p_0} = -R_M T_0\ln\varphi_i^0 \tag{2-57}$$

式中，φ_i^0为环境空气中组分i的摩尔浓度。

根据理想气体分压定律（道尔顿定律）可知，$\varphi_i^0 = \dfrac{p_i^0}{p_0} < 1$，扩散㶲总是正值。在一定$T_0$下，$\varphi_i^0$为定值。因而，环境空气中各纯气体的扩散㶲也是一个定值。

4）燃料㶲E_f

按照热力学观点，燃料㶲一般是指燃烧过程中燃料的可燃成分和氧气发生反应生成燃气时产生的反应能。通常把常温常压下的燃料㶲叫作燃料的化学㶲，将其定为计算的基准，把不同于常温常压下的燃料所具有的㶲叫作燃料的物理㶲。

p_0和T_0状态下的燃料与氧气一起稳定地流经化学反应系统时，以可逆方式转变到完全平衡的环境状态所能做出的最大有用功称为燃料的㶲，简称燃料㶲，以E_f表示。燃料㶲由其化学㶲和物理㶲两部分组成。

5）煤、油和化学组成未知的燃料㶲

这些燃料的反应生成焓 ΔH_{n} 虽然可通过实验来测定，但由于尚没有 ΔG_{n} 和 ΔS_{n} 等化学热力学数据，因此其化学㶲无法用燃料的标准摩尔计算式来计算。在工程上可以采用下列近似计算式进行计算。

对固体燃料：$E_{\mathrm{f}} \approx Q_{\mathrm{l}}$。

对液体燃料：$E_{\mathrm{f}} = 0.975 Q_{\mathrm{h}}$。

对气体燃料：$E_{\mathrm{f}} = 0.950 Q_{\mathrm{h}}$。

式中，Q_{l} 为低位发热量；Q_{h} 为高位发热量。

当燃料的元素分析值已知时，可采用下式计算燃料的㶲。对液体燃料：

$$E_{\mathrm{f}} = Q_{\mathrm{l}} \left(1.0038 + 0.1365 \frac{Y_{\mathrm{H}}}{Y_{\mathrm{C}}} + 0.0308 \frac{Y_{\mathrm{O}}}{Y_{\mathrm{C}}} + 0.0104 \frac{Y_{\mathrm{S}}}{Y_{\mathrm{C}}} \right)$$

式中，Y_{C}、Y_{H}、Y_{O}、Y_{S} 为液体燃料中碳、氢、氧、硫的质量分数。

对固体燃料：

$$E_{\mathrm{f}} = Q_{\mathrm{l}} \left(1.0064 + 0.1519 \frac{Y_{\mathrm{H}}}{Y_{\mathrm{C}}} + 0.0616 \frac{Y_{\mathrm{O}}}{Y_{\mathrm{C}}} + 0.0429 \frac{Y_{\mathrm{N}}}{Y_{\mathrm{C}}} \right)$$

式中，Y_{C}、Y_{H}、Y_{O}、Y_{S} 为固体燃料中碳、氢、氧、硫的质量成分。

2.2.2　热力过程的㶲效率与㶲损失

1. 㶲效率与㶲损失的基本概念

㶲是能量在环境中能够转换成有用功的那部分能量，在可逆过程中，㶲不会转变为炕，过程无㶲损失。但任何不可逆过程，一定有㶲转变为炕，必然引起㶲损失。不可逆性越大，㶲损失越大，㶲的总量随不可逆过程的进行不断减少。在人类生活和生产的各种过程中，必须在使用的能量中有足够数量的㶲才能实现，所以㶲是十分宝贵的。一般所说的能量合理利用，实际上是指㶲的合理利用，即在设备中实施某种过程时要尽量减少㶲的损失。

对于在给定条件下进行的过程来说，㶲损失的大小，表明过程的不可逆程度，也往往用来衡量过程的热力学完善程度。但是，㶲损失是损失的一个绝对数量，它不能用来比较在不同条件下过程进行的完善程度，也不能用来评价各类热工设备或装置过程进行中㶲的利用程度。因此，一般用㶲效率来表达热工设备或装置中㶲的有效利用程度。

在热工设备或装置使用的过程中，收入（被利用）的㶲 E_{g} 与支出（消耗）的㶲 E_{p} 的比值，称为该系统的㶲效率，用符号 η_{e} 表示，即

$$\eta_{\mathrm{e}} = \frac{E_{\mathrm{g}}}{E_{\mathrm{p}}} \tag{2-58}$$

根据热力学第二定律可知，任何不可逆过程都会引起㶲损失，但是任何系统或过程都必须遵循㶲平衡的原则。因此，消耗㶲与被利用㶲之差即为热工设备或装置使用中的不可逆过程所引起的㶲损失，用符号 E_{los} 表示，即

$$E_{los} = E_p - E_g \tag{2-59}$$

㶲损失 E_{los} 与消耗㶲 E_p 的比值，称为该系统的㶲损失系数，用符号 ξ 表示，即

$$\xi = \frac{E_{los}}{E_p} \tag{2-60}$$

联立式（2-59）、式（2-60）可得

$$\eta_e = \frac{E_p - E_{los}}{E_p} = 1 - \frac{E_{los}}{E_p} = 1 - \xi \tag{2-61}$$

或

$$\eta_e + \xi = 1 \tag{2-62}$$

可见，㶲效率是消耗㶲的利用份额，而㶲损失系数是消耗㶲的损失份额。

根据热力学第二定律，任何过程的㶲效率都不可能大于 1。对于理想的可逆过程，由于㶲损失等于零，故㶲效率等于 1，即

$$\left(\eta_e\right)_{rev} = 1$$

因为一切实际过程都是不可逆的，都有㶲损失，故㶲效率小于 1，即

$$\left(\eta_e\right)_{irev} < 1$$

可见，可逆过程是热力学上最完善的过程。㶲效率的大小反映了实际过程接近理想可逆过程的程度。这样，就不难理解在一般热力计算中依赖于"理想可逆"这一假设的重要性和必要性。

工程上的热工设备或装置一般都属于稳定流动的开口系统，其中所实现的热力过程都是稳定流动过程。因此，热力过程的㶲分析与计算均指开口系统稳定流动的㶲分析与计算。

2. 稳定流动过程的㶲效率及㶲损失

研究热工设备或装置中过程㶲分析的目的，是确定实际过程的㶲效率及影响㶲效率的不可逆因素，指明改善过程的可能性，从而指导人们采用合理的过程或改进设备等措施，以减少各种不可逆过程的㶲损失，提高㶲的利用程度。

1) 稳定流动过程中的可逆功及㶲效率

为使所研究的问题简单起见，选取一稳定流动系统，与其相作用的周围环境视为温度不变的恒温热源，如图 2-3 所示，由此可得

$$\Delta h + \frac{\Delta c^2}{2} + g\Delta z = \sum q - w_s \qquad (2\text{-}63)$$

由于系统与环境之间有传热，因此环境比熵值发生变化，其变化量为

$$\Delta s_{\text{surr}} = \frac{q_{\text{surr}}}{T_{\text{surr}}}$$

因

$$q_{\text{surr}} = -\sum q$$

故

$$\sum q = -T_{\text{surr}}\Delta s_{\text{surr}}$$

代入式（2-63）得

$$w_s = -T_{\text{surr}}\Delta s_{\text{surr}} - \Delta h - \frac{\Delta c^2}{2} - g\Delta z \qquad (2\text{-}64)$$

由于环境比熵值很难确定，因此式（2-64）无实际意义。

为了确定过程的可逆功，假定孤立系统所进行的过程是可逆的，则系统的实际功 w_s 就是可逆功 w_{rev}，即 $w_s = w_{\text{rev}}$。

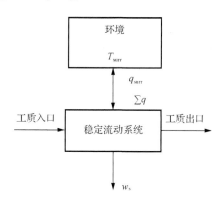

图 2-3　稳定流动系统示意图

根据热力学第二定律，孤立系统可逆过程时的比熵变化量为

$$\Delta s_{\text{iso}} = \Delta s + \Delta s_{\text{surr}} = 0$$

则

$$\Delta s_{\text{surr}} = -\Delta s$$

式中，Δs 为系统中过程的比熵变化量。对稳定流动过程为工质进、出口的比熵差。

综上所述，稳定流动系统中的过程可逆功表达式为

$$w_{\text{rev}} = T_{\text{surr}}\Delta s - \Delta h - \frac{\Delta c^2}{2} - g\Delta z \qquad (2\text{-}65)$$

由可逆功 w_{rev} 的推导可知，其定义的条件是，在系统中进行的过程可逆，同时系统与环境的传热也可逆。因此，w_{rev} 是完全可逆功，又称为过程的理想功。在热力学㶲分析与计算中，常用理想功的概念表示热工设备或装置中所进行的实际过程的㶲效率，以衡量实际过程的热力学完善程度。

由式（2-65）可得过程理想功的表达式：

$$w_{id} = T_0 \Delta s - \Delta h - \frac{\Delta c^2}{2} - g \Delta z \tag{2-66}$$

式中，T_0 为环境大气温度。周围环境取作大气时，$T_0 = T_{surr}$。

式（2-66）表明，经历一个已知变化过程系统对外做出最大功等于系统的理想功，或经历一个已知变化过程，外界对系统所做的最小功等于过程的理想功。据此，可以分别定义做功系统或耗功系统两种不同系统中过程的㶲效率。

做功系统中过程的㶲效率：

$$\eta_e = \frac{w_s}{w_{id}} \tag{2-67}$$

耗功系统中过程的㶲效率：

$$\eta_e' = \frac{w_{id}}{w_s} \tag{2-68}$$

例 2-1 稳定流动的㶲效率。

某蒸汽涡轮进口处蒸汽状态为 $p_1 = 1.35$ MPa，$t_1 = 370$ ℃。排汽状态为 $p_2 = 0.008$ MPa 的饱和蒸汽。试计算涡轮的绝热效率 η_s 及㶲效率 η_e。假定环境温度为 $t_0 = 20$ ℃。

解 （1）以蒸汽由初态定熵膨胀到相同压力 P_2 为依据，计算涡轮的绝热效率。

涡轮的绝热效率为

$$\eta_s = \frac{w_s}{(w)_s}$$

若忽略过程中的传热、宏观动能及重力势能变化，可得

$$\eta_s = \frac{\Delta h}{(\Delta h)_s}$$

由蒸汽表可查得有关参数如下：

$p_1 = 1.35$ MPa，$t_1 = 370$ ℃时，$h_1 = 3194.7$ kJ/kg，$s_1 = 7.2244$ kJ/(kg·K)；

$p_2 = 0.008$ MPa 的饱和蒸汽参数 $h_2 = h_2'' = 2577.1$ kJ/kg，$s_2 = s_2'' = 8.2295$ kJ/(kg·K)。

根据 $p_2 = 0.008$ MPa 查得其饱和水及饱和蒸汽的比焓、比熵值为

$$h_2' = 173.9 \text{ kJ/kg} = h_{2'}', \quad h_2'' = 2577.1 \text{ kJ/kg} = h_{2'}''$$
$$s_2' = 0.5926 \text{ kJ/(kg·K)} = s_{2'}'$$
$$s_2'' = 8.2295 \text{ kJ/(kg·K)} = s_{2'}''$$

根据定熵膨胀过程（1—2′）的特性，$s_{2'} = s_1$ 及状态点 2′ 的 $s_{2'}'$ 和 $s_{2'}''$ 的数值，求得点 2′ 的干度 $x_{2'}$ 为

$$x_{2'} = \frac{s_{2'} - s_{2'}'}{s_{2'}'' - s_{2'}'} = \frac{7.2244 - 0.5926}{8.2295 - 0.5926} = 0.868$$

则

$$h_{2'} = h_{2'}' + x_{2'}(h_{2'}'' - h_{2'}')$$
$$= 173.9 + 0.868 \times (2577.1 - 173.9) = 2259.9 \text{ kJ/kg}$$

故

$$\eta_s = \frac{\Delta h}{(\Delta h)_s} = \frac{h_1 - h_2}{h_1 - h_{2'}}$$
$$= \frac{3194.7 - 2577.1}{3194.7 - 2259.9} = 0.661$$

涡轮中蒸汽所进行的过程（包括实际过程 1—2 及定熵过程 1—2′），详见图 2-4（a）。

（2）以蒸汽由相同状态 1 变化至相同状态 2 过程中的理想功为依据，计算涡轮的㶲效率。

若忽略过程中的传热、动能及势能变化量，实际功为
$$w_s = -\Delta h = h_1 - h_2 = 3194.7 - 2577.1 = 617.6 \text{ kJ/kg}$$

理想功为

$$w_{id} = T_0 \Delta s - \Delta h = T_0(s_2 - s_1) - \Delta h$$
$$= 293 \times (8.2295 - 7.2244) - (-617.6)$$
$$= 912.1 \text{ kJ/kg}$$

则

$$\eta_e = \frac{w_s}{w_{id}} = \frac{617.6}{912.1} = 0.677$$

从以上两种计算结果可知，涡轮㶲效率 η_e 略大于其绝热效率 η_s，这是由于两种效率计算的依据不同。

为了说明两种效率的区别，我们设计了一个能够用来表现蒸汽实际状态变化 1—2 的可逆过程。该过程包括两个阶段：①蒸汽由状态 1 可逆绝热（定熵）地膨胀到终压 $P_2 = 0.008$ MPa，终了状态 2′ 为湿蒸汽状态；②从 $T_0 = 293$ K 的环境向湿蒸汽可逆传热，使其水分蒸发并产生 0.008 MPa 的干饱和蒸汽状态 2，如图 2-4（b）所示。

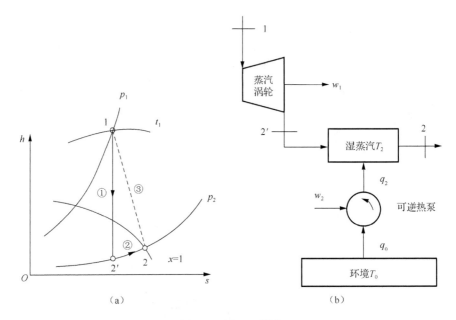

图 2-4　例 2-1 附图

湿蒸汽（状态 $2'$ ）的比焓值为
$$h_{2'} = 2259.9 \text{ kJ/kg}$$

阶段①为定熵膨胀过程（1—$2'$），其产生的定熵轴功为
$$(w)_s = w_1 = h_1 - h_{2'} = 3194.7 - 2259.9 = 934.8 \text{ kJ/kg}$$

阶段②为定压定温可逆加热过程（$2'$—2），过程结果使湿蒸汽中水分蒸发，产生 $P_2 = 0.008$ MPa、$T_2 = 314.7$ K（P_2 压力下的饱和温度）的干饱和蒸汽 $h_2 = 2577.1$ kJ/kg。该加热过程中所需要的热量为
$$q_2 = h_2 - h_{2'}$$
$$= 2577.1 - 2259.9 = 317.2 \text{ kJ/kg}$$

这一过程是由环境（低温热源，$T_0 = 293$ K）向湿蒸汽（高温热源，$T_2 = 314.7$ K）的可逆传热过程。若能实现，应采用逆向循环的可逆热泵系统，如图 2-4（a）所示。可逆热泵所需要的比功量为
$$-w_2 = q_2\left(1 - \frac{T_0}{T_2}\right)$$
或
$$w_2 = -q_2 + T_0\frac{q_2}{T_2} = -q_2 + T_0\Delta s_{2'2}$$
$$= -317.2 + 293 \times (8.2295 - 7.2244)$$
$$= -22.7 \text{ kJ/kg}$$

将上述两个阶段合并，得到整个过程（1—2′—2）的理想功为

$$w_{id} = w_1 + w_2$$
$$= 934.8 + (-22.7) = 912.1 \text{ kJ/kg}$$

计算结果与前面相同。但计算步骤非常简单，并表明了两种效率的明显区别。

绝热效率：$\eta_s = \dfrac{w_s}{(w)_s} = \dfrac{w_s}{w_1}$。

㶲效率：$\eta_e = \dfrac{w_s}{w_{id}} = \dfrac{w_s}{w_1 + w_2}$。

式中，w_2 为外界对系统做功（负值），故相同初始状态、终了状态变化过程（1—2）中，涡轮㶲效率 η_e 略大于其绝热效率 η_s。

2）稳定流动过程的㶲损失

（1）㶲损失。

过程中不能用来做功的能量，即由实际过程中的一些不可逆因素所产生的无用功，称为损失功，又称㶲损失，用符号 w_{los} 表示。损失功在数值上等于相同状态变化过程中的理想功与实际功之差，即

$$w_{los} = w_{id} - w_s \tag{2-69}$$

按前所述可知，理想功：

$$w_{id} = T_0\Delta s - \Delta h - \frac{\Delta c^2}{2} - g\Delta z \tag{2-70}$$

实际功：

$$w_s = \sum q - \Delta h - \frac{\Delta c^2}{2} - g\Delta z \tag{2-71}$$

则

$$w_{los} = T_0\Delta s - \sum q \tag{2-72}$$

或

$$W_{los} = mT_0\Delta s - \sum Q \tag{2-73}$$

可见，任何过程中的损失功 w_{los}，只与系统的熵变化量 Δs 及系统的吸热量 $\sum q$ 有关。

由图 2-3 可知，$\sum q = -q_{surr}$，故损失功还可表达为

$$w_{los} = T_0\Delta s + q_{surr}$$
$$= T_0\Delta s + T_0\Delta s_{surr} = T_0\left(\Delta s + \Delta s_{surr}\right)$$
$$= T_0\Delta s_{tot} \tag{2-74}$$

式中，$\Delta s_{tot} = \Delta s + \Delta s_{surr}$ 是系统与环境熵变化量之和，称为过程中的总熵变化量。

根据熵增原理可知，$\Delta s_{tot} \geqslant 0$，于是 $w_{los} \geqslant 0$，即当过程完全可逆时，$w_{los} = 0$；当过程不可逆时，$w_{los} > 0$。

可见，损失功的大小表明了过程的不可逆程度，过程的不可逆性越大，㶲损失越大。因此，为了有效地利用能量，应尽量减少能量转换过程中的不可逆因素，以减少过程中的㶲损失。

对于由多阶段组成的过程，整个过程的㶲损失等于各阶段㶲损失之和，故应分别计算出过程中每一阶段的㶲损失，其中若外界对系统做功，则实际功为

$$w_s = w_{id} + \sum w_{los} \tag{2-75}$$

而系统对外界做功，则实际功为

$$w_s = w_{id} - \sum w_{los} \tag{2-76}$$

（2）㶲损失系数。

系统的㶲损失系数是系统的㶲损失量与消耗量的比值。对于稳定流动过程来说，㶲损失系数是过程中的损失功与理想功之比，即

$$\xi = \frac{w_{los}}{w_{id}} \tag{2-77}$$

例 2-2　稳定流动的㶲损失。

某蒸汽动力厂的汽轮机按绝热膨胀过程工作，并产生 4000 kW 功率，如图 2-5 所示。已知汽轮机进口处蒸汽状态为 $p_1 = 2.1\,\text{MPa}$，$t_1 = 480\,℃$；排汽状态为 $p_2 = 0.001\,\text{MPa}$ 的饱和蒸汽，排汽在冷凝器中被温度 $t_0 = 15\,℃$（环境温度）的主冷却水冷却为 $t_3 = 30\,℃$ 的凝结水。试计算：

（1）汽轮机及冷凝器的㶲损失系数。

（2）整个循环过程的实际功、理想功及㶲效率。

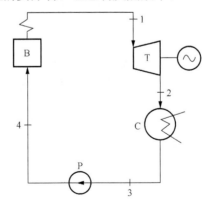

图 2-5　例 2-2 附图

注：①P 为水泵；②C 为冷凝器；③B 为锅炉；④T 为汽轮机；⑤忽略水泵耗功量条件下，状态 4 与状态 3 重合，故不参与计算。

解　若忽略水泵（P）耗功量，则整个过程由两个步骤组成。第一步是蒸汽在汽轮机（T）中由状态 1 绝热膨胀到状态 2；第二步是排汽在冷凝器（C）中被环境温度下的冷却水定压冷却成 $t_3 = 30$ ℃的凝结水。

根据已知条件查蒸汽表可得有关参数：

$p_1 = 2.1\,\mathrm{MPa}$, $t_1 = 480$ ℃, $h_1 = 3422.2\,\mathrm{kJ/kg}$, $s_1 = 7.3511\,\mathrm{kJ/(kg \cdot K)}$

$p_2 = 0.001\,\mathrm{MPa}$ 饱和蒸汽时, $h_2 = 2584.8\,\mathrm{kJ/kg}$, $s_2 = 8.1511\,\mathrm{kJ/(kg \cdot K)}$

$p_3 = p_2 = 0.001\,\mathrm{MPa}$, $t_3 = 30$ ℃, $h_3 = 125.7\,\mathrm{kJ/kg}$, $s_3 = 0.4365\,\mathrm{kJ/(kg \cdot K)}$

对于由状态 1 变化至状态 3 的整个过程，若忽略动能和势能变化，过程的理想功为

$$
\begin{aligned}
w_{\mathrm{id}} &= T_0 \Delta s - \Delta h \\
&= T_0(s_3 - s_1) - (h_3 - h_1) \\
&= 288 \times (0.4365 - 7.3511) - (125.7 - 3422.2) \\
&= 1305.1\,\mathrm{kJ/kg}
\end{aligned}
$$

（1）汽轮机及冷凝器的损失功与㶲损失系数。

汽轮机：

$$
\begin{aligned}
w_{\mathrm{los,T}} &= T_0(s_2 - s_1) - q_{12} \\
&= 288 \times (8.1511 - 7.3511) - 0 \\
&= 230.4\,\mathrm{kJ/kg}
\end{aligned}
$$

冷凝器：

$$
\begin{aligned}
w_{\mathrm{los,C}} &= T_0(s_3 - s_2) - q_{23} = T_0(s_3 - s_2) - (h_3 - h_2) \\
&= 288 \times (0.4365 - 8.1511) - (125.7 - 2584.8) \\
&= 237.3\,\mathrm{kJ/kg}
\end{aligned}
$$

若忽略水泵耗功量，则整个过程的实际功量为汽轮机的对外实际做功量，即

$$
\begin{aligned}
w_{\mathrm{s}} &= w_{\mathrm{T}} = h_1 - h_2 \\
&= 3422.2 - 2584.8 = 837.4\,\mathrm{kJ/kg}
\end{aligned}
$$

整个过程对外所做的理想功为

$$
\begin{aligned}
w_{\mathrm{id}} &= w_{\mathrm{s}} + \sum w_{\mathrm{los}} \\
&= 837.4 + (230.4 + 237.3) = 1305.1\,\mathrm{kJ/kg}
\end{aligned}
$$

汽轮机的㶲损失系数：

$$
\xi_{\mathrm{T}} = \frac{w_{\mathrm{los,T}}}{w_{\mathrm{id}}} = \frac{230.4}{1305.1} = 0.177
$$

冷凝器的㶲损失系数：

$$
\xi_{\mathrm{C}} = \frac{w_{\mathrm{los,C}}}{w_{\mathrm{id}}} = \frac{237.3}{1305.1} = 0.182
$$

（2）整个循环过程的㶲效率：

$$\eta_C = \frac{w_s}{w_{id}} = \frac{837.4}{1305.1} = 0.642$$

3. 几种典型不可逆过程的㶲损失计算式

由热力学第二定律可知，对于孤立系统 $\Delta s_{sys} d_{iso} \geqslant 0$。因此一切不可逆过程都会造成系统的可用能损失。对闭口系统的内能㶲损失 $e_{u,los} = u - u_0 - T_0(s - s_0)$。开口系统的焓㶲损失 $e_{h,los} = h - h_0 - T_0(s - s_0)$。相应的不可逆程度越大，引起的系统熵增越大，造成系统的可用能损失也越大。

系统可用能损失（系统㶲损失）的通用表达式为

$$e_{los} = T_0 \Delta s_{sys} \tag{2-78}$$

式中，T_0 为环境温度，K；Δs_{sys} 为由于不可逆性引起的系统的熵增量，kJ/(kg·K)。但应注意，对于不同性质的热力过程，系统的㶲损失有不同形式的计算式。

1）燃烧过程引起的㶲损失

众所周知，燃烧过程是燃料化学能转变为热能的过程，是典型的不可逆过程之一。燃料化学能的可用部分，称为燃料的化学㶲，简称燃料㶲，用 E_f 表示。对于 1 kg 燃料，可近似地认为㶲是燃料的高位发热值 Q_h，但是经过燃烧转化为热能后，则只有部分是可用的，即热量㶲 E_q，其余部分是无用的，即热量炕 A_q，也就是燃烧不可逆过程的㶲损失 E_{los}。

综上所述，燃烧不可逆过程的有关计算式为

$$E_q = \int_0^{Q_h} \left(1 - \frac{T_0}{T}\right) \delta Q \tag{2-79}$$

$$A_q = E_{los} = \int_0^{Q_h} \frac{T_0}{T} \delta Q = T_0 \int_1^2 \frac{\delta Q}{T} = T_0 \Delta S_{12} \tag{2-80}$$

式中，T 为燃烧过程中的温度，K；T_0 为环境温度，K；Δs_{12} 为燃烧过程中系统的熵增量，kJ/(kg·K)。

若用能质（或称能级）的概念分析，则表达式为

$$\Omega = \frac{E_q}{Q_h} = \frac{\int_0^{Q_h} \left(1 - \frac{T_0}{T}\right) \delta Q}{Q_h} = \frac{(1 + \alpha L_0) \int_1^2 \left(1 - \frac{T_0}{T}\right) \delta q}{Q_h}$$

$$= \frac{(1 + \alpha L_0) \int_1^2 \left(1 - \frac{T_0}{T}\right) c_n dT}{Q_h} \tag{2-81}$$

能质损失的数量表达式为

$$\varOmega_1 = \frac{T_0 \int_1^2 \dfrac{\delta Q}{T}}{Q_\mathrm{h}} = \frac{(1 + \alpha L_0) T_0 \int_1^2 \dfrac{\delta q}{T}}{Q_\mathrm{h}}$$

$$= \frac{(1 + \alpha L_0) T_0 \int_1^2 \dfrac{c_n \mathrm{d}T}{T}}{Q_\mathrm{h}} = \frac{(1 + \alpha L_0) T_0 \Delta s_{12}}{Q_\mathrm{h}} \tag{2-82}$$

式中，α 为燃料燃烧的过量空气系数，%；L_0 为燃料燃烧的理论空气量，m^3（空气）$/\mathrm{m}^3$（燃料）或 kg（空气）/kg（燃料）；c_n 为与燃烧过程相当的多变加热过程比热，kJ/(kg·K)；δq 为 1 kg 工质中所吸入的微元热量，kJ/kg；Δs_{12} 为 1 kg 工质从状态 1 到状态 2 的熵变，kJ/(kg·K)。

2）绝热节流过程引起的㶲损失

绝热节流过程是指稳定流体绝热地流过孔板、窄缝、阀门等的流动过程。它是典型的不可逆过程之一。节流过程会使系统的熵增加，因而节流会使系统的㶲产生损失。㶲损失表达式为

$$E_\mathrm{los} = T_0 \Delta s_\mathrm{sys} \tag{2-83}$$

对于理想气体，节流过程中系统的熵增量为

$$\Delta s_{12} = c_{v0} \ln \frac{T_2}{T_1} + R \ln \frac{v_2}{v_1} \tag{2-84}$$

式中，R 为理想气体常数；v_1、v_2 为状态 1、状态 2 下的比体积；c_{v0} 为环境温度 T_0 下的定压比热。

节流前后系统的焓不变，对理想气体焓是温度的单值函数，$h = f(T)$，故 $T_1 = T_2$，得

$$\Delta s_{12} = R \ln \frac{v_2}{v_1} \tag{2-85}$$

由理想气体状态方程 $pv = RT$，得 $v_2 / v_1 = p_1 / p_2$，则

$$\Delta s_{12} = R \ln \frac{p_1}{p_2} = R \ln v \tag{2-86}$$

式中，$p_1 / p_2 = v$ 为节流过程前后的压力比。故

$$E_\mathrm{los} = T_0 \Delta s_\mathrm{sys} = T_0 R \ln v \tag{2-87}$$

3）流动阻力引起的㶲损失

流动阻力引起的㶲损失一般表达式为

$$E_\mathrm{los} = T_0 \Delta s_\mathrm{sys} \tag{2-88}$$

如果流体流过设备的阻力损失以压力比表示，对理想气体，系统熵的增量将与节流过程系统的熵增量计算相同，即

$$\Delta s_{12} = R \ln v \qquad (2\text{-}89)$$

则流动阻力造成系统的㶲损失为

$$E_{\text{los}} = T_0 R \ln v \qquad (2\text{-}90)$$

4）有限温差下传热过程引起的㶲损失

在有限温差下热量总是自发地从高温物体传向低温物体。从热量㶲分析中可知，物体温度越高，它的㶲值越大，温度越低，㶲值则越小。因此，高温物体在有限温差下向低温物体传热必然使㶲的总量减少，即造成㶲损失。

在热力设备中发生这种损失的有锅炉装置中的汽锅、过热器、省煤器及空气预热器中的不等温传热，燃气轮机装置中回热器内的不等温传热，等等。

设高温物体的温度为 T_H，低温物体的温度为 T_L，且它们为两个有限热源，当两个接触的热物体通过界面传递微元热量 δQ 时，高温物体放出的热量㶲为

$$| \delta E_{q,H} | = \left(1 - \frac{T_0}{T_H}\right) | \delta Q_H | = | \delta Q_H | - T_0 \frac{| \delta Q_H |}{T_H} \qquad (2\text{-}91)$$

低温物体吸收的热量㶲为

$$\delta E_{q,L} = \left(1 - \frac{T_0}{T_L}\right) \delta Q_L = \partial Q_L - T_0 \frac{\partial Q_L}{T_L} \qquad (2\text{-}92)$$

由于传热过程中，传热量相等，即 $| \delta Q_H | = \delta Q_L = \delta Q$，因此温差传热引起的㶲损失为

$$\delta E_{\text{los}} = | \delta E_{q,H} | - \delta E_{q,L} = T_0 \delta Q \left(\frac{1}{T_L} - \frac{1}{T_H}\right) > 0 \qquad (2\text{-}93)$$

对于整个过程来说（高温物体 1—2 过程，低温物体 1′—2′ 过程），其㶲损失为

$$\begin{aligned}
E_{\text{los},12} &= -\int_1^2 \frac{T_0}{T_H} \delta Q_H + \int_{1'}^{2'} \frac{T_0}{T_L} \delta Q_L \\
&= \int_2^1 \frac{T_0}{T_H} \delta Q_H + \int_{1'}^{2'} \frac{T_0}{T_L} \delta Q_L \\
&= \int_2^1 T_0 \frac{\delta Q_H}{T_H} + \int_{1'}^{2'} T_0 \frac{\delta Q_L}{T_L} \\
&= \int_2^1 T_0 \mathrm{d}S_H + \int_{1'}^{2'} T_0 \mathrm{d}S_L
\end{aligned} \qquad (2\text{-}94)$$

或

$$E_{\text{los},12} = T_0 [(S_1 - S_2) + (S_{2'} - S_{1'})] > 0 \qquad (2\text{-}95)$$

5）混合过程引起的㶲损失

混合是典型的不可逆过程之一，混合必然引起系统熵的增加，因而造成系统㶲的损失，其表达式为

$$E_{\mathrm{los}} = T_0 \Delta S_{\mathrm{sys}} = T_0 (S_2 - S_1) \tag{2-96}$$

式中，S_1、S_2 为混合前后系统的熵。

6）功摩擦变热过程引起的㶲损失

因为机械功本身就是㶲。若通过摩擦将机械功全部转变为某一温度下系统的热量，则该热量中只有一部分是㶲，其余部分是㶲。这样必然造成㶲总量的减少，即造成㶲的损失。设吸收摩擦热时系统的温度为 T，功全部转变为热量，即 $\delta W = \delta Q$，则过程中系统的㶲损失为

$$\delta E_{\mathrm{los}} = \delta W - \delta E_{\mathrm{q}}$$

$$= \delta W - \left(\delta Q - T_0 \frac{\delta Q}{T} \right)$$

$$= T_0 \frac{\delta Q}{T} = \frac{T_0}{T} \delta W > 0 \tag{2-97}$$

对于动力原动机来说，由于转动部分是机械摩擦，将一部分机械功转变为热量，其机械效率就是这一损失的标志。故动力原动机转变为热的过程造成的㶲损失为

$$E_{\mathrm{los}} = \frac{N \times 3600}{\dot{m}} (1 - \eta_{\mathrm{M}}) \tag{2-98}$$

式中，N 为动力原动机的功率，kW；$\dot{m}$ 为所耗工质的质量流量，kg/h。

2.2.3 热力过程的㶲平衡

前已述及，任何自发过程都是不可逆的，必然引起㶲的损失。因此，实际过程中，不存在㶲的守恒，㶲总是减少，而减少的部分就是㶲损失。根据能量平衡关系，同样可以建立热力系统的㶲平衡方程式，即

系统的输入㶲=系统的㶲变化量+系统的输出㶲+㶲损失

在热力系统㶲分析与计算过程中，㶲损失往往作为输出㶲的一部分，因此㶲平衡方程式可表达为

系统的㶲变化量=系统的输入㶲−（系统的输出㶲+㶲损失）

即

$$\Delta E = E_{\mathrm{in}} - (E_{\mathrm{out}} + E_{\mathrm{los}}) \tag{2-99}$$

由于热力系统的形式不同，系统中所进行的热力过程的㶲平衡方程式表达形式也不相同。

1. 闭口系统热力过程的㶲平衡方程式

闭口系统中热力过程的能量分布，如图 2-6 所示。根据㶲平衡的一般表达形

式，闭口系统的㶲平衡方程为

$$\Delta E_u = E_q - (E_w + E_{los}) - E_q' \qquad (2\text{-}100)$$

即闭口系统的内能㶲变化量 ΔE_u，等于热源供给的热流㶲 E_q 与系统输出㶲（包括对外做出的机械功㶲 E_w、㶲损失 E_{los} 及向环境散热的热流㶲 E_q'）之差。在一般计算中 E_q' 可以忽略不计。故

$$\Delta E_u = E_q - (E_w + E_{los}) \qquad (2\text{-}101)$$

其中

$$\Delta E_u = E_{u,2} - E_{u,1} = U_2 - U_1 + p_0(V_2 - V_1) - T_0(S_2 - S_1)$$

$$E_q = \int_1^2 \left(1 - \frac{T_0}{T_H}\right)\delta Q_H \qquad (2\text{-}102)$$

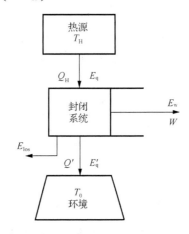

图 2-6　闭口系统中热力过程的能量分布图

对恒温热源

$$E_q = Q_H - T_0\frac{Q_H}{T_H} = Q_H - T_0\Delta S_H \qquad (2\text{-}103)$$

$$E_w = W_{12} - p_0(V_2 - V_1)$$

式中，W_{12} 表示过程中的容积变化功；$p_0(V_2 - V_1)$ 表示环境功。

$$E_{los} = T_0\Delta S_{iso} \qquad (2\text{-}104)$$

式中，ΔS_{iso} 为闭口系统其外界组成的孤立系统的熵增量，$\Delta S_{iso} = \Delta S_{12} + \Delta S_H + \Delta S_0$。其中，$\Delta S_{12}$ 为系统在过程中的熵变化量；ΔS_H 为热源在过程中的熵增量，$\Delta S_H = \int_1^2 -\frac{\delta Q_H}{T_H}$；$\Delta S_0$ 为环境在过程中的熵增量，$\Delta S_0 = \frac{Q_0}{T_0}$（若 $Q_0 = 0$，$\Delta S_0 = 0$）。

2. 开口系统中稳定流动过程的㶲平衡方程式

开口系统中稳定流动过程的能量分布，如图 2-7 所示。考虑有外热源（包括高温热源及低温环境热源）时，能量平衡方程为

$$Q_\text{H} - Q_0 = \Delta H_{12} + \frac{1}{2}m\Delta c^2 + mg\Delta z + W_\text{s}　　　　（2-105）$$

㶲平衡方程为

$$\text{系统的输入㶲总和} = \text{系统的输出㶲总和}$$

即

$$\sum E_\text{in} = \sum E_\text{out}　　　　（2-106）$$

或

$$(E_\text{q} - E_{\text{q}'}) + E_{\text{h},1} + \frac{1}{2}mc_1^2 + mgz_1 = E_{\text{h},2} + \frac{1}{2}mc_2^2 + mgz_2 + E_\text{w} + E_\text{los}　　（2-107）$$

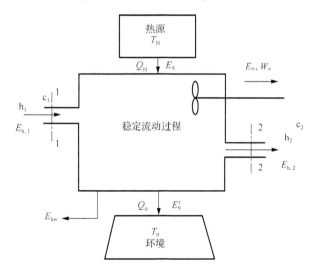

图 2-7　开口系统中稳定流动过程的能量分布图

若忽略势能的变化及系统与外界交换的热流㶲 $E_{\text{q}'}$，则稳定流动过程的㶲平衡方式为

$$E_\text{q} + E_{\text{h},1} + \frac{1}{2}mc_1^2 = E_{\text{h},2} + \frac{1}{2}mc_2^2 + E_\text{w} + E_\text{los}　　　　（2-108）$$

或

$$E_\text{w} = W_\text{u} = E_\text{q} - (E_{\text{h},2} - E_{\text{h},1}) - \frac{1}{2}m(c_2^2 - c_1^2) - E_\text{los}　　　　（2-109）$$

式中，E_q 为热源供给的热流㶲，$E_\text{q} = \int_1^2 (1 - T_0/T_\text{H})\delta Q_\text{H}$，对于恒温热源 $E_\text{q} = Q_\text{H} -$

$T_0 \Delta S_H$；E_w 为系统输出的功㶲，即输出的有用功 $E_w = E_u$；$E_{h,1}$ 与 $E_{h,2}$ 为进、出口处稳定物流的焓㶲，$E_{h,1} = (H_1 - H_0) - T_0(S_1 - S_0)$，$E_{h,2} = (H_2 - H_0) - T_0(S_2 - S_0)$；$E_l$ 为由过程的不可逆性引起的系统的㶲损失，$E_{los} = T_0 \Delta S_{iso}$。其中，$\Delta S_{iso} = \Delta S_{12} + \Delta S_H + \Delta S_0$（若 $Q_0 = 0$，$\Delta S_0 = 0$）；$\dfrac{1}{2} mc_1^2$、$\dfrac{1}{2} mc_2^2$ 为进、出口处稳定物流的动能㶲。

如果系统中进行的是可逆稳流过程，则 $E_{los} = 0$，平衡方程式为

$$E_q + E_{h,1} + \frac{1}{2} mc_1^2 = E_{h,2} + \frac{1}{2} mc_2^2 + E_{w,\max} \tag{2-110}$$

或

$$E_q = (E_{h,2} - E_{h,1}) + \frac{1}{2} m(c_2^2 - c_1^2) + E_{w,\max} \tag{2-111}$$

故

$$E_{w,\max} = W_{u,\max} = E_q - (E_{h,2} - E_{h,1}) - \frac{1}{2} m(c_2^2 - c_1^2) \tag{2-112}$$

比较上述两个㶲平衡方程式，得

$$W_u = W_{u,\max} - E_{los} \tag{2-113}$$

当开口系统进行一个耗功过程时，如压缩过程、制冷过程等，上述各式均可应用，但式中功㶲 E_w 或有用功 W_u 应取负值，而损失㶲仍为正值。如过程是可逆的，其理想功为最小有用功 $W_{u,\min}$，则

$$|W_u| = |W_{u,\min}| + E_{los} \tag{2-114}$$

3. 循环过程的平衡方程式

实际的热工设备或装置实现能量转换时，可以通过一个热力过程或一个热力循环来完成。这样，不仅可以对一个热力过程还可以对一个热力循环建立㶲平衡方程式，进行㶲分析与计算，确定其热力学的完善程度。

若热动力装置实现能量转换采用的是闭口系统热力循环过程，如图 2-8 所示。则能量平衡方程式为

$$Q_H = Q_L + W_u \tag{2-115}$$

㶲平衡方程式为

系统的㶲变化量=供入热量㶲 – 排出热量㶲 – 输出功㶲 – 损失㶲

即

$$\Delta E_u = E_q - (E_w + E_{los}) - E_{q'} \tag{2-116}$$

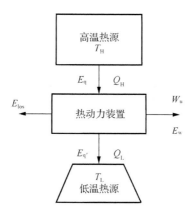

图 2-8　热动力装置热力循环

对循环过程来说，其内能㶲无变化，即 $\Delta E_u = 0$，则

$$E_q - E_{q'} = E_w + E_{los} \tag{2-117}$$

因热流㶲

$$E_q = \int_T^{T_0} \left(1 - \frac{T_0}{T}\right) \delta Q \tag{2-118}$$

故

$$\int_{T_H}^{T_0} \left(1 - \frac{T_0}{T_H}\right) \delta Q_H - \int_{T_L}^{T_0} \left(1 - \frac{T_0}{T_L}\right) | \delta Q_L | = W_u + E_{los} \tag{2-119}$$

对可逆循环

$$\int_{T_H}^{T_0} \left(1 - \frac{T_0}{T_H}\right) \delta Q_H - \int_{T_L}^{T_0} \left(1 - \frac{T_0}{T_L}\right) | \delta Q_L | = W_{u,max} \tag{2-120}$$

将上述二式进行比较，得

$$W_{u,max} = W_u + E_{los} \tag{2-121}$$

或

$$W_u = W_{u,max} - E_{los} \tag{2-122}$$

可见，实际不可逆循环的㶲损失就是能够输出最大有用功的损失。

根据㶲的定义，当低温热源为周围环境时，向低温热源放出的热量㶲为

$$E_{q'} = \int_{T_L}^{T_0} \left(1 - \frac{T_0}{T_L}\right) \delta Q_L = \int_{T_0}^{T_0} \left(1 - \frac{T_0}{T_0}\right) \delta Q_0 = 0 \tag{2-123}$$

则

$$E_q = \int_{T_H}^{T_0} \left(1 - \frac{T_0}{T_H}\right) \delta Q_H = W_u + E_{los} \tag{2-124}$$

或

$$W_u = \int_{T_H}^{T_0} \left(1 - \frac{T_0}{T_H}\right) \delta Q_H - E_{los} \qquad (2\text{-}125)$$

$$W_{u,max} = \int_{T_H}^{T_0} \left(1 - \frac{T_0}{T_H}\right) \delta Q_H \qquad (2\text{-}126)$$

此时的能量方程为

$$Q_H = Q_0 + W_u \quad \text{或} \quad W_u = Q_H - Q_0 \qquad (2\text{-}127)$$

根据

$$\int_{T_H}^{T_0} \left(1 - \frac{T_0}{T_H}\right) \delta Q_H = W_u + E_{los} \qquad (2\text{-}128)$$

得

$$E_l = \int_{T_H}^{T_0} \left(1 - \frac{T_0}{T_H}\right) \delta Q_H - W_u \qquad (2\text{-}129)$$

将 $W_u = Q_H - Q_0$ 代入上式, 得

$$\begin{aligned}
E_{los} &= \int_{T_H}^{T_0} \left(1 - \frac{T_0}{T_H}\right) \delta Q_H - Q_H + Q_0 \\
&= Q_0 - T_0 \int \frac{\delta Q_H}{T_H} \\
&= Q_0 - T_0 \Delta S_H
\end{aligned} \qquad (2\text{-}130)$$

可见, 不可逆循环的㶲损失不等于从高温热源吸热量中的㶲 $T_0\Delta S_H$, 也不等于向低温环境的放热量 Q_0, 而等于 Q_0 与 $T_0\Delta S_H$ 之差, 也就是放给环境的热量中只有从㶲转变成为㶲的那一部分 $Q_0 - T_0\Delta S_H$ 才是不可逆性引起的㶲损失, 详见图 2-9。

图中, 从高温热源吸入的热量 Q_H 为面积 1—s_1—s_3—4; 实际的不可逆循环 1—2—s_2—s_3—4—1; 向环境的放热量 Q_0 为面积 2—s_2—s_3—3; 吸热量中的㶲 $T_0\Delta S_H$ 为面积 $2'$—$s_{2'}$—s_3—3; 不可逆循环的㶲损失 E_{los} 为面积 2—s_2—$s_{2'}$—$2'$。

若热动力装置实现能量转换采用的是开口系统热力循环过程, 则㶲平衡方程的一般形式为

供给系统的热量㶲=系统焓㶲的增加量+输出的功㶲+损失㶲

即

$$E_q = (E_{h,out} - E_{h,in}) + W_t + E_{los} \qquad (2\text{-}131)$$

或

$$E_q + E_{h,in} = E_{h,out} + W_t + E_{los} \qquad (2\text{-}132)$$

式中，E_q 为系统吸入的热量㶲，$E_q = \left(1 - \dfrac{T_0}{T}\right)Q_H$；$E_{h,in}$、$E_{h,out}$ 为流入与流出系统工质的焓㶲；W_t 为装置对外输出的功量（功㶲），$W_t = Q_1 - (H_2 - H_1)$；E_H 为循环损失㶲，$E_H = T_0\Delta S_{iso} = T_0\left(S_{out} - S_{in} - \dfrac{Q_1}{T_1}\right)$。

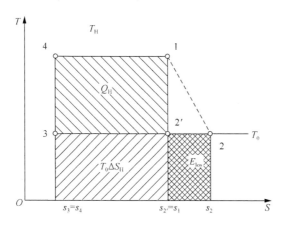

图 2-9　不可逆循环 T-S 图

2.3　能量系统热力学分析的方法汇总

2.3.1　能量衡算法

能量衡算法是通过物料与能量衡算，确定过程的排出能量与能量利用率 η_1。基于热力学第一定律的普遍适用性，可求出许多有用的结果，如设备的散热损失、理论热负荷、可回收的余热量和电力损失的发热量等。

能量衡算及效率计算的顺序一般是先从单体设备或子体系开始，而后逐渐扩大到整个体系。

例 2-3　设有合成氨厂二段炉出口高温转化气余热利用装置，如图 2-10 所示。转化气进入废热锅炉的温度为 1000 ℃，离开时为 380 ℃。其流量为 5160 Nm³/t$_{NH_3}$。可以忽略降温过程中压力的变化。废热锅炉产生 4 MPa、430 ℃的过热蒸汽，蒸汽通过涡轮机做功。离开涡轮机乏汽的压力为 0.01235 MPa，其干度为 0.9853。转化气在有关温度范围的平均等压热容 $C_{pmh} \approx C_{pms} = 36\,\text{kJ/(kmol·K)}$。乏汽进入冷凝器用 30 ℃的冷却水冷凝，冷凝水用水泵打入锅炉。进入锅炉的水温为 50 ℃。试用能量衡算法计算此余热利用装置的热效率 η_T。

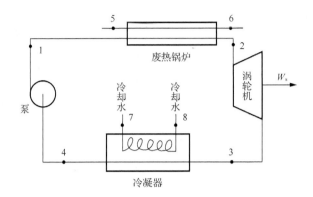

图 2-10　例 2-3 附图——转换气余热利用装置

解　各状态点的有关参数如表 2-1 所示。

表 2-1　蒸汽物性表

状态点	压力/MPa	温度/℃	H/(kJ/kg)	s/[kJ/(kg·℃)]
1	0.01235	50	209.33	0.7038
2	4.0000	430	3283.60	6.8694
3	0.01235	50	2557.00	7.9679
4	0.01235	50	209.33	0.7038
7	0.10133	30	125.79	0.4369

计算以每吨氨为基准。为简化计算，忽略体系中有关设备的热损失和驱动水泵所消耗的轴功。

（1）求产汽量 G（kg）。

对废热锅炉进行能量衡算，忽略热损失 Q_l，则有

$$\Delta H = Q_T - W_s$$

$$Q_l = 0, W_s = 0$$

$$\Delta H = \Delta H_水 + \Delta H_转$$

式中，$\Delta H_水$ 与 $\Delta H_转$ 分别为水与转化气的焓变。

$$\Delta H_转 = mC_{pmh}(T_6 - T_5)$$

$$= \frac{5160}{22.4} \times 36 \times (380 - 1000)$$

$$= 230.36 \times 36 \times (-620) = -5.1416 \times 10^6 \text{ kJ}$$

式中，m 为转化气的千摩尔数。

$$\Delta H_水 = G(h_2 - h_1) = G(3283.6 - 209.33)$$

则可求出 G：

$$G = \frac{-\Delta H_{转}}{h_2 - h_1} = \frac{-(-5.1416 \times 10^6)}{3283.6 - 209.33} = 1672.5 \text{ kg}$$

水汽化吸热 $Q = \Delta H_水 = 5.1416 \times 10^6$ kJ 。

（2）计算涡轮机做的功 W_s。

对涡轮机做能量衡算，忽略热损失，则有

$$W_s = -\Delta H_{Tur} = -G(h_3 - h_2) = -1672.5 \times (2557 - 3283.6) = 1.2152 \times 10^6 \text{ kJ}$$

（3）求冷却水吸收的热（即其焓变），忽略冷凝器的热损失，则有

$$\Delta H_{冷却水} = -\Delta H_{冷凝} = -G(h_4 - h_3) = -1672.5 \times (209.33 - 2557) = 3.9264 \times 10^6 \text{ kJ}$$

式中，$H_{冷却水}$ 与 $\Delta H_{冷凝}$ 分别为冷却水吸热与乏汽冷凝过程的焓变。

（4）计算热效率 η_T。

$$\eta_T = \frac{W_s}{Q} = \frac{1.2152 \times 10^6}{5.1416 \times 10^6} = 0.2363$$

由表 2-2 可见，输入与输出的能量基本相等（工程计算允许有微小的偏差）。在输出的能量中，有 76.37% 的热量被冷却水带走。因此，根据单纯的能量衡算结果分析，节能的重点在于设法降低这部分损失。

表 2-2　能量平衡表

	输入/(kJ/t$_{NH_3}$)	占比/%	输出/(kJ/t$_{NH_3}$)	占比/%
高温气余热	5.1416×10^6	100	—	—
涡轮机做功 W_s	—	—	1.2152×10^6	23.63
冷却水带热	—	—	3.9262×10^6	76.37
合计	5.1416×10^6	100	5.1414×10^6	100.00

由例 2-3 分析可知，能量衡算法只能反映能量损失，不能反映㶲损失，因而不能真实地反映能源消耗的根本原因。仅根据能量衡算结果来制订节能措施，常会导致舍本逐末的错误。上例的单纯能量衡算表明，能量消耗的主要原因是由冷却水带出的热量，节能的重点在于回收这部分热量。但由于这些是能级很低的热能，回收利用比较困难。实际上，这部分低位热能是由输入体系的高级能量（㶲）转化而来的。过程㶲损失越大，则转化为炕的量也越大，排出体系的低位热能当然越多。所以节能的重点，首先要通过各种技术措施，把㶲转化为炕的损失减小到最低限度，这样才能大大减少排出体系的低位热能，达到节能的目的。

2.3.2　熵分析法

熵分析法是通过计算不可逆过程熵产生量，确定过程的㶲损失和热力学效率。具体地说，熵分析法以热力学第一定律与热力学第二定律为基础，通过物料和能量衡算，计算理想功和损耗功，求出过程热力学效率 η_s。

例 2-4　对例 2-3 中转化气的余热回收装置用熵分析法评价其能量利用情况。

解　以每吨氨为计算基准。

（1）物料与能量衡算。由例 2-3 得

$$m = 230.36 \text{ kmol}$$

$$\Delta H_{转} = -5.1416 \times 10^6 \text{ kJ}$$

$$G = 1672.5 \text{ kg} \tag{2-133}$$

$$W_s = 1.2152 \times 10^6 \text{ kJ}$$

（2）求转化气降温放热过程的理想功

$$W_{id} = -\Delta H_{转} + T_0 \Delta S_{转} \tag{2-134}$$

式中，T_0 为冷却水的温度，即 30 ℃；$\Delta S_{转}$ 为转化气降温过程的熵变。按题意可忽略其压力变化，则有

$$\Delta S_{转} = m C_{pms} \ln \frac{T_6}{T_5}$$

将式（2-133）代入式（2-134），可得

$$W_{id} = -\Delta H_{转} + T_0 \Delta S_{转} = -(-5.1416 \times 10^6) + 303 \times 230.36 \times 36 \times \ln \frac{653}{1273}$$

$$= 5.1416 \times 10^6 - 1.6774 \times 10^6 = 3.464 \times 10^6 \text{ kJ}$$

（3）求损耗功，即㶲损失。取整个装置为体系，不计热损失。

$$W_{L,总} = T_0 \Delta S_g = T_0 \left[\sum_i (m_i s_i)_{out} - \sum_i (m_i s_i)_{in} \right] = T_0[(S_6 + S_8) - (S_5 + S_7)]$$

$$= T_0 \left[(S_6 - S_5) + (S_8 - S_7) \right] = T_0 (\Delta S_{转} + \Delta S_{冷却水})$$

$$= T_0 \left(m C_{pms} \ln \frac{T_6}{T_5} + \frac{\Delta H_{冷却水}}{T_0} \right) = 303 \times 230.36 \times 36 \times \ln \frac{653}{1273} + 3.9264 \times 10^6$$

$$= 2.249 \times 10^6 \text{ kJ}$$

式中，$\Delta S_{冷却水}$ 和 $\Delta H_{冷却水}$ 分别为冷却水的熵变和焓变。

各设备的损耗功（㶲损失）也可以用下式求出。

$$W_{L,废} = T_0 \Delta S_g = T_0 \left[\sum_j (m_j s_j)_{out} - \sum_j (m_j s_j)_{in} \right] = T_0[(S_6 + S_2) - (S_5 + S_1)]$$

$$= T_0 \left[(S_6 - S_5) + (S_2 - S_1) \right] = T_0 (\Delta S_{转} + \underset{1 \to 2}{\Delta S_{水}}) = T_0 \Delta S_{转} + T_0 \underset{1 \to 2}{\Delta S_{水}}$$

$$= -1.6774 \times 10^6 + 303 G(S_2 - S_1)$$

$$= -1.6774 \times 10^6 + 303 \times 1672.5 \times (6.8694 - 0.7038) = 1.447 \times 10^6 \text{ kJ}$$

$$W_{L,Tur} = T_0 \Delta S_g = T_0 G(S_3 - S_2) = 303 \times 1672.5 \times (7.9679 - 6.8694)$$

$$= 5.567 \times 10^5 \text{ kJ}$$

$$W_{L,冷} = T_0 \Delta S_g = T_0 \left[(S_8 + S_4) - (S_7 + S_3) \right] = T_0 \left[(S_4 - S_3) + (S_8 - S_7) \right]$$

$$= T_0 [\Delta S_{汽} + \Delta S_{冷却水}] = T_0 G(S_4 - S_3) + \Delta H_{冷却水}$$

$$= 303 \times 1672.5 \times (0.7038 - 7.9679) + 3.9264 \times 10^6$$

$$= 2.452 \times 10^5 \text{ kJ}$$

（4）求热力学效率 η （整个装置）。

$$\eta = \frac{W_s}{W_{id}} = \frac{1.2152 \times 10^6}{3.464 \times 10^6} = 0.3508 \approx 0.3510$$

（5）转化气余热回收装置分析结果（㶲平衡）如表 2-3 所示。

表 2-3　㶲平衡表

项目	输入		输出	
	$\text{kJ} / \text{t}_{NH_3}$	占比/%	$\text{kJ} / \text{t}_{NH_3}$	占比/%
理想功 W_{id}	3.464×10^6	100	—	—
输出功 W_s	—	—	1.2152×10^6	35.08
$W_{L,废}$	—	—	1.447×10^6	41.77
$W_{L,Tur}$	—	—	0.5567×10^6	16.07
$W_{L,冷}$	—	—	0.2452×10^6	7.08
小计	—	—	2.249×10^6	64.92
总计	3.464×10^6	100	3.464×10^6	100

（6）求单体设备的热力学效率与总体系㶲损失分布，前已求出各单体设备的损耗功，现在只要计算流体经过各单体设备的理想功。

对废热锅炉，高温转化气降温放热过程提供的理想功为

$$W_{id} = 3.464 \times 10^6 \text{ kJ}$$

$$\eta = 1 - \frac{W_{L,废}}{W_{id}} = 1 - \frac{1.447 \times 10^6}{3.464 \times 10^6} = 0.582$$

蒸汽经涡轮机的理想功为

$$W_{id,Tur} = -\Delta H_{汽} + T_0 \Delta S_{汽}$$

$$= G \left[-(h_3 - h_2) + T_0 (S_3 - S_2) \right]$$

$$= 1672.4 \times \left[-(2557 - 3283.6) + 303 \times (7.9679 - 6.8694) \right]$$

$$= 1.772 \times 10^6 \text{ kJ}$$

$$\eta_{Tur} = 1 - \frac{W_{L,Tur}}{W_{id,Tur}} = 1 - \frac{0.5567 \times 10^6}{1.772 \times 10^6} = 0.686$$

乏汽冷凝过程的理想功为

$$W_{id,冷} = -\Delta H_汽 + T_0 \Delta S_汽$$
$$= G\left[-(h_4 - h_3) + T(S_4 - S_3)\right]$$
$$= 1672.5 \times \left[-(209.33 - 2557) + 303 \times (0.7038 - 7.9679)\right]$$
$$= 2.453 \times 10^5 \text{ kJ}$$
$$\eta_冷 = 1 - \frac{W_{L,冷}}{W_{id,冷}} = 1 - \frac{0.2452 \times 10^6}{2.453 \times 10^5} = 0$$

可见，冷凝过程的理想功未被利用，全部损失掉了。

现将计算结果汇总在表 2-4 中（㶲损失的分布情况）。

表 2-4　㶲损失分布情况

单体设备	热力学效率 η	$W_L/(kJ/t_{NH_3})$	占比/%
废热锅炉	0.582	1.447×10^6	64.3
涡轮机	0.686	0.5567×10^6	24.8
冷凝器	0	0.2452×10^6	10.9
总计	—	2.249×10^6	100.0

熵分析的结果表明，该过程能耗的主要原因是不可逆因素，节能的重点应在于降低过程的不可逆损耗。

从单体设备的热力学效率看，冷凝器的 η 等于零，似乎节能潜力最大，实际上其㶲的损失仅占总损失的 10.9%。主要的㶲损失在废热锅炉中，节能的主攻方向应设法减小其㶲损失，提高废热锅炉的热力学效率，即应降低传热的温差，提高蒸汽吸热过程的平均温度，具体包括提高废热锅炉的进水温度，提高蒸汽参数，采用各种改进的兰金循环。

熵分析法的缺陷是只能求出体系内部不可逆㶲损失，无法求出排出体系的物流㶲。此缺陷用㶲分析法可以避免。

2.3.3　㶲分析法

众所周知，热效率只从能量数量上说明热能与其他形式的能量具有相同本质这一普遍性，而建立在热力学第一定律和热力学第二定律基础上的㶲效率是从能质上说明热能与其他形式的能量具有不同转换能力的特殊性。㶲效率是指系统输出㶲和输入㶲的比值。它不仅考虑了热能在数量和质量上被利用的程度，而且还考虑了过程的各种不可逆损失、散热损失、排气损失等。㶲效率与热经济性密切相关，它还能准确地提供系统的完善程度并指出不完善的部位。㶲效率是评价热设备用能水平的理想指标。

2.3.4　三种方法的对比及合理用能基本原则

由前面的讨论可知，三种分析方法中，以能量衡算法最简单，熵分析次之，㶲分析法计算工作量最大。熵分析和㶲分析的结果是一致的。

能量衡算法提供的过程评价指标是热力学第一定律的效率，对热功转化过程可提供热效率。能量衡算法只能求出能量的排出损失，不能得到由不可逆因素引起的㶲损失的信息。实际上，有重要意义的是㶲损失，所以不能单凭能量衡算的结果制订节能措施。譬如例 2-3，从单纯的能量衡算结果看，最大的能量损失是在冷凝器中冷却水带走的热量，但从例 2-4 熵或㶲分析结果看，最大的㶲损失在废热锅炉中，而冷凝器的㶲损失是最小的。

熵或㶲分析可求出过程损失的大小、原因和它的分布情况，还能从单体设备的损失与热力学效率或㶲效率判断它们的热力学完善程度和节能潜力，便于制订正确有效的节能措施。

对于只利用热能的场合，例如对于供暖、工业用加热炉、熔解炉的热力学分析，可以只用热量衡算进行评价；对于热过程中存在能量转化的场合，如蒸汽涡轮机、锅炉、热泵、制冷机、换热过程、化学反应过程、分离过程等的热力学分析，应该以㶲（或熵）分析为主，以能量衡算为辅。

一切过程都要有能源，这里就有一个如何选择能源和合理用能的问题。合理用能总的原则是"按质用能、按需供能"。这就是要按照能源的质量来使用它，要按照用户所需要能量的数量和质量来供给它。在用能过程中要注意以下几点。

（1）要能尽其用，防止能量无偿降级。

用高温热源去加热低温物料，或者将高压蒸汽节流降温、降压使用，或者设备保温不良造成的热损失（或冷损失）等情况均属于能量无偿降级现象，要尽可能避免。

（2）在设计工作中要采用最佳推动力的原则。

众所周知，任何过程的速率、推动力与阻力的定性关系为速率等于推动力除以阻力。推动力越大，过程的速率也越大，设备投资费用可以减少，但内部㶲损失增大，能耗费增加。反之，减小推动力，可减少㶲损失，能耗费减少，但为了保证一定的产量只有增大设备，则投资费用增大。所谓采用最佳推动力的原则，就是确定过程最佳的推动力，谋求合理解决这一矛盾，使总费用为最小。这就要改变传统的做法，即用增大推动力来强化过程。当然，在能源充足，其价格低廉的条件下，这种做法是可行的，但从节能的观点分析是不合理的。适当减小推动力，乃是节能的需要。推动力减小后，若不增大设备，而又要保证必要的过程速率，就得设法降低过程的阻力。这就需要研制新型、高效的化工设备。例如传热过程采用板式换热器、热管换热器、高通量换热器等一系列高效换热器，其热阻都要比常规的管式换热器小。另外，在操作管理和设备维修上要注意防腐、防垢、保持运行中热阻不增大，这样也可以避免实际推动力增大导致能耗增加。

（3）要合理组织能量多次利用，采用能量优化利用的原则。

前已提及，化工厂许多化学反应都是放热反应。放出的热量不仅数量大而且温度较高。这是化工过程一项宝贵的余热资源，应该注意合理利用。对于温度较高的反应热应通过废热锅炉产作高压蒸汽，然后将高压蒸汽先通过蒸汽涡轮机做功或发电，最后用背压蒸汽作为热源使用。总之，先用功后用热。对热量也要按其能级高低回收使用。例如用高温热源加热高温物料，用中温热源加热中温物料，用低温热源加热低温物料。这样，就构成按能量级别高低综合利用的总能体系。在这种体系中，㶲的内、外部损失都将大为减小，从而达到较高的能量利用率。按能量级别高低综合利用能量的概念称为总能，现代大型化工企业正是在这个概念上建立起来的综合用能体系。

总之，"按质用能、按需供能"是一项指导原则。一个生产过程如何进行为宜，最终还要取决于技术经济的总评比。目前，由于能源价格上涨，能耗费在成本中的比例日趋增大，因此在经济分析中突出能量的有效利用问题愈显重要。把热力学分析和经济分析结合起来考虑，已成为一门新兴的学科——热经济学。它是一门既有理论基础又讲究经济实效的方法学。人们用其来计算各种能量的经济价值，评价用能体系的经济效益。要了解该学科的详情，可参阅近年的有关文献。

2.4　热交换系统的㶲分析与计算实例

在工业节能中，尤其是各种余热回收系统中，热交换器广泛应用。因此，正确分析和评价换热器热力性能是热流体领域研究人员关注的主要问题之一。本节将以一个简单的气-气逆流换热器为例，运用热力学第一定律的热效率法及热力学第一、二定律相结合的㶲方法来正确评价不同类型和不同工况下的换热器的热力性能，从而确定换热器中各种不可逆因素的分布状况及数值大小，为开展节能工作提供可靠的依据。

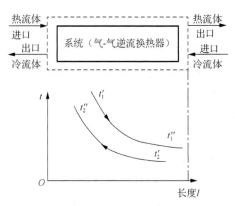

图2-11　气-气逆流换热器示意图

1. 计算模型

详见图2-11。

2. 计算方法

管壳式气-气逆流换热器：

壳程（热侧）——热空气流，其参数为

$$t_1' = 621\ ℃,\ t_1'' = 454\ ℃,$$

$$\Delta t_1 = t_1' - t_1'' = 167\ ℃$$

管程（冷侧）——冷空气流，其参数为

$$t_2' = 343\ ℃,\quad t_2'' = 510\ ℃,\quad \Delta t_2 = t_2'' - t_2' = 167\ ℃$$

1）热效率及热损失率

按热效率定义并结合换热器的热力特性，换热器的效率可有两种定义方法。

定义 2-1　热效率为实际换热量 $\dot{Q}_s$ 与理想换热量 $\dot{Q}_{id}$ 的比值，即

$$\eta_t = \frac{\dot{Q}_s}{\dot{Q}_{id}} \tag{2-135}$$

定义 2-2　热效率为冷流体吸热量 $\dot{Q}_2$ 与热流体放热量 $\dot{Q}_1$ 的比值，即

$$\eta_t = \frac{\dot{Q}_2}{\dot{Q}_1} \tag{2-136}$$

若忽略换热器向外界的散热量，则 $\dot{Q}_1 = \dot{Q}_2$，热效率 $\eta_t = 1$。在换热器计算的过程中，通常是在热负荷及冷热流体进出口状态参数确定后，先假定换热器的热效率（一般 $\eta_t = 0.95 \sim 0.98$），然后计算其他有关物理量（如冷热流体的流量等）。反之，也可以通过测试得到冷（或热）流体的流量值后，再计算换热器的热效率。本例为对换热器进行㶲分析和计算，采用设计过程中的第一种方法。

假定热空气流放热率 $\dot{Q}_1 = 60000\ \text{kJ/h}$，换热器热效率 $\eta_t = 0.96$。则

$$\dot{Q}_2 = \eta_t \dot{Q}_1 = 0.96 \times 60000 = 57600\ \text{kJ/h}$$

冷、热流体的质量流量为

$$\begin{aligned}
\dot{Q}_1 &= \dot{m}_1 (h_1' - h_1'') \\
&= \dot{m}_1 (c_p t_1' - c_p t_1'')
\end{aligned}$$

故

$$\dot{m}_1 = \frac{\dot{Q}_1}{c_{p,t_1'} t_1' - c_{p,t_1''} t_1''} = \frac{60000}{1.050 \times 621 - 1.034 \times 454} = 328.6\ \text{kg/h}$$

$$\dot{m}_2 = \frac{\dot{Q}_2}{c_{p,t_2''} t_2'' - c_{p,t_2'} t_2'} = \frac{57600}{1.039 \times 510 - 1.023 \times 343} = 321.8\ \text{kg/h}$$

热损失为

$$Q_l = \dot{Q}_1 - \dot{Q}_2 = 60000 - 57600 = 2400\ \text{kJ/h}$$

热损失率为

$$\zeta_t = \frac{Q_l}{\dot{Q}_1} = \frac{2400}{60000} = 0.04$$

或

$$\zeta_t = 1 - \eta_t = 1 - 0.96 = 0.04$$

2）㶲效率与㶲损失系数

按㶲效率定义并结合换热器的热力特性，换热器的㶲效率可以定义为

$$\eta_e = \frac{系统吸收的㶲}{系统释放的㶲}$$

$$= \frac{\Delta E_2}{\Delta E_1} = \frac{E_2'' - E_2'}{E_1' - E_1''} \tag{2-137}$$

式中，E_1' 为热流体进口的热焓㶲；E_1'' 为热流体出口的热焓㶲；$\Delta E_1 = E_1' - E_1''$ 为热流体释放的热焓㶲；E_2' 为冷流体进口的热焓㶲；E_2'' 为冷流体出口的热焓㶲；$\Delta E_2 = E_2'' - E_2'$ 为冷流体吸收的热焓㶲。

㶲损失系数按其定义可表达为

$$\zeta_e = \frac{\Delta E_1 - \Delta E_2}{\Delta E_1} = 1 - \frac{\Delta E_2}{\Delta E_1} = 1 - \eta_e \tag{2-138}$$

热空气流流入系统的热焓㶲（对环境状态）：

$$E_1' = (H_1' - T_0 S_1') - (H_0 - T_0 S_0)$$
$$= (H_1' - H_0) - T_0(S_1' - S_0)$$
$$= \dot{m}_1 c_{p,t_1'}(T_1' - T_0) - \dot{m}_1 T_0(s_1' - s_0)$$
$$= \dot{m}_1 c_{p,t_1'}\left[(T_1' - T_0) - T_0 \ln \frac{T_1'}{T_0}\right]$$
$$= 328.6 \times 1.050 \times \left[(914 - 293) - 293 \times \ln \frac{914}{293}\right]$$
$$= 99253 \text{ kJ/h}$$

热空气流流出系统的热焓㶲：

$$E_1'' = \dot{m}_1 c_{p,t_1''}\left[(T_1'' - T_0) - T_0 \ln \frac{T_1''}{T_0}\right]$$
$$= 328.6 \times 1.034 \times \left[(727 - 293) - 293 \times \ln \frac{727}{293}\right]$$
$$= 56992 \text{ kJ/h}$$

冷空气流流入系统的热焓㶲：

$$E_2' = \dot{m}_2 c_{p,t_2'} \left[(T_2' - T_0) - T_0 \ln \frac{T_2'}{T_0} \right]$$

$$= 321.8 \times 1.023 \times \left[(616 - 293) - 293 \times \ln \frac{616}{293} \right]$$

$$= 34658 \text{ kJ/h}$$

冷空气流流出系统的热焓㶲：

$$E_2'' = \dot{m}_2 c_{p,t_2'} \left[(T_2'' - T_0) - T_0 \ln \frac{T_2''}{T_0} \right]$$

$$= 321.8 \times 1.039 \times \left[(783 - 293) - 293 \times \ln \frac{783}{293} \right]$$

$$= 67536 \text{ kJ/h}$$

换热器的㶲效率与㶲损失系数：

$$\eta_e = \frac{E_2'' - E_2'}{E_1' - E_1''} = \frac{67536 - 34658}{99253 - 56992} = 0.778$$

$$\zeta_e = 1 - \eta_e = 1 - 0.778 = 0.222$$

3）定工况下改变冷热气流间温差对换热器㶲效率的影响

所谓定工况是指换热量不变的情况，即 $\dot{Q}_1 = 60000 \text{ kJ/h}$，$\dot{Q}_2 = 57600 \text{ kJ/h}$。故热效率仍为 $\eta_t = 0.96$。现讨论热空气流温度不变（$t_1' = 621 \text{ ℃}$，$t_1'' = 454 \text{ ℃}$，$\Delta t_1 = 167 \text{ ℃}$），冷流温差不变 $\Delta t_2 = 167 \text{ ℃}$，而冷流进出口温度相应地降低 40 ℃，即 $t_2' = 303 \text{ ℃}$，$t_2'' = 470 \text{ ℃}$。

热空气流进、出口系统的热焓㶲与前面计算相同，即

$$E_1' = 99253 \text{ kJ/h}，E_1'' = 56992 \text{ kJ/h}$$

冷空气流流入系统的热焓㶲：

$$E_2' = \dot{m}_2 c_{p,t_2'} \left[(T_2' - T_0) - T_0 \ln \frac{T_2'}{T_0} \right]$$

$$= 321.8 \times 1.020 \times \left[(576 - 293) - 293 \times \ln \frac{576}{293} \right]$$

$$= 27966 \text{ kJ/h}$$

冷空气流流出系统的热焓㶲：

$$E_2'' = \dot{m}_2 c_{p,t_2'} \left[(T_2'' - T_0) - T_0 \ln \frac{T_2''}{T_0} \right]$$

$$= 321.8 \times 1.033 \times \left[(743 - 293) - 293 \times \ln \frac{743}{293} \right]$$

$$= 58957 \text{ kJ/h}$$

㶲效率及㶲损失系数：

$$\eta_e = \frac{E_2'' - E_2'}{E_1' - E_1''} = \frac{58957 - 27966}{99253 - 56992} = 0.733$$

$$\zeta_e = 1 - \eta_e = 1 - 0.733 = 0.267$$

当冷流体进出口温度相应降低 40 ℃，即 $t_2' = 263$ ℃，$t_2'' = 430$ ℃时，热空气流进、出系统的热焓㶲仍为

$$E_1' = 99253 \text{ kJ/h}, \quad E_1'' = 56992 \text{ kJ/h}$$

冷空气流流入及流出系统的热焓㶲为

$$E_2' = m_2' c_{p,t_2'} \left[(T_2' - T_0) - T_0 \ln \frac{T_2'}{T_0} \right]$$

$$= 321.8 \times 1.015 \times \left[(536 - 293) - 293 \times \ln \frac{536}{293} \right]$$

$$= 21570 \text{ kJ/h}$$

$$E_2'' = \dot{m}_2 c_{p,t_2'} \left[(T_2'' - T_0) - T_0 \ln \frac{T_2''}{T_0} \right] = 51000 \text{ kJ/h}$$

㶲效率及㶲损失系数：

$$\eta_e = \frac{51000 - 21570}{99253 - 56992} = 0.696$$

$$\zeta_e = 1 - \eta_e = 1 - 0.696 = 0.304$$

将上面计算结果列于表 2-5 中，并对计算结果进行分析。

表 2-5   定工况下冷热流体温差改变时对㶲效率影响计算结果

| 介质 | 运行温度/℃ | | 传热量 /(kJ/h) | 热效率 /% | 㶲效率 /% | 㶲损失 系数/% | 热流体出口与冷流体进 口温差 $t_1'' - t_2'$ /℃ |
	进口	出口					
热流 冷流	$t_1' = 621$ $t_2' = 343$	$t_1'' = 454$ $t_2'' = 510$	60000	96	77.8	22.2	111
热流 冷流	$t_1' = 621$ $t_2' = 303$	$t_1'' = 454$ $t_2'' = 470$	60000	96	73.3	26.7	151
热流 冷流	$t_1' = 621$ $t_2' = 263$	$t_1'' = 454$ $t_2'' = 430$	60000	96	69.6	30.4	191

在定工况下，随着冷热流体间温差的增大，其热效率不变，而㶲效率明显减小，㶲损失系数相应增大。这样就给换热器设计提出一个重要的理论依据，若按制造费用最小的原则设计，即要求设备尺寸最小，必然是冷热流体间温差最大，则㶲损失系数必然最大，㶲效率最低，势必是低效的。这就是通常只按制造费用设计换热器造成低效的原因。因此，在换热器设计中一定要遵循热经济性（热能利用率与经济指标的总和）最佳的原则。

3. 考虑外部㶲损失的㶲效率

在设备的㶲效率计算中所涉及的㶲损失，通常是指所研究的系统内部以及系统与有关外界进行的不可逆过程所引起的㶲损失，如系统内部摩擦等不可逆因素以及系统与有关外界的温差传热等不可逆因素所引起的系统内部的㶲损失，称为系统内部㶲损失，以符号 $E_{los,in}$ 表示。除系统内部㶲损失 $E_{los,in}$ 外，在研究系统的实际消耗㶲及能量综合利用程度时，还应考虑系统外部的㶲损失，这些损失是由系统排放物仍具有一定㶲值造成的，如系统向环境排放热汽、热水和热物体等。这种㶲损失是由系统之外进行的不可逆过程所引起的，称为外部㶲损失，以符号 $E_{los,out}$ 表示。

当考虑外部㶲损失时，系统总㶲损失为

$$E_{los,tot} = E_{los,in} + E_{los,out} \qquad (2\text{-}139)$$

若只考虑系统内部的㶲损失，其㶲效率为

$$\eta_e = \frac{系统吸收的㶲}{系统释放的㶲} = \frac{E_2'' - E_2'}{E_1' - E_1''} \qquad (2\text{-}140)$$

同时考虑系统内部㶲损失及外部㶲损失，即系统总㶲损失时，其㶲效率为

$$\eta_e = \frac{系统吸收的㶲}{系统释放的㶲 + 外部㶲损失}$$

$$= \frac{E_2'' - E_2'}{\left(E_1' - E_1''\right) + E_{los,out}} \qquad (2\text{-}141)$$

$$= \frac{E_2'' - E_2'}{\left(E_1' - E_1''\right) + E_1''} = \frac{E_2'' - E_2'}{E_1'}$$

例 2-5 热交换系统㶲分析。

某锅炉空气预热器采用一台空气-烟气逆流换热器，如图 2-12 所示。已知冷流（空气）的质量流量 $\dot{m}_a = 2\ \text{kg/s}$，进口温度 $t_2' = 20\ ℃$，出口温度 $t_2'' = 130\ ℃$，压力 $p_a = 0.3\ \text{MPa}$；热流（烟气）进口温度 $t_1' = 320\ ℃$，出口温度 $t_1'' = 165\ ℃$，压力 $p_g = 0.12\ \text{MPa}$。假定空气和烟气的定压平均比热分别为 $c_{p,a} = 1.004\ \text{kJ/(kg·K)}$ 和 $c_{p,g} = 0.842\ \text{kJ/(kg·K)}$。换热器与环境无热交换。环境状态为 $p_0 = 0.1\ \text{MPa}$，$t_0 = 20\ ℃$。

试计算：

（1）换热器中由冷热流体不可逆温差传热所造成的㶲损失。

（2）换热器的㶲效率。

（3）若烟气离开换热器后直接排入环境大气时所造成的总㶲损失和此时的㶲效率。

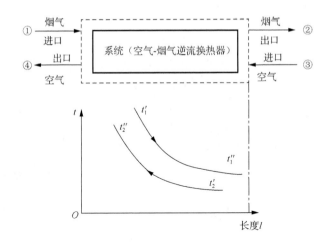

图 2-12　例 2-5 附图

解　（1）换热器中由冷热流体不可逆温差传热所造成的㶲损失，即内部㶲损失为

$$\dot{E}_{\text{los, in}} = (\dot{E}_1' - \dot{E}_1'') - (\dot{E}_2'' - \dot{E}_2')$$
$$= \dot{m}_g(e_1' - e_1'') - \dot{m}_a(e_2'' - e_2')$$

式中，烟气的质量流量 $\dot{m}_g$ 可由换热器的热平衡方程式求得，即

$$|\dot{Q}_1| = |\dot{Q}_2| \quad \text{或} \quad -\dot{Q}_1 = \dot{Q}_2$$
$$\dot{m}_g c_{p,g}(t_1' - t_1'') = \dot{m}_a c_{p,a}(t_2'' - t_2')$$

故

$$\dot{m}_g = \frac{\dot{m}_a c_{p,a}(t_1'' - t_2')}{c_{p,g}(t_1' - t_1'')}$$
$$= \frac{2 \times 1.004 \times (130 - 20)}{0.842 \times (320 - 165)} = 1.69 \text{ kg/s}$$

热流（烟气）在换热过程中的释放㶲为

$$\dot{m}_g(e_1' - e_1'') = \dot{m}_g(e_1 - e_2) = \dot{m}_g[(h_1 - h_2) - T_0(s_1 - s_2)]$$
$$= \dot{m}_g\left[c_{p,g}(t_1' - t_2') - T_0 c_{p,g} \ln \frac{T_1}{T_2}\right]$$
$$= 1.69 \times \left[0.842 \times (320 - 165) - 293 \times 0.842 \times \ln \frac{273 + 320}{273 + 165}\right]$$
$$= 96.24 \text{ kJ/s}$$

冷流（空气）在换热过程中的吸收㶲为

$$\dot{m}_{\mathrm{a}}(e_2'' - e_2') = \dot{m}_{\mathrm{a}}(e_4 - e_3) = \dot{m}_{\mathrm{a}}[(h_4 - h_3) - T_0(s_4 - s_3)]$$

$$= \dot{m}_{\mathrm{a}}\left[c_{\mathrm{p,a}}(t_4 - t_3) - T_0 c_{\mathrm{p,a}} \ln \frac{T_4}{T_3}\right]$$

$$= 2 \times \left[1.004 \times (130 - 20) - 293 \times 1.004 \times \ln \frac{273 + 130}{273 + 20}\right]$$

$$= 33.34 \ \mathrm{kJ/s}$$

㶲损失为

$$\dot{E}_{\mathrm{los,in}} = 96.24 - 33.34 = 62.90 \ \mathrm{kJ/s}$$

（2）换热器的㶲效率。

通过上述计算已得出：

热流的释放㶲为

$$\dot{m}_{\mathrm{g}}(e_1' - e_1'') = 96.24 \ \mathrm{kJ/s}$$

冷流的吸收㶲为

$$\dot{m}_{\mathrm{a}}(e_2'' - e_2') = 33.34 \ \mathrm{kJ/s}$$

故换热器的㶲效率为

$$\eta_{\mathrm{e}} = \frac{\dot{m}_{\mathrm{a}}(e_2'' - e_2')}{\dot{m}_{\mathrm{g}}(e_1' - e_1'')} = \frac{33.34}{96.24} = 0.346$$

（3）当烟气离开换热器后直接排入大气环境时，可将烟气的排气㶲视为外部㶲损失，即

$$\dot{E}_{\mathrm{los,\ out}} = \dot{m}_{\mathrm{g}}(e_2 - e_0) = \dot{m}_{\mathrm{g}}[(h_2 - h_0) - T_0(s_2 - s_0)]$$

$$= \dot{m}_{\mathrm{g}}\left[c_{\mathrm{p,g}}(t_2 - t_0) - T_0 c_{\mathrm{p,g}} \ln \frac{T_2}{T_0}\right]$$

$$= 1.69 \times \left[0.842 \times (165 - 20) - 293 \times 0.842 \times \ln \frac{273 + 165}{273 + 20}\right]$$

$$= 38.71 \ \mathrm{kJ/s}$$

故，换热系统的总㶲损失为

$$\dot{E}_{\mathrm{los,\ tot}} = \dot{E}_{\mathrm{los,in}} + \dot{E}_{\mathrm{los,out}}$$

$$= 62.90 + 38.71 = 101.61 \ \mathrm{kJ/s}$$

或

$$\dot{E}_{\mathrm{los,\ tot}} = \dot{m}_{\mathrm{g}}e_1' - \dot{m}_{\mathrm{a}}(e_2'' - e_2')$$

$$= \dot{m}_{\mathrm{g}}e_1 - \dot{m}_{\mathrm{a}}(e_4 - e_3)$$

$$= \dot{m}_{\mathrm{g}}[(h_1 - h_0) - T_0(s_1 - s_0)] - \dot{m}_{\mathrm{a}}[(h_4 - h_3) - T_0(s_4 - s_3)]$$

$$= \dot{m}_{\mathrm{g}}\left[c_{\mathrm{p,g}}(t_1 - t_0) - T_0 c_{\mathrm{p,g}} \ln \frac{T_1}{T_0}\right] - 33.34$$

$$= 1.69 \times \left[0.842 \times (320 - 20) - 293 \times 0.842 \times \ln \frac{273 + 320}{273 + 20} \right] - 33.34$$

$$= 132.95 - 33.34 = 99.61 \text{ kJ/s}$$

（两种方法数值近似相等是由计算误差导致的）。

考虑外部㶲损失时，换热系统的㶲效率为

$$\eta'_\text{e} = \frac{\dot{E}''_2 - \dot{E}'_2}{E'_1} = \frac{\dot{m}_\text{a}(e''_2 - e'_2)}{\dot{m}_\text{g} e'_1}$$

$$= \frac{33.34}{132.95} = 0.251$$

$$\eta'_\text{e} = \frac{\dot{E}''_2 - \dot{E}'_2}{(\dot{E}'_1 - \dot{E}''_1) + \dot{E}_\text{los, out}} = \frac{33.34}{96.24 + 38.71} = 0.247$$

可见，换热器本身的㶲效率 $\eta_\text{e} = 0.346$ ，远大于换热器系统的㶲效率 $\eta'_\text{e} = 0.247$ 。

第3章 能量系统模拟的基本原理与方法

3.1 能量系统模拟的定义、基本任务和类型

3.1.1 能量系统模拟的定义

　　能量系统的合理设计或能量输出、配用、储存、转换装置的优化操作、故障诊断、分析预测及评价都离不开能量系统模拟。所谓模拟，就是通过研究与原型具有客观一致性的模型，反映研究对象的本质和内在联系，再现原型的工作过程和本质特性，来研究和设计原型的方法。换句话说，模拟就是在模型上做实验，以寻求原型工作过程的规律性。如果一个所要研究的系统（称为原型），由于其本身的工作过程比较复杂，或在系统建造之前就需要预测其某些性能，而不能对原型直接进行实验，可以寻求另外一个比较简单且具有与原型相同或特性类似的系统（称为模型），用实验模型的性能来研究原型的性能。可见，模拟是利用一个更为简便、经济且性能与原型相似的模型来模仿原型的性能。模拟有时也称为仿真。

　　从模拟的本质上来说，系统模型可分为：①实体模型。如飞机模型和风洞，船舶模型和船池，这些模型都是把原型按一定比例缩小进行模拟实验的，其基本的物理运动规律是相似的，因而也称为物理模型。②抽象模型。就是用数学方程组表示，也可以用有向图或问题表格，对原型系统本身的性质或主要现象给出数学描述，因而也称为数学模型。数学模拟可视为在计算机上进行实验研究，与实验装置上的模拟相比，经济灵活，缩短了开发周期，同时能够获得难以在实验条件下得到的重要信息，具有明显的优势。但是数学模拟的基础仍源于实验研究和工程实际研究。本章主要介绍数学模拟。

　　数学模拟在诸多工程领域中被广泛应用。能量系统模拟，特别是热能系统模拟，主要围绕能量平衡和㶲分析，直接在计算机上对热力过程、热力设备及其构成的热能系统进行数学模拟解算，从而达到研究能量系统及其单元过程和设备性能的目的。目前热能系统、化工系统都已建立了各自的模拟系统软件，成为科研和设计的有力工具。模拟系统的组成及结构如图3-1所示。

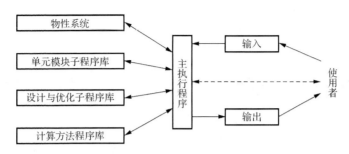

图 3-1　模拟系统的组成及结构

3.1.2　能量系统模拟的基本任务和类型

1. 系统模拟的基本任务

1）可行性研究阶段

通过建立过程单元或子系统的模型库，用系统工程方法将这些模型组合成各种可能的系统流程方案，然后通过系统的模拟分析和经济评价进行概算，从而得到一个初步的概念性设计方案。用这一概念性设计作指导，再将系统模拟与中试相配合，以确定系统的结构和操作条件。

2）设计阶段

系统的模拟分析是计算机辅助分析与设计的理论基础。利用系统的模拟分析调节设计参数，使系统满足设计规定方程的要求，从而获得满意的设计方案。

3）系统运行阶段

通过对已有的系统进行模拟分析，可以对整个系统的运行范围的特性进行研究，并做出相应的分析评价，从而找到适宜的运行条件和最优的运行方案。还可以对某些极限情况进行分析，并对可能产生的结果进行预测。

4）系统的节能分析及挖潜改造

通过对已有的系统建立相应模型进行模拟分析与评价，可以发现存在的问题，从而对系统及其设备的维修、更换、挖潜、改造及扩建等方面提出方案，并对这些方案进行全面的分析、评价及最优化，以取得满意的技术改造效果。

5）规划和计划方面

通过对系统的模拟和经济成本的评价，可为热能系统的规划和生产计划的制订提供科学依据。

2. 系统模拟的类型

系统模拟的应用十分广泛。根据系统模拟的目的和性质，可分为以下三种类型。

1）系统模拟分析

这类问题实际上就是对给定的系统进行模拟，以了解其特性，即求解系统的数学模型，得到系统的全部参变量。这些参变量包括设备参数（如设备尺寸和形状）、输入参数（如速率、传热及传质系数）及输出参数（状态参数）等，如图 3-2 所示。

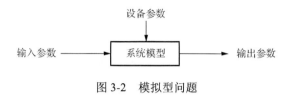

图 3-2　模拟型问题

2）系统设计

这类问题实际上就是当对某个或某些变量提出设计要求时，通过调整某些决策变量使模拟结果满足设计规定的要求。它除了给定一部分参数外，尚有可调的参数，通过反馈作用来调节这些参数，使输出特性逐步达到设计要求，如图 3-3 所示。

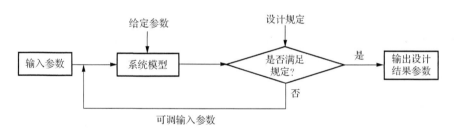

图 3-3　设计型问题

3）系统参数的最优化

这类问题不仅要求有系统模型，还需要经济成本模型，而且要与最优化模型联解。通过最优化算法程序给出应当如何调节输入参数，以便在反复迭代中获得一组使目标函数最佳的决策变量，如图 3-4 所示。

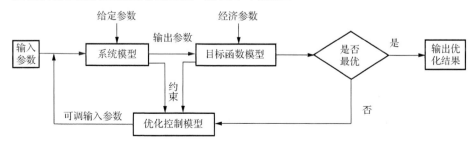

图 3-4　最优化问题

3.2　能量系统模型的类型与建立

3.2.1　能量系统模型的类型

1. 按照模型建立的方法分类

系统模型按照模型建立的方法可分为机理模型、经验模型与混合模型。机理模型是通过分析各种热能设备或过程的本质和机理，利用物理学的基本定律，如能量守恒、质量守恒以及传热、传质和燃烧化学反应动力学的基本规律等，建立一组能描述热能单元过程特性的数学方程组及其相应的边界条件。这种方程组往往比较复杂，但具有明确的物理意义，能反映单元过程的机理。

经验模型是将所考虑的热能单元作为黑箱处理，即忽略其内部机理，只着眼于单元的输入输出关系，通过对实际单元的实验与测试进行数理统计分析（例如回归分析等），从而得到反映单元过程输入变量与输出变量的函数关系。这种函数关系通常比较简单，但是没有考虑单元内部机理，只能表达有限范围内的关系。

若将机理模型和经验模型两种方法结合起来，可得到一种混合模型。先通过对所研究的系统单元的内部机理进行理论解析，确定其参数之间的函数关系，再根据观察到的系统单元的输入输出值来估计方程式中的系数值，从而建立系统的混合模型。在实际应用过程中，相当大的一部分模型属于混合模型。

2. 按照模型描述的内容分类

系统模型按照模型描述的内容可分为单元模型和结构模型。单元模型反映系统单元过程的变量与参量之间的数量关系。热能系统可以划分为有限种类的单元设备和单元过程，它们所涉及的热工过程的基本方程都是已有的，也不太复杂。可以充分利用基本理论的研究成果来建立这些典型系统单元的数学模型。有了单元模型，再给出恰当的边界条件和系统结构模型，就可以对整个系统进行解算。

结构模型描述系统中各单元或各因素之间的结构关系。结构模型不一定反映系统的实体结构，而主要是表征各因素在功能上的结构关系。

3. 按照系统所处的时态本质分类

系统模型按照系统所处的时态本质可分为稳态模型和动态模型。稳态模型所描述的系统状态参数不随时间变化，即稳态模型能够描述系统内部过程的主要变量在已经确定的工况下的相互关系。这种模型在数学上往往只涉及代数方程组，而与时间无关，是目前应用得最广泛的一种模型，也是本章研究的主要对象。

动态模型所描述的系统部分参数是时间的函数，反映系统在外界干扰作用下引起的不稳定过程，即描述系统工况随时间不断变化时其主要变量间的相互关系。在这类模型中，时间是主要自变量，在数学上往往表现为常微分方程组，甚至是偏微分方程组。

4. 按照系统输入输出的变化情况分类

系统模型按照系统输入输出的变化情况可以分为确定性模型和不确定性模型。确定性模型描述的系统，输入与输出变量之间存在确定性关系。不确定性模型包括概率型模型和模糊型模型。前者所描述的系统，其输入输出具有随机性，例如热能系统的可靠性和柔性就属于这种情况，需要用概率论等数学工具来描述。后者所描述的系统，其输入输出及它们之间的关系无法用明晰的数学关系描写，只能用模糊数学来表述，例如热能系统方案的模糊优化设计与综合评判、系统模糊决策以及模糊专家系统，都要建立模糊型模型。

3.2.2　能量系统模型的建立

数学模型中的基本要素是变量、参量、常量以及它们之间的关系。数学模型就是由这些量之间的关系所构成的用来描述系统单元特性的数学方程组及限制条件的集合，如图 3-5 所示。常量是系统中保持固定不变的物性参数、设备参数及系数等。参量与常量类似，但它们代表过程或环境的某种性质，在分析过程中可以赋予不同的值，以反映过程、环境或工况的变化，且在过程、环境或工况未变化时，其值维持不变。变量可分为独立变量和因变量。变量是指其值可以变化的量，可分为独立变量和因变量，其中独立变量是指其值可以人为控制或改变但不会引起除因变量外其他量变化的量，亦称自变量、决策变量或控制变量，包括操作变量、设备变量和物理变量；因变量是指其值不能自由设定而随独立变量的变化发生改变的量。因变量与独立变量根据物理定律、过程机理或物性关联建立联系。

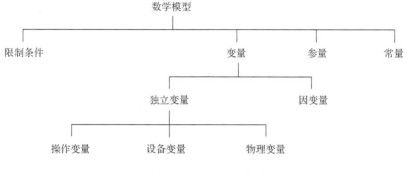

图 3-5　数学模型的构成

　　建立数学模型是数学模拟中最关键的一步，它不仅需要掌握一定的数学知识，而且要求对所描述的现象的实质有深刻的理解。虽然对于不同系统，其数学模型差别很大，但在模型的建立上却有共同的要求。对模型的一般要求是：首先应该能反映系统在某一方面的基本属性，并要抓住主要因素，只在极特殊的情况下才表达过程的全部细节；其次要求模型简洁明了，对无关大局的次要因素做适当处理，保证能表现系统的特性的同时，将复杂的系统问题用简化的数学模型来描述，使模型易于理解和分析计算；最后要求本模型与其他模型易于衔接，模型的详尽程度应与数据来源和数据精度相匹配。另外，建立数学模型时还要考虑到应用现代计算技术求解的可能性和现实性。

　　建立模型一般有如下几个步骤。

　　（1）提出问题，即明确系统的目的和功能。这是具有决定意义的一步，因为对系统的目的和功能是否明确，问题提得是否恰当，关系到是否抓住了主要矛盾，会在很大程度上影响最终的效果。

　　（2）基础数据的收集和整理，包括介质热物性数据、单元设备的操作数据及经济成本核算数据等。有些数据需要通过测试、实验和统计调查得到。基础数据可以构成数据库或编成数据块子程序。

　　（3）将系统划分为子系统或单元，根据热能系统的具体情况，可将系统划分到最基本的单元设备或单元过程。

　　（4）建立单元数学模型，这是比较关键和困难的一步。要对单元的性质进行研究，按热力学、流体力学、传热与传质及燃烧反应动力学等基本原理把数学模型的基本形式确定下来，正确地选择变量与参量，并将那些变化不太大的参变量当成常量或用平均值代替，忽略一些次要因素，用一组简化的数学方程组及边界条件来描述主要参变量之间的关系，从而确立反映子系统或单元属性的数学模型。

　　（5）建立系统的结构模型，根据系统的结构特点，采用适当的方法，如用图形或矩阵来描述各单元之间的相互关系。以单元模型与结构模型为基础，经过归纳就可建立起系统的总体模型。

　　（6）选择解算方法，根据模型的性质，最好选择已有的成熟计算方法。如果模型在数学上求解难度较大，甚至是不可能的，应当进一步修改或简化模型，绕过这些数学上的障碍。

　　（7）上机编程解算，并将计算结果与已知结果进行核对，发现问题时要找出原因，重复上述步骤，直到满意为止。

3.3　能量系统模型的求解方法

3.3.1　序贯模块法

序贯模块法的基础是单元模块,对每一种单元过程或设备编制一个计算模块,依据相应单元的数学模型和求解算法处理模块方程,得到单元的输入输出特性。

序贯模块法的基本计算流程是:从系统进口流股开始,先调用接受该流股的单元模块,根据其输入流股变量和有关单元参数进行计算,得到该单元的输出流股变量,该输出流股变量就是下一个相邻单元的输入流股变量。按照单元模块的连接顺序,依次逐级计算,经过整个系统的各个单元,最终达到系统的输出流股。从而可以解出系统中所有流股的变量值,即状态变量值。

序贯模块法的求解与系统的结构有关。当所研究的系统是无反馈联结的树形结构系统时,系统的模拟计算顺序与过程单元的排列顺序完全一致。而对于具有反馈联结的再循环结构系统,如图 3-6 所示,其中的模块 A 的输入流 x_4' 是后面某一模块 C 的输出流 x_4。在未求解模块 A、B、C 之前不知道流股 x_4 的变量值,因而不能直接采用序贯模块法依次求解。这就需要用断裂和收敛的方法来处理。

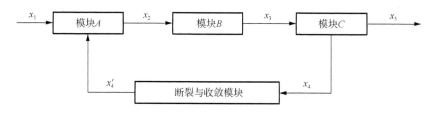

图 3-6　具有再循环流系统的断裂与收敛

为了找到适当的顺序使得能够对各个单元模块依次计算下去,就必须对再循环流股进行"断裂",从而对整个系统进行"分割"。在断开处设置一个收敛模块,如图 3-6 所示。被割断的再循环流 x_4 在开始计算时必须给定一个估计值 x_4',然后按顺序逐个计算单元模块 A、B、C,得到再循环流股的计算值 x_4,再比较 x_4 与 x_4' 的值是否相等。若不等则通过一定的方法修改 x_4' 的值,重新计算一次,这就形成迭代计算,直到收敛,即 x_4 与 x_4' 的误差达到预定要求为止。

序贯模块法可参考以下基本步骤实现。

(1)搜集相关资料和数据,该数据有两类:一是系统模拟作为输入流股及操作条件的数据,规定设计或操作所达到的指标、设备的主要工艺结构数据等;二是所模拟或设计的过程系统的生产数据、实验数据或类似装置的生产数据。

（2）建立过程系统的结构模型，包括过程系统的拓扑信息流图，将信息流图表示成矩阵形式，进行系统的分隔和断裂，拟定模拟计算的求解顺序，编制模拟执行程序，进行计算。

（3）建立单元设备模块，使模块具有一定的通用性。

（4）建立热力学数据及物性数据模块，以满足系统中各物流计算的需要。

（5）建立输入模块，提供进入系统的所有参数，以及公用工程流股的条件。

（6）建立输出模块，提供单元和流股输出用户所需的所有信息。

序贯模块法是发展最早、应用最广、技术上最成熟的模拟方法。模块水平的计算非常有效和稳定，流程水平的计算也能稳定收敛。但当系统中存在多股循环流时，需要多层嵌套迭代，使过程收敛减慢，甚至不能收敛；对于设计型和优化型问题，必须附加另外一层迭代循环，这便增加了迭代的复杂性和困难性，使计算效率不高。例如，对于设计型问题，由于序贯模块法一般要求所有的设备参数都事先给定，然后根据输入流股算出输出流股，如果我们要求输出流股必须达到某个设计给定值而要算出设备设计参数，那就只能不断改变设定的设备参数并进行反复试算，使输出流股能够逐步达到设计给定值。这将使计算时长大大增加。

1. 序贯模块法的断裂及其准则

序贯模块法是系统模拟中应用最为广泛和成熟的一种有效方法。对于给定的热能系统，首先建立系统结构的信息流图和拓扑信息表，在模拟中按照结构单元的连接顺序调用单元模块，然后依次进行计算。当所模拟的系统是没有循环回路的树形结构时，计算机的模拟顺序与过程单元的排列顺序一致，序贯模块法可以很容易地进行计算求解。但对于是具有反馈联结的再循环回路网络结构系统，序贯模块法不能直接求解，必须在分隔的基础上对再循环回路予以断裂，并对断裂流股的变量赋予初值，再按顺序进行模拟求解。在求解过程中应选择有效的计算方法不断地对断裂处的初值进行迭代收敛，直至满足精度要求为止。从数学上讲，就是对同时求解的一组方程先对某变量给予初值，使方程组变成可求解计算的形式。因此，断裂与收敛问题不仅是序贯模块法求解的关键，也是联立方程法求解的重要途径。

为了说明断裂的基本概念，先考察一个方程组的断裂。假设有一个由 4 个方程构成的方程组，其中有 4 个未知变量，即

$$\begin{cases} f_1(x_2, x_3) = 0 \\ f_2(x_2, x_3, x_4) = 0 \\ f_3(x_1, x_2, x_4) = 0 \\ f_4(x_1, x_2, x_3, x_4) = 0 \end{cases}$$

该方程组无法进一步分隔，必须联立求解。但也可以通过断裂变量 x_3 来迭代求解，即先假设一个估计值 x_3，再从 f_1 求出 x_2，然后由 f_2 求出 x_4，再由 f_3 求出 x_1，最后可以利用 f_4 来检验最初估计的 x_3 值是否正确。如果 f_4 为 0，说明已得到答案，否则要重新设定一个 x_3 值，再次进行迭代。这样就可把一个四维问题降阶成 4 个一维问题来处理。通过迭代把高维方程组降阶成低维方程组的方法称为"断裂"，而 x_3 这种被迭代确定的变量称为"断裂变量"。

对于系统信息流图中的模块节点也是一样的。当用系统分隔方法把系统必须同时求解的单元组识别出来后，其中有些单元组中含有一个或多个循环回路，必须考虑如何选择断裂流股，把单元组中所有的循环回路断裂开。将断裂流股所包含的所有变量作为迭代变量，从而确定出计算顺序。为使模拟计算能稳定快速收敛，必须正确地选择最优断裂流股集合。

究竟选择哪些流股作为断裂流股最好，应根据什么准则来判断，是否有一种算法可以指导正确地选择断裂点及确定计算顺序，这些都是目前正在研究的课题。迄今已提出的断裂准则有以下几种。

（1）使断裂流股数目最少。

（2）使断裂流股变量数目最少，也就是迭代的变量最少。

（3）对每一流股选定一个权因子，其值反映了断裂该流股时迭代计算的困难程度，应当使所有的断裂流股权因子数值总和最小。

（4）找出使直接迭代法具有最好收敛特性的流股进行断裂，或者说使被断裂的闭环总数最少。

准则（1）和（2）都是直观地想象使计算工作量最少，但在实际中并不一定收敛最快。准则（3）应当说是比较完善的，但各流股的权因子的估计是困难的。准则（4）具有相当的实用性，有人认为是最优的，至少对使用直接迭代法求解收敛时是如此，但也还需要进行更深入的研究。

2. 最优断裂流股的确定

准则（4）的基本思想是尽量避免单个循环回路的重复断裂，断裂一个流股打开一个循环回路，若在该回路中出现两个断裂流股，就是重复断裂。单个循环回路的重复断裂，说明存在多余的断裂流股，不可避免地增加了计算收敛的难度（收敛过程的稳定性和速度）。选择出非多余的断裂流股集合来断裂所有的循环回路，即为最优的断裂方案。

图 3-7 为某系统中单元组（ABCDE）的信息流图。以该系统为例，确定最优断裂流股集合的具体算法如下。

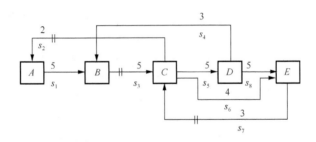

图 3-7　系统中单元组（ABCDE）的信息流图

第一步：首先列出该系统的环路矩阵，以及每一单元的输出流股与输入流股表格，如图 3-8 所示。然后找出任一初始断裂流股集合，把该单元组中所有的循环回路打开。这可通过观察环路矩阵较容易地找出。当然，该集合可能包含多余的断裂股。例如，选择初始断裂流股集合 $\{s_2, s_3, s_7\}$，其中流股 s_2 假定为必须断裂的信息流。集合 $\{s_2, s_3, s_7\}$ 称为一个断裂族（或分解族）。有的断裂族含有多余的断裂流股，也有的断裂族不包含多余的断裂流股，所以不同的断裂族会具有不同的收敛特性。我们的目标是选择出不包含多余断裂流股的断裂族，从中再选出合适的（如选断裂流股权因子总和最小的）断裂流股。

图 3-8　单元（ABCDE）的环路矩阵

第二步：应用置换规则。如果一单元的所有输出流股都被断裂流股集合所包围，则可用该单元的输入流股置换该单元的输出流股，便产生出同一断裂族中的另一断裂流股集合。这是因为一单元所有的输出流股被断裂，同该单元所有的输入流股被断裂对断开回路的作用（用直接迭代法计算时的收敛性能）来讲是相同的。

对于图 3-7，首先找出输出流股全部被断裂的节点。对节点 B，其唯一的输出流股 s_3 被已断裂流股集合所包含，故可被节点 B 的输入流股 s_1、s_4 置换，得到断裂流股集合 $\{s_1, s_2, s_4, s_7\}$。对节点 E，其唯一的输出流股 s_7 也属于断裂流股，可被节点 E 的输入流股 s_6、s_8 所置换，得到断裂流股集合 $\{s_2, s_3, s_6, s_8\}$。

第三步：在第二步中，得到断裂流股集合 $\{s_1, s_2, s_4, s_7\}$，其中流股 s_1 是节点 A 的唯一输出流股。按置换规则，流股 s_1 可被节点 A 的输入流股 s_2 所代替，则得出另一断裂流股集合 $\{s_2, s_4, s_7, s_2\}$，该集合中流股 s_2 出现 2 次，说明该集合具有 1 个

多余的断裂流股 s_2，则在该集合中删去 1 个流股 s_2，得到一个新的断裂流股族 $\{s_2,s_4,s_7\}$。要注意，断裂流股集合 $\{s_2,s_4,s_7,s_2\}$ 同 $\{s_2,s_4,s_7\}$ 属于不同的断裂族。所谓"断裂族"是根据"环路向量"来识别的。环路向量具有 a 维，a 的值等于最大循环网中包含的环路数；该向量中的第 i 个元素的数值等于环路 i 被断裂的次数。例如，断裂流股集合 $\{s_2,s_4,s_7,s_2\}$ 对应的环路向量是$(1,1,2,1)$，这可参考图 3-8 得出。断裂流股集合 $\{s_2,s_4,s_7\}$ 对应的环路向量是$(1,1,1,1)$，所以这两个断裂流股集合属于不同的断裂族。

第四步：由集合 $\{s_2,s_4,s_7\}$ 继续搜索下去，重复第二步和第三步，一直达到一个断裂族，该族的各断裂流股集合中没有重复的断裂流股出现。该处理过程可参考图 3-9 的"树图"。在含有断裂流股 s_2、s_4、s_7 的族中，得到的断裂流股集合有 4 个，在图 3-9 中以星号（*）标记。这 4 个断裂流股集合在树图中已是第二次出现，所以不必再用置换规则搜索。这 4 个断裂流股集合没有多余的断裂流股，若采用直接迭代法计算，这 4 个方案具有相同的收敛特性。前面已假定 s_2 流股为信息流，必须断裂，而且参考图 3-7 中给出的各流股的权因子数值，按断裂流股总的权因子之和最小的准则，可通过下面计算找出最佳断裂流股集合。

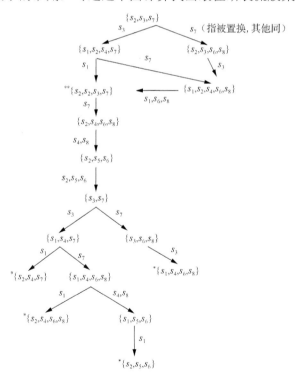

图 3-9　应用置换规则确定断裂流股

注：**包含多余的断裂流股；*已重复过的断裂流股集合，不必再搜索下去了。

断裂流股 $\{s_2,s_4,s_7\}$ 的权因子总和为 2+3+3=8。

断裂流股 $\{s_2,s_4,s_6,s_8\}$ 的权因子总和为 2+3+4+5=14。

断裂流股 $\{s_2,s_5,s_6\}$ 的权因子总和为 2+5+4=11。

显然，选择 $\{s_2,s_4,s_7\}$ 为最佳断裂流股方案。将流股 s_2、s_4、s_7 从系统中删去，采用系统分隔的方法，即可确定该单元组中各单元的计算顺序为 $A \rightarrow B \rightarrow C \rightarrow D \rightarrow E$，流股 s_2、s_4、s_7 中包含的变量即为迭代变量。

3. 断裂流股的加速迭代

对于图 3-6 所示的简单流程，必须先把循环流股 x_4 断裂，设定其变量初值 x_4' 后，进行迭代运算，使 x_4（计算）与 x_4'（预设）逐步吻合。所设置的收敛模块把断裂流股分成进入流 x_4 和输出流 x_4'。收敛模块的作用：①比较 x_4 与 x_4'，看计算结果是否达到预定的精度要求；②如果没有达到要求，如何根据算出的 x_4 值来确定新的 x_4' 值，以便重新进行下一次迭代运算。

断裂的循环流股总要经过多次迭代才能逐步收敛，但迭代的方法不同其收敛效果也可能完全不同，可能有稳定收敛、振荡收敛或发散等情况。因此，要根据问题的具体情况选择不同的迭代算法。最常用的收敛方法就是直接迭代法、韦格斯坦法和牛顿法。

3.3.2 联立方程法

1. 联立方程法的步骤

前已述及，序贯模块法在系统存在多股循环流时，过程收敛很慢，计算效率不高，甚至不能收敛。为克服序贯模块法的不足，提出联立方程法，联立方程法将单元模块方程、流程连接方程及设计规定方程组合在一起，组成要联立求解的大型代数方程组。这些方程式可以是线性的，也可以是非线性的，方程组可以用下列形式来表示：

$$F_i(X_i,Y_i,u_i) = 0, \quad i = 1,2,\cdots,N \tag{3-1}$$

式中，X_i、Y_i 为单元 i 的输入输出流股向量；u_i 为设计变量向量；N 为单元数目。

联立方程法与序贯模块法求解不同，不按单元过程模块求解，而是将所有方程联立求解，避免了回路的断裂、节省了嵌套迭代的时间。联立方程法对所有的模型方程所形成的大型非线性方程组同时求解，计算机一次要解算的方程组比序贯模块法要多得多。但它打破了单元模块间的界限，可根据计算任务需要确定输入输出变量，不存在嵌套迭代问题，收敛速度快。联立方程法可以避免序贯模块法中多层迭代及断裂收敛等数值计算效率低的缺点，提高了计算效率。另外，联立方程法对设计型问题的解算也比较容易，设计规定也只不过是大型方程组中一些非常简单的方程，如给定输出变量反算设备设计参数与给定设备设计参数计算输出变量，对联立方程式的求解方法来说是相同的；而对于优化型问题，非线性方程组可视为一般非线性规划中的约束条件。

联立方程法在理论上是模拟技术中效率最高的方法，它对处理设计型问题和优化型问题具有很大的优势和潜力。但是目前求解大型非线性方程组还有许多问题有待进一步解决，其中最根本的问题是它的稳定性，还有存储需求量大及难以进行错误诊断等，这些问题使这种方法的实用性受到限制。另外，由于联立方程法是把整个流程的方程排列在一起求解，在对一个新的流程方案进行模拟时就不可能有继承性，因此给通用化带来了困难。

2. 联立方程法中的非线性方程组的求解

联立方程法是把描述流程的所有方程组合在一起，形成需要联立求解的线性或非线性代数方程组。在数学上可表示为

$$F(X,U) = 0 \tag{3-2}$$

式中，X 为状态变量（相关变量）向量；U 为决策变量（独立变量）向量。

而函数向量 F 表示需同时求解的所有方程，其中包括：①物料衡算方程；②能量衡算方程；③设计规定方程；④速率方程；⑤单元间的联结方程；⑥传热、传质及动量传递关联式；⑦物性计算关联式。

决策变量通常包括所有单元的设备参数及输入流股变量和某些控制变量。状态变量包括所有中间变量、输出流股变量、内部变量及结果变量。对于比较复杂的系统，方程个数可以有成百上千甚至更多，而变量数目则更多。因此，利用联立方程法进行系统模拟，首先碰到的问题是如何正确地选择决策变量，建立所有的联立方程，并使其自由度为零；其次是根据联立方程组的性质寻求求解大型代数方程组的有效方法。

3. 联立方程的建立及其稀疏性

热能系统模拟中所涉及的单元设备或过程的种类是有限的，每个单元的模型方程往往只有几个变量和方程式。为了提高模拟程序的通用性和运算效率，每一种单元设备或过程都用一个单元模型来表示，因而这样的模拟系统也包含单元模型库。但这里的单元模型与序贯模块法中的单元模块的概念完全不同，序贯模块法中的单元模块的功能是根据已知的进口物流条件来计算未知的出口物流变量数值，而这里的单元模型仅仅是某种单元的数学方程的集合。因而单元模型库只提供方程，而不提供解法和解算结果。

单元模型库可以包含所有的物性关联方程，即物性方程与单元模型方程一起联立求解。这种方法不仅方程式数量大，而且由于系统流程不收敛时物性方程也

不收敛，物性不能提供正确值，从而导致计算发散或难于求解。比较稳定可靠的处理物性计算的策略是焓的计算均参与联立方程组求解，其余物性则保留像序贯模块法一样的可供调用的独立的物性子程序。由于在系统模拟中约有80%的机时消耗在物性参数计算上，若物性关联方程不参加联立求解，不仅可以提高计算速度，而且可以大大减少联立方程的数目。

热能系统中单元的种类是有限的，每一种单元模型的方程式数目也只有几个，因而所有的单元模型均可由有限个种类的方程构成，这些方程称为基本方程。表 3-1 列出了常见的几种单元模型基本方程的具体形式（详见第 5 章）。这些方程可以集中存储在一个方程库中，通过有关指令调出相应的方程，以构成不同的单元模型。其中的非线性方程可用某种线性化方法将其线性化。

表 3-1　热能系统单元模型基本方程一览表

基本方程	种类与用途
$F_{in} + \sum_{i=1}^{n} F_i - F_{out} = 0$	混合与分流的物料衡算方程
$F_{in,1} + F_{in,2} - F_{out,1} - F_{out,2} = 0$	脱氧器物料衡算方程
$F_{in}(h_{in} - h_{out}) \pm W = 0$	泵、涡轮机的能量衡算方程
$S_{in}(T_{in}, p_{in}) - S_{out}(T_{out}, p_{out}) = 0$	绝热等熵膨胀方程
$F_{in}\left[h_{in}(T_{in}, p_{in}) - h_{out}(T_{out}, p_{out})\right]\eta - W = 0$	涡轮机的绝热可逆膨胀过程的能量衡算方程
$F_{in}(h_{in} - h_{out}) + Q\eta = 0$	加热/冷却器的能量衡算方程
$F_{in,1}h_{in,1} + F_{in,2}h_{in,2} - F_{out,1}h_{out,1} - F_{out,2}h_{out,2} = 0$	热交换器、脱氧器能量衡算方程
$F_{in}h_{in} + Q\eta - F_{out,1}h_{out,1} - F_{out,2}h_{out,2} = 0$	锅炉能量衡算方程
$F_{in}h_{in} + \sum_{i=1}^{n} F_i h_i + Q - F_{out}h_{out} = 0$	混合（加热）器能量衡算方程
$T = f(p)$	相平衡饱和温度方程
$p_{out} = \min(p_{in,1}, p_{in,2}, \cdots, p_{in,n})$	压力关系方程
$T = f(p) + C$	温度关系方程
$\eta = f(F), \Delta p = f(F)$	效率与流量、压降与流量的操作曲线方程
$h_{in} - h_{out} = C, h = C$	焓差或焓的操作规定方程
$F_{in} - C_1 F_{out} = C_2, T_{in} - C_1 T_{out} = C_2, p_{in} - C_1 p_{out} = C_2$	流量、温度、压力的操作规定方程

对于物性关联方程，根据模拟系统的需要，可以调用独立的物性子程序，也可以将物性方程（如水与蒸汽分段拟合的焓、熵等计算方程）存入方程库中，以备同时联立求解。

在建立联立方程时，要了解需要的变量、方程式以及自由度的数目，从而正确地选择决策变量并给定必要的参数值，使自由度为零。决策变量的选择，对系统的模拟解算过程也有很大影响。若决策变量选择得恰当，可以尽量消除再循环迭代。反之，必然增加需同时联立求解的方程数目，使计算困难，甚至发散。

前已述及，在热能系统模拟中，每个单元模型的方程一般只涉及少数几个变量，而整个系统的变量数往往很多，其模型方程通常是一组大型稀疏方程组。所谓稀疏方程组就是每个方程只含有少数几个非零系数。对于线性方程组，可以用矩阵形式 $AX = b$ 表示。系数矩阵 A 中的大部分元素为零。这种非零元素数目占系数矩阵元素总数的比例很小的性质称为稀疏性。

对于稀疏性强的大型方程组，如果用常规方法来求解显然不太合适，无论是存储量还是运算量都很大，甚至使用快速的计算机也难以完成。在实际模拟中应充分利用和保持稀疏性，这样可以采用只存储非零元素和只对非零元素进行运算的稀疏矩阵技术，以减少存储量和运算机时。

对于大型线性方程组的求解已有几种成熟的方法，最常用的是高斯消元法。通过消元得到上三角矩阵，再由回代过程得到所有未知参量 X 的值。这种方法已有标准子程序可以调用。然而，非线性广泛存在于热能工程领域，热能系统模拟的大型稀疏代数方程组在多数情况下都是非线性的。因此，联立方程法的核心问题是寻求求解大型稀疏非线性方程组的方法。这里简要介绍一下常用的两种方法，即分隔降阶解法和拟线性的牛顿-拉弗森法。

4. 大型稀疏非线性方程组的分隔降阶解法

由于热能系统的数学模型方程往往只有少量的共同变量，利用稀疏性特点，可以将复杂的大型稀疏非线性方程组分解成若干个较为简单的小型稀疏方程组，然后依次求解。这种方法称为分隔降阶解法。其基本手段也是采用分隔和断裂技术。

1）方程组的分隔

用一组方程式来描述系统，或用布尔矩阵来描述系统，称为事件矩阵或关联矩阵。事件矩阵用来描述每个方程式对各变量的依赖关系。其特点如下。

（1）事件矩阵的每一行对应一个方程式，每一列对应一个系统变量。

（2）矩阵中的元素 s_{ij} 按下列规定只取布尔数 1 或 0。

$$s_{ij} = \begin{cases} 1, & \text{变量 } j \text{ 在方程式 } i \text{ 中出现时} \\ 0, & \text{变量 } j \text{ 在方程式 } i \text{ 中不出现时} \end{cases}$$

事件矩阵与邻接矩阵一样，也是表达系统信息流结构的一种简洁方法，可以用它来进行方程组的分隔。

如果有条件，方程分解的第一步就是识别不相关的子方程组，也就是找到几组方程式，每组方程式之间不包含任何共同变量，这样可以对每个子方程组进行独立求解，对于如下方程组：

$$f_1(x_1, x_3) = 0, \quad f_2(x_2, x_4) = 0$$
$$f_3(x_2, x_4) = 0, \quad f_4(x_1) = 0$$

其事件矩阵为

$$\begin{array}{c} \begin{array}{cccc} x_1 & x_2 & x_3 & x_4 \end{array} \\ \boldsymbol{A} = \begin{array}{c} f_1 \\ f_2 \\ f_3 \\ f_4 \end{array} \begin{bmatrix} 1 & 0 & 1 & 0 \\ 0 & 1 & 0 & 1 \\ 0 & 1 & 0 & 1 \\ 1 & 0 & 0 & 0 \end{bmatrix} \end{array}$$

经过行和列的重新排列，得

$$\begin{array}{c} \begin{array}{cccc} x_1 & x_2 & x_3 & x_4 \end{array} \\ \begin{array}{c} f_1 \\ f_2 \\ f_3 \\ f_4 \end{array} \begin{bmatrix} 1 & 0 & 1 & 0 \\ 0 & 1 & 0 & 1 \\ \hline 0 & 1 & 0 & 1 \\ 1 & 0 & 0 & 0 \end{bmatrix} \end{array}$$

矩阵除了主对角线的子矩阵外均为 0，主对角线上的每个子矩阵就代表一个不相关子系统，即 f_1 和 f_4 中只含变量 x_1 和 x_3，f_2 和 f_3 中只包含变量 x_2 和 x_4，可以分别单独联立求解。

对于 n 阶必须单独联立求解的稀疏方程组，还可以进一步分隔和排序。n 阶方程组中常常可以找到一个包含 k_1 个变量的 k_1 阶子方程组，这个 k_1 阶子方程组可以单独求解，得到 k_1 个变量。余下的工作是求解其余 $(n-k_1)$ 个变量的 $(n-k_1)$ 个方程。同样可以在这 $(n-k_1)$ 个方程中找出包含 k_2 个变量的 k_2 阶子方程组，同样可以对其单独求解。重复这一过程，最终把原方程组分解为一系列可顺序求解的子方程组。在数学上就是将方程组的事件矩阵重新排列为一个下三角分块矩阵。例如，对于五元联立方程：

$$f_1: x_1 + x_4 - 10 = 0$$
$$f_2: x_2^2 x_3 x_4 - x_5 - 6 = 0$$
$$f_3: x_1 x_2^{1.7}(x_4 - 5) - 8 = 0$$
$$f_4: x_4 - 3x_1 + 6 = 0$$
$$f_5: x_1 x_3 - x_5 + 6 = 0$$

相应的事件矩阵为

$$\begin{array}{c} \begin{array}{ccccc} x_1 & x_2 & x_3 & x_4 & x_5 \end{array} \\ \boldsymbol{A} = \begin{array}{c} f_1 \\ f_2 \\ f_3 \\ f_4 \\ f_5 \end{array} \begin{bmatrix} 1 & 0 & 0 & 1 & 0 \\ 0 & 1 & 1 & 1 & 1 \\ 1 & 1 & 0 & 1 & 0 \\ 1 & 0 & 0 & 1 & 0 \\ 1 & 0 & 1 & 0 & 1 \end{bmatrix} \end{array}$$

经过重新安排矩阵的行和列，可使其变为如下的下三角分块矩阵：

$$
\begin{array}{c}
\begin{array}{ccccc} x_1 & x_4 & x_2 & x_3 & x_5 \end{array} \\
\begin{array}{c} f_1 \\ f_4 \\ f_3 \\ f_5 \\ f_2 \end{array}
\begin{bmatrix}
1 & 1 & & & \\
1 & 1 & & & \\
1 & 1 & [1] & & \\
1 & & & 1 & 1 \\
& 1 & 1 & 1 & 1
\end{bmatrix}
\end{array}
$$

可见，原来的五元联立方程可以分隔成对角线上三个可按顺序求解的子方程组。f_1 与 f_4 都只与 x_1、x_4 有关，应联立求解。

$$f_1 : x_1 + x_4 = 10$$

$$f_4 : -3x_1 + x_4 = -6$$

得 $x_1 = 4$ 和 $x_4 = 6$ 后可以求解 f_3。

$$f_3 : x_1 x_2^{1.7}(x_4 - 5) - 8 = 4x_2^{1.7}(6-5) - 8 = 0$$

得 $x_2 = 1.5034$ 后，方程 f_2 和 f_5 可以联立求解。

$$f_2 : x_2^2 x_3 x_4 - x_5 = (1.5034)^2 \times 6x_3 - x_5 = 6$$

$$f_5 : x_1 x_3 - x_5 = 4x_3 - x_5 = -6$$

得 $x_3 = 1.2550$，$x_5 = 11.0202$。

不难看出，方程组的分隔就是将一个大方程组分成若干必须联立求解的小方程组，然后进行独立求解或按一定的顺序求解。方程组的分隔方法像系统单元的分隔一样，广泛采用通路搜索法。

2）不可分隔稀疏方程组的断裂降阶解法

前已述及，对于无法再分隔的联立方程组，可以通过选择断裂变量，把高阶方程组降阶成为低阶方程组进行迭代求解。考虑如下的方程组：

$$
\begin{cases}
f_1(x_1, x_3, x_5, x_6) = 0 \\
f_2(x_2, x_4, x_5, x_6) = 0 \\
f_3(x_5, x_6) = 0 \\
f_4(x_1, x_3) = 0 \\
f_5(x_2, x_4) = 0 \\
f_6(x_1, x_2, x_3, x_4) = 0
\end{cases}
$$

相应的事件矩阵为

$$
\begin{array}{c}
\begin{array}{cccccc} x_1 & x_2 & x_3 & x_4 & x_5 & x_6 \end{array} \\
\begin{array}{c} f_1 \\ f_2 \\ f_3 \\ f_4 \\ f_5 \\ f_6 \end{array}
\begin{bmatrix}
1 & & 1 & & 1 & 1 \\
 & 1 & & 1 & 1 & 1 \\
 & & & & 1 & 1 \\
1 & & 1 & & & \\
 & 1 & & 1 & & \\
1 & 1 & 1 & 1 & &
\end{bmatrix}
\end{array}
$$

这个方程组是不可分割的，必须联立求解，可将某一变量的断裂降阶，通过迭代和收敛求解。由于矩阵中 f_3、f_4、f_5 行的变量数最少，都只有两个，可以选择 f_3 中的 x_5 为断裂变量，赋予初值，由 f_3 解出 x_6。把 f_3 行和 x_5、x_6 列删去，得到下列矩阵：

$$\begin{array}{c}\begin{array}{cccc} x_1 & x_2 & x_3 & x_4 \end{array}\\ \begin{array}{c} f_1 \\ f_2 \\ f_4 \\ f_5 \\ f_6 \end{array}\left[\begin{array}{cccc} 1 & & 1 & \\ & 1 & & 1 \\ 1 & & 1 & \\ & 1 & & 1 \\ 1 & 1 & 1 & 1 \end{array}\right]\end{array}$$

它有 5 行 4 列，有一个多余方程。f_6 行含变量数最多，暂不考虑。对其余 4 行 4 列重新排列，可得

$$\begin{array}{c}\begin{array}{cccc} x_1 & x_3 & x_2 & x_4 \end{array}\\ \begin{array}{c} f_1 \\ f_4 \\ f_2 \\ f_5 \\ f_6 \end{array}\left[\begin{array}{cccc} 1 & 1 & & \\ 1 & 1 & & \\ & & 1 & 1 \\ & & 1 & 1 \\ 1 & 1 & 1 & 1 \end{array}\right]\end{array}$$

这样可以分别联立求解 (f_1, f_4) 和 (f_2, f_5)，将解出的变量值代入 f_6 中，检验是否满足。若不满足，则修改断裂变量 x_5 的值，重复上述计算，直到满足方程 f_6 为止。解算过程如图 3-10 所示。由此可见，通过断裂和迭代收敛的方法可使不可分解的稀疏方程组得以分解求解。有时通过断裂会使方程变成线性的，则可用高斯消元等方法求解。对一般的非线性方程组，通常采用拟线性的迭代解法。

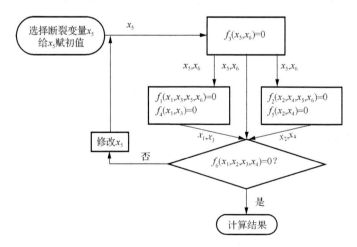

图 3-10　方程组的断裂迭代求解

5. 非线性方程组求解的牛顿-拉弗森法

由于热能系统模型中的大部分方程是线性的，只有少数是非线性方程，因此可以考虑把非线性方程用某种方式线性化，然后再联立求解，称为拟线性解法。在拟线性解法中求解中小型非线性方程组的常用方法是牛顿-拉弗森法。这种方法先用函数的偏导数来获得非线性方程的线性近似式，然后将其并入线性方程组，联立求解包含少量近似式的线性方程组。由于线性化引入了误差，所得的解只是第一次近似解，因此要以此为出发点进行反复迭代，逐步逼近非线性方程组的解。

1）牛顿-拉弗森法

在前面介绍过一维非线性方程求解的牛顿法，推广到多维情况就称为牛顿-拉弗森法。对一个 n 维非线性方程组：

$$\begin{cases} f_1(x_1, x_2, \cdots, x_n) = 0 \\ f_2(x_1, x_2, \cdots, x_n) = 0 \\ \qquad \cdots \\ f_n(x_1, x_2, \cdots, x_n) = 0 \end{cases} \tag{3-3}$$

首先给出一组初始近似解 $x^{(k)} = \left[x_1^{(k)}, x_2^{(k)}, \cdots, x_n^{(k)} \right]^{\mathrm{T}}$，计算方程式在这组初始近似解处的偏导数为 $\left. \dfrac{\partial f_i}{\partial x_j} \right|_k$ $(i, j = 1, 2, \cdots, n)$；然后对方程组进行泰勒级数展开，但只取一阶线性近似。

$$\begin{cases} f_1 \approx f_1|_k + \left. \dfrac{\partial f_1}{\partial x_1} \right|_k \delta x_1^{(k)} + \cdots + \left. \dfrac{\partial f_1}{\partial x_n} \right|_k \delta x_n^{(k)} \approx 0 \\[2mm] f_2 \approx f_2|_k + \left. \dfrac{\partial f_2}{\partial x_1} \right|_k \delta x_1^{(k)} + \cdots + \left. \dfrac{\partial f_2}{\partial x_n} \right|_k \delta x_n^{(k)} \approx 0 \\[2mm] \qquad \cdots \\[2mm] f_n \approx f_n|_k + \left. \dfrac{\partial f_n}{\partial x_1} \right|_k \delta x_1^{(k)} + \cdots + \left. \dfrac{\partial f_n}{\partial x_n} \right|_k \delta x_n^{(k)} \approx 0 \end{cases} \tag{3-4}$$

式中的 $\delta x_i^{(k)} = x_i - x_i^{(k)}$；角标 $|_k$ 表示在 $x^{(k)}$ 点取值。上式可用向量式表示为

$$f(x) \approx f(x^{(k)}) + J(x^{(k)}) \delta x^{(k)} \approx 0 \tag{3-5}$$

其中 $\delta x^{(k)} = \left[\delta x_1^{(k)}, \delta x_2^{(k)}, \cdots, \delta x_i^{(k)} \right]^{\mathrm{T}}$，而 $J(x^{(k)})$ 为函数 f 在 $x = x^{(k)}$ 处的雅可比矩阵，即

$$J = \begin{bmatrix} \dfrac{\partial f_1}{\partial x_1} & \dfrac{\partial f_1}{\partial x_2} & \cdots & \dfrac{\partial f_1}{\partial x_n} \\[2mm] \dfrac{\partial f_2}{\partial x_1} & \dfrac{\partial f_2}{\partial x_2} & \cdots & \dfrac{\partial f_2}{\partial x_n} \\[2mm] \vdots & \vdots & & \vdots \\[2mm] \dfrac{\partial f_n}{\partial x_1} & \dfrac{\partial f_n}{\partial x_2} & \cdots & \dfrac{\partial f_n}{\partial x_n} \end{bmatrix} \tag{3-6}$$

令式（3-5）或式（3-6）的函数等于零，则可以得到

$$J\big|_k \, \delta x^{(k)} = -f(x^{(k)})$$

这是个线性方程组，可用高斯消元法或高斯-若尔当消元法求解，得到 $\delta x^{(k)} = \left[\delta x_1^{(k)}, \delta x_2^{(k)}, \cdots, \delta x_i^{(k)}\right]^{\mathrm{T}}$ 或一组新的近似解 $x^{(k+1)} = x^{(k)} + \delta x^{(k+1)}$。这组新的近似解 $x^{(k+1)}$ 比原近似解 $x^{(k)}$ 更逼近原方程的精确解。重复上述过程，当满足精度要求：

$$\left| f_i(x^{(k+1)}) \right| < \varepsilon, \quad i = 1, 2, \cdots, n \tag{3-7}$$

时，认为迭代收敛，即得到原方程组的接近解。

例 3-1　求解下列非线性方程组：

$$\begin{cases} f_1 = x_1^{1/2} + x_2 x_3 - 33 = 0 \\ f_2 = x_1^2 + x_2^2 + x_3^2 - 81 = 0 \\ f_3 = x_1^{1/3} x_2^{1/3} + x_3^{1/2} - 4 = 0 \end{cases}$$

取初值 $x_1^{(0)} = 2, x_2^{(0)} = 10, x_3^{(0)} = 5$。

先求出方程组的雅可比矩阵：

$$J = \begin{bmatrix} \dfrac{1}{2} x_1^{-1/2} & x_3 & x_2 \\[2mm] 2x_1 & 2x_2 & 2x_3 \\[2mm] \dfrac{1}{3} x_2^{1/3} x_1^{-2/3} & \dfrac{1}{3} x_1^{1/3} x_2^{-2/3} & \dfrac{1}{2} x_3^{-1/2} \end{bmatrix}$$

应用牛顿-拉弗森法计算结果列于表 3-2 中，其中 $\varepsilon = 0.0001$。

表 3-2　例 3-1 迭代计算结果表

k	$x_1^{(k)}$	$x_2^{(k)}$	$x_3^{(k)}$	$f_1(x^{(k)})$	$f_2(x^{(k)})$	$f_3(x^{(k)})$
0	2	10	5	18.4142	48.0000	0.9505
1	0.7084	8.3416	4.0334	1.4871	5.3527	− 0.1837
2	0.9336	8.0185	3.9932	0.0014	0.1711	− 0.0247
3	0.9995	8.0002	3.9999	− 0.0003	0.0017	− 0.0003
4	1.0000	8.0000	4.0000	0.0000	0.0000	0.0000

从计算结果可见，牛顿-拉弗森法收敛速度较快，属于二阶收敛，但需要求偏导数，并对初值的要求较高，若初值选择不当可能会发散。

2）线性与非线性联立方程组的求解

若系统模型有 N 个变量 $x_i (i=1,2,\cdots,N)$，模型方程中有 L 个线性方程组：

$$\sum_{i=1}^{N} a_{ji} x_i = b_j, \qquad j=1,2,\cdots,L \tag{3-8}$$

和 $N-L$ 个非线性方程：

$$f_l(x)=0, \qquad l=1,2,\cdots,N-L \tag{3-9}$$

给定所有的变量的一组初始值 $x_1^{(0)}, x_2^{(0)}, \cdots, x_N^{(0)}$，则求解步骤如下。

（1）对每个 $f_l(\boldsymbol{x})(l=1,2,\cdots,N-L)$ 构造线性近似值（只取一阶近似）：

$$f_l(x) \approx f_l(x^{(0)}) + \sum_{i=1}^{N} \left.\frac{\partial f_l}{\partial x_i}\right|_{(0)} \cdot (x_i - x_i^{(0)}) \approx 0 \tag{3-10}$$

对于第 k 次迭代时的 $\boldsymbol{x}^{(k)}$，近似式为

$$\sum_{i=1}^{N} \left(\left.\frac{\partial f_l}{\partial x_i}\right|_{\boldsymbol{x}=\boldsymbol{x}^{(k)}}\right) \cdot x_i = \sum_{i=1}^{N} \left(\left.\frac{\partial f_l}{\partial x_i}\right|_{\boldsymbol{x}=\boldsymbol{x}^{(k)}}\right) \cdot x_i^{(k)} - f_l(\boldsymbol{x}^{(k)}) \tag{3-11}$$

对于 $l=1,2,\cdots,N-L$ 个 $f_l(x)=0$，就建立起 $N-L$ 个这样的线性近似方程。

（2）将式（3-11）的 $N-L$ 个近似线性方程与式（3-8）的 L 个线性方程联立求解，可得一组新的近似解 $x^{(k+1)}$。

（3）检验是否收敛，判别指标为

$$\left| f_l(x^{(k+1)}) \right| \leqslant \varepsilon, \qquad l=1,2,\cdots,N-L \tag{3-12}$$

式中，ε 为容许误差。如果满足上式，则停止迭代。否则应当使 $k=k+1$，返回第（1）步重新迭代。

这种方法要求预先给定所有变量的初值。给定初值最好的方法是先对非线性方程中所涉及的那些变量给定初值，可用等效方程得到；然后解剩余的线性方程组，以获得其他变量的初值。另外，牛顿-拉弗森法中每一步均需计算雅可比矩阵，计算量较大。因此也可以用拟牛顿法求解，它与前者的思路类似，但它在迭代过程中通过对雅可比矩阵的逐步修正代替了每次的重新计算，这既避免了雅可比逆矩阵的复杂运算，也得到了较快的收敛速度。

3.3.3　联立模块法

序贯模块法和联立方程法在计算上各有优劣，而联立模块法是介于两者之间各取所长的一种模拟方法。它与序贯模块法相比，共同之处在于面向模块，但其在求解设计型问题和优化型问题时，具有更大的灵活性和较高的计算效率；它与联立方程法相比，共同之处在于联立求解系统模型方程组，但由于它只求解流程

水平上的简化方程组，因而可以用来处理更大规模的问题。近些年来，联立模块法的研究和应用都比较活跃。

联立模块法将整个模拟计算分为两个层次：第一层次是单元模块层次，第二层次是系统流程层次。联立模块法的思路如图 3-11 所示。首先在模块水平上，建立像序贯模块法一样的单元模块严格模型，即给定输入流股参数及设备参数，可以算出输出流股值；其次根据严格模型计算出的结果，建立每个单元的简化模型，也就是找到特定条件下输出流股值与所有输入流股值的近似关系方程及其系数；再次在系统流程层次上，采用各模块的简化模型，通过联立求解这些简化模型方程组，得到一组状态变量值；最后根据收敛判据判断这组解是否满足精度要求，若不满足，再用严格模型对这组解进行计算，修正简化模型的系数，重复上述过程，直到收敛到原问题的解。

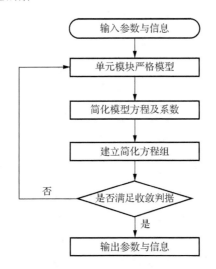

图 3-11　联立模块法

由于在计算中仍然使用单元模块模型，又同时联立求解其简化模型而得到的所有流股变量，即同时使用模块水平上的精确模型和流程水平上的简化模型，因而该方法称为联立模块法或双层法。简化模型的方程式可以是线性的，也可以是非线性的。前者称为线性联立模块法，后者称为非线性联立模块法。目前，线性联立模块法用得较多。

联立模块法虽然还需要进行系统的结构分析，但并不像序贯模块法那样复杂，只要找到哪些单元模块应当在循环回路中就行了。因为包括进来的模块已不再逐个计算而是联立求解，不必设定进口流股值也照样可以解出所有的变量未知数。对于设计性问题，设计规定可以在流程水平上直接处理，不必反复迭代，这样可以节省机时和存储量。联立模块法的缺点是需要求解模型的雅可比矩阵，计算较费机时，有可能抵消流程水平上快速收敛的收益。从理论上讲，联立模块法的实用化已无不可攻克的困难，但需要积累各种单元设备的简化模型，以满足系统模拟的实际需要。

3.4　能量系统模拟常用软件

随着国际能源形势日趋紧张和企业对节能工作的不断重视，一些软件公司开始着手于能源软件产品的集成开发，并逐步研究建立了系统化的能源解决方案，以便更加快捷、方便地帮助企业开展能量系统模拟与优化工作，实现能耗降低的目标。同时，为了帮助企业有效提高产品生产率、降低生产成本、快速应对市场变化和产品价格变化等问题，软件公司和技术公司也越来越重视在线优化产品的开发和推广。本节仅对几种常用的能量系统模拟软件进行简要介绍，读者可自行查阅相关资料进行进一步了解。

1. Aspen Plus

Aspen Plus 是一个集生产装置设计、稳态模拟和优化于一体的大型通用流程模拟系统，广泛应用于化工过程的研究开发、设计、生产过程的控制、优化及技术改造等方面。该软件是麻省理工学院于 20 世纪 70 年代后期研制开发，由美国 AspenTech 公司于 20 世纪 80 年代初推向市场。经过 40 年来不断地改进、扩充和提高，该软件已先后推出了十几个版本，成为举世公认的标准大型流程模拟软件。全球各大化工、石化、炼油等过程工业制造企业及著名的工程公司大多是 Aspen Plus 的用户。Aspen Plus 采用严格和最新的计算方法，进行单元和全过程计算，为企业提供准确的单元操作模型，还可以评估已有装置的优化操作，或新建、改建装置的优化设计。该软件功能齐全、规模庞大，可应用于炼油、化工、医药、食品、冶金、能源动力、环境保护等许多工业领域。

2. PRO/Ⅱ

PRO/Ⅱ 是一个历史最久的、通用型的化工稳态流程模拟软件，最早起源于 1967 年 SimSci 公司开发的当时世界上第一个蒸馏模拟器 SP05。1973 年 SimSci 推出基于流程图的模拟器，1979 年又推出基于 PC 机的流程模拟软件 Process（PRO/Ⅱ 的前身），很快成为该领域的国际标准。自此，PRO/Ⅱ 获得了长足发展，客户遍布全球各地。PRO/Ⅱ 可广泛应用于各种化工过程严格的质量和能量平衡计算，从油气分离到反应精馏，PRO/Ⅱ 提供了全面、有效、易于使用的解决方案。PRO/Ⅱ 拥有完善的物性数据库、强大的热力学物性计算系统，以及 40 多种单元操作模块，用户可以很方便地建立某个装置甚至是整个工厂模型，并允许以多种形式浏览数据和生成报表。PRO/II 可广泛应用于工厂设计、工艺方案比较、老装置改造、装置标定、开车指导、可行性研究、脱瓶颈分析、工程技术人员和操作人员的培训等领域。PRO/II 的推广使用，可达到优化生产装置、降低生产成本和操作费用、节能降耗等目的，能产生巨大的经济效益。

3. Hextran

Hextran 是由 SimSci 公司开发的一款传热系统模拟软件，它把传热模拟技术和大量的工业物性数据结合在一起，可提供给用户一个精确可靠的传热系统浏览，以帮助用户进行新系统的设计，同时监视当前系统、解决或防止传热问题。用户能从全局浏览检查和监视换热网络的性能，或检查每个换热器的各自性能。Hextran 程序还综合了夹点技术功能，可使用户对换热网络进行优化设计，并使换热网络达到最大热回收，进而获得最大效益。Hextran 的主要应用范围包括：换热器设计、换热器操作分析、夹点分析、换热器网络集成优化、换热器性能检测、换热器清洗工况研究等。

4. gPROMS

gPROMS 过程模拟软件是由 PSE 公司开发的对工艺设备及流程进行仿真建模及设计优化的新一代通用过程模拟平台，该平台可对工艺流程及其关键设备进行模拟、设计与优化，具有多项世界领先技术。gPROMS 是一种面向方程的过程模拟软件。它对对象的描述主要分为两个层次：模型层和物理操作层。模型层（MODEL）描述了系统的物理和化学行为，是对象的一个通用机理模型；物理操作层（TASK）则描述了附加在系统外部的行为以及扰动。另外，还有一个模型实体"过程块"（PRocEss），它由具体实例模型数据以及外部操作组成，表述一个模型的具体实例。它以外加信息来推动 MODEL（例如初始条件及输入变量随时间的变换情况），使用者只需列出描述系统的方程及边界条件，而复杂的计算则通过调用各种求解算法来完成。gPROMS 可应用于精细化工、石油化工、溶解结晶、能源电力、燃料电池、食品制药、污水处理、冶金和自动化控制等过程工业。

5. ChemCAD

ChemCAD 是美国 Chemstations 公司开发的化工流程模拟软件，可以建立与现场装置吻合的数据模型，并通过运算模拟装置的稳态或动态运行，为工艺开发、工程设计、优化操作和技术改造提供理论指导。ChemCAD 内置了功能强大的标准物性数据库，它以 A IChE 的 D IPPR 数据库为基础，加上电解质共有 2000 多种纯物质，并允许用户添加多达 2000 个组分到数据库中，是工程技术人员用来对连续操作单元进行物料平衡和能量平衡核算的有力工具，由 ChemCAD 建立的模型可作为工程技术人员用来改进生产操作，成为提高产量产率、减少能量消耗、降低生产成本的有力工具。ChemCAD 的应用范围包含了化学工业细分出来的多个方面，如炼油、石化、气体、气电共生、工业安全、制药、生化、污染防治、清洁生产等。

6. Apros

Apros 是由芬兰国家技术研究院与芬兰富腾工程技术有限公司联合研发的热力发电厂工艺过程及其自动控制系统的动态仿真软件，主要应用于核电站和火力发电厂中。软件中的动态仿真模型能够让用户轻松地检查电厂的过程行为，能够简单快速地模拟系统的瞬变现象和不同状态。Apros 提供了严谨的动态仿真模型来支持各项工程任务，可以用于安全分析、过程设计、培训和自动化测试等，它的一大优势在于结合了准确的流程建模与复杂的自动化建模。通过 Apros，用户可以看到过程和自动化如何协同工作，并且可以对整个集成系统进行详细研究和优化。该软件具有 30 多年的研发和成功应用历史，已被广泛应用于核电机组、燃煤火电机组、燃气蒸汽联合循环机组、垃圾焚烧发电机组、工业过程蒸汽动力系统、供热系统的动态仿真，同时还能被用于其他一般热能动力系统及其自动化系统的设计验证及运行控制优化。

第4章 能量系统优化的基本原理与方法

4.1 最优化问题的基本原理

1. 数学规划的概念

近些年来，最优化方法在热能工程领域的工程设计、系统规划、生产运营、计划管理以及系统控制等方面得到了广泛应用。其通常以降低能耗、提高能量利用率或提高经济效益为主要目标，有时还兼顾环保、安全性、可靠性和柔性等因素。一般来说，最优化方法主要有 3 个方面的应用，即最优化设计、最优化控制和最优化管理。本书介绍的能量系统的最优化，仅限于最优化设计，它属于一种静态最优化问题，即问题的最优解与时间无关。根据能量系统本身的特点，最优化设计问题可分为能量系统运行的状态参数优化、系统或设备结构尺寸的设计参数优化和系统的结构优化。状态参数优化和设计参数优化又可统称为"参数最优化"，它是针对既定的系统结构而进行的一种最优化，是本章讨论的重点。

最优化问题是求目标函数在无约束或一定约束下的最优值问题，而数学规划则是求目标函数在等式约束和不等式约束下最优值问题的数学方法。数学规划的基本内容包括线性规划、非线性规划、几何规划、整数规划和多目标规划等。这里仅介绍应用较多的线性规划、非线性规划和整数规划等几类规划问题。下面通过几个简单的实例来介绍如何从实际问题中将数学规划模型抽象出来。

例 4-1 运输问题的数学规划。

假设某种物资有 m 个产地，n 个销地，第 i 个产地的产量为 $a_i(i=1, 2, \cdots, m)$，第 j 个销地的需求量为 $b_j(j=1, 2, \cdots, n)$，其中 $\sum_{i=1}^{m} a_i \geq \sum_{j=1}^{n} b_j$，由产地 i 到销地 j 的距离为 d_{ij}。问应如何安排运输，才能既满足各地的需求，又使所花费的运输总吨公里数最少，试建立相应的数学模型。

解 设由产地 i 运往销地 j 的货物数量为 x_{ij}，运输的总吨公里数为 s，则该问题的数学模型为

$$
\begin{aligned}
\min \quad & s = \sum_{i=1}^{m}\sum_{j=1}^{n} d_{ij} x_{ij} \\
\text{s.t.} \quad & \sum_{i=1}^{m} x_{ij} = b_j, \ j = 1, 2, \cdots, n \\
& \sum_{j=1}^{m} x_{ij} \leqslant a_i, \ i = 1, 2, \cdots, m \\
& x_{ij} \geqslant 0, \ i = 1, 2, \cdots, m; \ j = 1, 2, \cdots, n
\end{aligned}
\tag{4-1}
$$

式中，min 表示目标取最小值。s.t.表示所需满足的约束条件，其中第一个约束为满足各地需求量，第二个约束为各产地的运出量不超过产量，第三个约束为变量非负约束。由于式（4-1）中所有的变量 x_{ij} 都是一次的，即其中的函数、等式和不等式都是线性的，因此式（4-1）为线性规划问题。追求的目标是总吨公里数 s 最小，称为目标函数。需要确定其值的变量 x_{ij} 一般称为决策变量或设计变量。所有这些变量必须受上述等式和不等式的约束，这些起约束作用的等式和不等式的集合称为限制条件或约束条件。

例 4-2 合理下料问题的数学规划。

若用某类钢板下 m 种零件 A_1, A_2, $\cdots$, A_m 的毛料。根据既省料又容易操作的原则，在一块钢板上已设计出 n 种不同的下料方案。设在第 j 种下料方案中，可得零件 A_i 的个数为 a_{ij}，第 i 种零件的需要量为 $b_i (i = 1, 2, \cdots, m)$。问应如何下料，才能既满足需要，又使所用钢板的总量最少，试建立相应的数学模型。

解 设采用第 j 种方案下料的钢板数为 x_i，所用钢板的总量为 y，其数学模型为

$$
\begin{aligned}
\min \quad & y = \sum_{j=1}^{n} x_j \\
\text{s.t.} \quad & \sum_{j=1}^{n} a_{ij} x_j \geqslant b_i, i = 1, 2, \cdots, m \\
& (\text{第}i\text{种零件的总数不少于需要量}b_i) \\
& x_{ij} \geqslant 0, \text{且}x_j \in I, j = 1, 2, \cdots, n
\end{aligned}
\tag{4-2}
$$

式中，$I = \{0, 1, 2, \cdots, n\}$ 是一个非负的整数集合。把这种要求变量 x_i 取整数的线性规划称为整数线性规划。

例 4-3 汽轮机叶片的优化设计问题的数学规划。

设汽轮机叶片距根部距离为 x 处的截面积按 $F(x) = F_0 - \alpha x^m$ 的规律变化，其中 F_0 为叶片根部截面积。根据热力学计算可求得各级叶片的平均半径 R_p 和叶片高度 L。试在强度条件许可的情况下，确定参数 F_0、α 和 m 的值，使叶片的重量最轻，建立相应的数学模型。

解　强度条件为 $\sigma_p \leqslant [\sigma]$，其中 $[\sigma]$ 是许用应力，σ_p 是叶片截面上的最大拉应力。

$$\sigma_p = \frac{\gamma}{g}\omega^2 L R_p \left[1 - \left(1 - \frac{F_1}{F_0}\right)\left(\frac{1}{m+1} + \frac{m}{\frac{D_p}{L}(m+1)(m+2)}\right)\right]$$

式中，g、γ、ω 和 R_p 均为已知常数；$D_p = 2R_p$；$F_1 = F_0 - \alpha L^m$ 为叶片顶部截面积；γ 为密度。叶片的重量为

$$G = \int_0^L \gamma F(x)\mathrm{d}x = \gamma\left(F_0 L - \frac{\alpha}{m+1}L^{m+1}\right) = f(F_0, \alpha, m)$$

故可得该问题的数学模型为

$$\left.\begin{array}{ll} \min & G = f(F_0, \alpha, m) \\ \text{s.t.} & \sigma_p \leqslant [\sigma] \\ & F_0 \geqslant (F_0)_{\min} \end{array}\right\} \tag{4-3}$$

因式（4-3）中的目标函数和约束条件都是变量 F_0、α 和 m 的非线性函数，故称该问题为非线性规划问题。

综合上面几个例子，可归纳出数学规划问题的一般形式为

$$\left.\begin{array}{ll} \min & f(x)\left[\text{或写为} z = f(x)\right], x \in \mathbb{R}^n \\ \text{s.t.} & g_j(x) \geqslant 0, j = 1, 2, \cdots, p \\ & h_j(x) = 0, j = p+1, p+2, \cdots, m \end{array}\right\} \tag{4-4}$$

式中，$x = (x_1, x_2, \cdots, x_n)^\mathrm{T}$ 为变量向量，是 n 维欧几里得空间 $\mathbb{R}^n$ 内的一点；$f(x)$ 为目标函数，也称为价值函数或性能函数；而所有 $h_j(x)$ 和 $g_j(x)$ 的集合构成对 $f(x)$ 求极值的约束条件，称为约束函数。

2. 基本数学概念

1）梯度、黑塞矩阵

设集合 $S \subset \mathbb{R}^n$ 非空，$f(x)$ 为定义在 S 上的实函数。如果 f 在每一点 $x \in S$ 连续，则称 f 在 S 上连续，记作 $f \in C(S)$。再设 S 为开集，如果在每一点 $x \in S$，对所有 $j = 1, 2, \cdots, n$，偏导数 $\dfrac{\partial f(x)}{\partial x_j}$ 存在且连续，则称 f 在开集 S 上连续可微，记作 $f \in C^1(S)$。如果在每一点 $x \in S$，对所有 $i = 1, 2, \cdots, n$ 和 $j = 1, 2, \cdots, n$，二阶偏导数 $\dfrac{\partial^2 f(x)}{\partial x_i \partial x_j}$ 存在且连续，则称 f 在开集 S 上二次连续可微，记作 $f \in C^2(S)$。

函数 f 在 x 处的梯度为 n 维列向量。

$$\nabla f(x) = \left[\frac{\partial f(x)}{\partial x_1}, \frac{\partial f(x)}{\partial x_2}, \cdots, \frac{\partial f(x)}{\partial x_n}\right]^{\mathrm{T}}$$

函数 f 在 x 处的黑塞矩阵为 $n \times n$ 矩阵 $\nabla^2 f(x)$，第 i 行第 j 列元素为

$$[\nabla^2 f(x)]_{ij} = \frac{\partial^2 f(x)}{\partial x_i \partial x_j}, \quad 1 \leqslant i, j \leqslant n$$

当 $f(x)$ 为二次函数时，梯度及黑塞矩阵很容易求得。二次函数可以写成下列形式：

$$f(x) = \frac{1}{2} x^{\mathrm{T}} A x + b^{\mathrm{T}} x + c$$

式中，A 是 n 阶对称矩阵；b 是 n 维列向量；c 是常数。函数 $f(x)$ 在 x 处的梯度为 $\nabla f(x) = Ax + b$，黑塞矩阵为 $\nabla^2 f(x) = A$。

2）凸集

定义 4-1　设 S 为 n 维欧几里得空间 $\mathbb{R}^n$ 中的一个集合。若联结 S 中任意两点的线段仍属于 S；换言之，对 S 中任意两点 $x^{(1)}$、$x^{(2)}$ 及每个实数 $\lambda \in [0,1]$，都有

$$\lambda x^{(1)} + (1-\lambda) x^{(2)} \in S$$

则称 S 为凸集。$\lambda x^{(1)} + (1-\lambda) x^{(2)}$ 称为 $x^{(1)}$ 和 $x^{(2)}$ 的凸组合。

例 4-4　验证集合 $H = \{x \mid p^{\mathrm{T}} x = \alpha\}$ 为凸集，其中，p 为 n 维列向量，α 为实数。

解　由于对任意两点 $x^{(1)}$、$x^{(2)} \in H$ 及每个实数 $\lambda \in [0,1]$ 都有

$$p^{\mathrm{T}}[\lambda x^{(1)} + (1-\lambda) x^{(2)}] = \alpha$$

因此

$$\lambda x^{(1)} + (1-\lambda) x^{(2)} \in H$$

根据凸集的定义知 H 为凸集。

凸集关于加法、数乘和交运算都是封闭的，我们把这些性质表述成下列命题：

设 S_1 和 S_2 为 $\mathbb{R}^n$ 中的两个凸集，β 是实数，则①$\beta S_1 = \{\beta x \mid x \in S_1\}$ 为凸集；②$S_1 \bigcap S_2$ 为凸集；③$S_1 + S_2 = \{x^{(1)} + x^{(2)} \mid x^{(1)} \in S_1, x^{(2)} \in S_2\}$ 为凸集；④$S_1 - S_2 = \{x^{(1)} - x^{(2)} \mid x^{(1)} \in S_1, x^{(2)} \in S_2\}$ 为凸集。

3）凸函数

定义 4-2　S 为 $\mathbb{R}^n$ 中的非空集合，f 是定义在 S 上的实函数。如果对任意的 $x^{(1)}$、$x^{(2)} \in S$ 及每个数 $\lambda \in (0,1)$，都有

$$f[\lambda x^{(1)} + (1-\lambda) x^{(2)}] \leqslant \lambda f(x^{(1)}) + (1-\lambda) f(x^{(2)}) \tag{4-5}$$

则称 f 为 S 上的凸函数。

如果对任意互不相同的 $x^{(1)}$、$x^{(2)} \in S$，以及每个数 $\lambda \in (0,1)$，都有

$$f[\lambda x^{(1)} + (1-\lambda)x^{(2)}] < \lambda f(x^{(1)}) + (1-\lambda)f(x^{(2)}) \tag{4-6}$$

则称 f 为 S 上的严格凸函数。

如果 $-f$ 为 S 上的凸函数，则称 f 为 S 上的凹函数。如果 $-f$ 为 S 上的严格凸函数，则称 f 为 S 上的严格凹函数。

例 4-5　一元函数 $f(x) = |x|$ 是 $\mathbb{R}^1$ 上的凸函数。

解　对任意 $x^{(1)}$、$x^{(2)} \in \mathbb{R}^1$ 及每个数 $\lambda \in (0, 1)$，均有

$$\begin{aligned}
f[\lambda x^{(1)} + (1-\lambda)x^{(2)}] &= \left| \lambda x^{(1)} + (1-\lambda)x^{(2)} \right| \\
&\leqslant \lambda \left| x^{(1)} \right| + (1-\lambda)\left| x^{(2)} \right| \\
&= \lambda f(x^{(1)}) + (1-\lambda)f(x^{(2)})
\end{aligned}$$

因此，由凸函数的定义知，$f(x) = |x|$ 为凸函数。

定理 4-1（凸函数的一阶判定条件）　设 $S \subset \mathbb{R}^n$ 是非空的开凸集，$f(x)$ 是定义在 S 上的可微函数，则 $f(x)$ 为凸函数的充要条件是对任意两点 $x^{(1)}$、$x^{(2)} \in S$，都有

$$f(x^{(2)}) \geqslant f(x^{(1)}) + \nabla f(x^{(1)})^{\mathrm{T}}(x^{(2)} - x^{(1)}) \tag{4-7}$$

而 $f(x)$ 为严格凸函数的充要条件是对任意的互不相同的 $x^{(1)}$、$x^{(2)} \in S$，都有

$$f(x^{(2)}) > f(x^{(1)}) + \nabla f(x^{(1)})^{\mathrm{T}}(x^{(2)} - x^{(1)}) \tag{4-8}$$

定理 4-2（凸函数的二阶判定条件）　设 $S \subset \mathbb{R}^n$ 是非空的开凸集，$f(x)$ 是定义在 S 上的二次可微函数，则 $f(x)$ 为凸函数的充要条件是 f 在 S 上每一点的黑塞矩阵都是半正定的。若 f 在 S 上每一点的黑塞矩阵都是正定的，则 f 是严格凸函数。

例 4-6　给定二次函数

$$\begin{aligned}
f(x_1, x_2) &= 2x_1^2 + x_2^2 - 2x_1 x_2 + x_1 + 1 \\
&= \frac{1}{2}(x_1, x_2)\begin{bmatrix} 4 & -2 \\ -2 & 2 \end{bmatrix}\begin{bmatrix} x_1 \\ x_2 \end{bmatrix} + x_1 + 1
\end{aligned}$$

由于在每一点 (x_1, x_2) 处

$$\nabla^2 f(x) = \begin{bmatrix} 4 & -2 \\ -2 & 2 \end{bmatrix}$$

是正定的，因此 $f(x)$ 是严格凸函数。

4）凸规划

考虑下列极小化问题：

$$\begin{aligned}
\min \quad & f(x) \\
\text{s.t.} \quad & g_i(x) \geqslant 0, \quad i = 1, 2, \cdots, m \\
& h_j(x) = 0, \quad j = 1, 2, \cdots, l
\end{aligned} \tag{4-9}$$

设 $f(x)$ 是凸函数，$g_i(x)$ 是凹函数，$h_i(x)$ 是线性函数。问题的可行域是

$$S = \{x \mid g_i(x) \geqslant 0, \ i = 1, 2, \cdots, m; h_j(x) = 0, \ j = 1, 2, \cdots, l\}$$

由于 $g_i(x)$ 是凹函数，因此满足 $g_i(x) > 0$，即满足 $g_i(x) \leqslant 0$ 的点的集合是凸集。根据凸函数和凹函数的定义，线性函数 $h_j(x)$ 既是凸函数也是凹函数，因此满足 $h_j(x) = 0$ 的点的集合也是凸集。S 是 $m + l$ 个凸集的交集，因此也是凸集。这样，上述问题是求凸函数在凸集上的极小点，这类问题称为凸规划。

值得注意的是，如果 $h_j(x)$ 是非线性的凸函数，而满足 $h_j(x) = 0$ 的点的集合不是凸集，则该问题就不属于凸规划。

凸规划是非线性规划中一种重要的特殊情形，它具有很好的性质，凸规划的局部极小点就是全局极小点，且极小点的集合是凸集。如果凸规划的目标函数是严格凸函数，又存在极小点，那么它的极小点是唯一的。

按照有无约束条件，数学规划可分为有约束和无约束问题。根据目标函数和约束函数的类型，数学规划又分为线性规划和非线性规划两大类。顾名思义，线性规划的所有函数都是线性函数，非线性规划的函数全部或至少其中有一个是非线性函数。依据问题中变量是否取整数值，数学规划又可分为纯整数规划、混合整数规划和非整数规划。以下对数学规划的一些典型基本方法做简要的介绍。

4.2　典型最优化问题的基本方法

4.2.1　线性规划问题

线性规划（linear programming，LP）是运筹学中研究较早、发展较快、应用广泛、方法较成熟的一个重要分支，是研究线性约束条件下线性目标函数的极值问题的数学理论和方法。线性规划是运筹学的一个重要分支，广泛应用于军事作战、经济分析、经营管理和工程技术等方面，为合理利用有限的人力、物力、财力等资源做出最优决策，提供科学依据。

1. 线性规划的标准形式

一般线性规划问题总可以写成下列标准形式：

$$\min \sum_{j=1}^{n} c_j x_j$$

$$\text{s.t.} \sum_{j=1}^{n} a_{ij} x_j = b_i, \quad i = 1, 2, \cdots, m$$

$$x_j \geqslant 0, \qquad j = 1, 2, \cdots, n$$

或用矩阵表示：

$$\min \ cx$$
$$\text{s.t. } Ax = b \tag{4-10}$$
$$x \geqslant 0$$

式中，A 是 $m \times n$ 矩阵；c 是 n 维行向量；b 是 m 维列向量。

在线性规划中，变量的个数称为 LP 的维数，等式约束方程的数目 m 称为 LP 的阶数。满足约束方程的点称为 LP 的可行点或可行解。若某一可行解使目标函数达到最小，则称该可行解为最优可行解。目标函数达到的最小值，称为 LP 问题的值或最优值。线性规划的标准形式为求解 LP 算法的研究和软件开发提供了一个合适的平台。如果给定的数学模型不是标准形式，则可以化成标准形式。如给定问题为

$$\min \; c_1 x_1 + c_2 x_2 + \cdots + c_n x_n$$
$$\text{s.t.} \quad a_{11} x_1 + a_{12} x_2 + \cdots + a_{1n} x_n \leqslant b_1$$
$$a_{21} x_1 + a_{22} x_2 + \cdots + a_{2n} x_n \leqslant b_2$$
$$\cdots$$
$$a_{m1} x_1 + a_{m2} x_2 + \cdots + a_{mn} x_n \leqslant b_m$$
$$x_1, x_2, \cdots, x_n \geqslant 0$$

引入松弛变量 $x_{n+1}, x_{n+2}, \cdots, x_{n+m}$，就可得到下列标准形式：

$$\min \; c_1 x_1 + c_2 x_2 + \cdots + c_n x_n$$
$$\text{s.t.} \quad a_{11} x_1 + a_{12} x_2 + \cdots + a_{1n} x_n + x_{n+1} = b_1$$
$$a_{21} x_1 + a_{22} x_2 + \cdots + a_{2n} x_n + x_{n+2} = b_2$$
$$\cdots$$
$$a_{m1} x_1 + a_{m2} x_2 + \cdots + a_{mn} x_n + x_{n+m} = b_m$$
$$x_1, x_2, \cdots, x_n \geqslant 0$$

若矩阵 A 的秩为 m，设 $A = [B, N]$，其中 B 是 m 阶可逆矩阵。如果 A 的前 m 列是线性相关的，可以通过列调换，使前 m 列成为线性无关的，因此关于 B 可逆的假设不失一般性。同时记作

$$x = \begin{bmatrix} x_B \\ x_N \end{bmatrix}$$

式中，x_B 的分量与 B 中的列对应；x_N 的分量与 N 的列对应。这样，可以把 $Ax = b$ 写成

$$(B, N) \begin{bmatrix} x_B \\ x_N \end{bmatrix} = b$$

即

$$Bx_B + Nx_N = b$$

上式两端左乘 B^{-1}，并移项，得到

$$x_B = B^{-1}b - B^{-1}Nx_N$$

x_N 的分量就是线性代数中所谓的自由未知量，它们取不同的值，就会使方程

组得到不同的解。特别地，令 $x_N = 0$，则得到解

$$x = \begin{bmatrix} x_B \\ x_N \end{bmatrix} = \begin{bmatrix} B^{-1}b \\ 0 \end{bmatrix}$$

定义 4-3

$$x = \begin{bmatrix} x_B \\ x_N \end{bmatrix} = \begin{bmatrix} B^{-1}b \\ 0 \end{bmatrix}$$

称为方程组 $Ax = b$ 的一个基本解，B 称为基矩阵，简称为基。x_B 的各分量称为基变量，基变量的全体 $x_{B_1}, x_{B_2}, \cdots, x_{B_m}$ 称为一组基。x_N 的各分量称为非基变量，又若 $B^{-1}b \geqslant 0$，则称

$$x = \begin{bmatrix} x_B \\ x_N \end{bmatrix} = \begin{bmatrix} B^{-1}b \\ 0 \end{bmatrix}$$

为约束条件 $Ax = b, x \geqslant 0$ 的基本可行解。相应地，称 B 为可行基矩阵，$x_{B_1}, x_{B_2}, \cdots, x_{B_m}$ 为一组可行基。若 $B^{-1}b \geqslant 0$，即基变量的取值均为正数，则称基本可行解是非退化的，如果满足 $B^{-1}b \geqslant 0$ 且至少有一个分量是零，则称基本可行解是退化的。

定义 4-4 设 S 为凸集，$x \in S$，若对于 x 找不到 $x_1, x_2 \in S\,(x_1 \neq x_2)$，使 $x = \alpha x_1 + (1-\alpha)x_2$，$\alpha \in (0, 1)$，则称 x 为凸集 S 的极点或顶点。

定理 4-3（极点与基本可行解等价性定理） 设 $A = (a_{ij})_{m \times n}$，秩 $\mathrm{rank}(A) = m$，且 $m < n, x = (x_1, x_2, \cdots, x_n)^\mathrm{T}, b = (b_1, b_2, \cdots, b_m)^\mathrm{T}$，则向量 x 为凸集 $R = \{x \mid Ax = b, x \geqslant 0\}$ 的一个极点的充要条件是 x 为 $Ax = b, x \geqslant 0$ 的一个基本可行解。

定理 4-4（线性规划的基本定理） 设 LP 问题为

$$\left.\begin{array}{l} \min\ cx \\ \text{s.t.}\ Ax = b \\ \quad\quad x \geqslant 0 \end{array}\right\} \tag{4-11}$$

其中 $A = (a_{ij})_{m \times n}$，$\mathrm{rank}(A) = m$，且 $m < n$。

（1）若式（4-11）有可行解，则它必有基本可行解。

（2）若式（4-11）有最优可行解，则它必有最优的基本可行解。

上述定理说明，在寻求线性规划问题[式（4-11）]的最优解时，只需要研究基本可行解就行了。也就是说，如果式（4-11）有最优解，则一定在凸集 $R = \{x \mid Ax = b, x \geqslant 0\}$（可行集）的极点上达到。

推论 4-1 若由式（4-11）确定的可行集 R 是非空的，则它至少有一个极点。

推论 4-2 若式（4-11）存在有限的最优解，则至少存在一个是可行集 R 的极点的最优解。

推论 4-3 对应于式（4-11）的可行集 R 的极点个数是有限的。

2. 单纯形法

单纯形法是求解 LP 问题的一种通用的有效算法。实践证明，它不仅是求解线性规划的基本方法，而且已成为整数规划和非线性规划等某些算法的基础。

1）基本可行解的转换

由线性规划的基本定理可以知道，若线性规划（标准形式）有最优解，则必存在最优基本可行解。因此求解线性规划问题归结为找最优基本可行解，单纯形法的基本思想，就是从一个基本可行解出发，求一个使目标函数值有所改善的基本可行解；通过不断改进基本可行解，力图达到最优基本可行解。下面分析怎样实现这种基本可行解的转换。

考虑问题

$$\min f \overset{\text{def}}{=} cx$$
$$\text{s.t. } Ax = b$$
$$x \geqslant 0$$

式中，A 是 $m \times n$ 矩阵，秩为 m；c 是 n 维行向量；x 是 n 维列向量；$b \geqslant 0$ 是 m 维列向量；符号"$\overset{\text{def}}{=}$"表示右端的表达式是左端的定义式，即目标函数 f 的具体形式就是 cx，以后其他章节遇到此符号时，其含义同样适用此规定。

记

$$A = (p_1, p_2, \cdots, p_n)$$

现将 A 分解成 (B, N)（可能经列调换），其中 B 是基矩阵，N 是非基矩阵，设

$$x^{(0)} = \begin{bmatrix} B^{-1}b \\ 0 \end{bmatrix}$$

是基本可行解，在 $x^{(0)}$ 处的目标函数值为

$$f_0 = cx^{(0)} = (c_B, c_N) \begin{bmatrix} B^{-1}b \\ 0 \end{bmatrix} = c_B B^{-1}b$$

式中，c_B 是 c 中与基变量对应的分量组成的 m 维行向量；c_N 是 c 中与非基变量对应的分量组成的 $n-m$ 维行向量。

现在分析怎样从基本可行解 $x^{(0)}$ 出发，求一个改进的基本可行解。

设

$$x = \begin{bmatrix} x_B \\ x_N \end{bmatrix}$$

是任意一个可行解，则由 $Ax = b$ 得到

$$x_B = B^{-1}b - B^{-1}Nx_N$$

在点 x 处的目标函数值为

$$f = cx = \left(c_B, c_N\right)\begin{bmatrix} x_B \\ x_N \end{bmatrix}$$

$$= c_B x_B + c_N x_N$$

$$= c_B\left(B^{-1}b - B^{-1}Nx_N\right) + c_N x_N$$

$$= c_B B^{-1}b - \left(c_B B^{-1}N - c_N\right)x_N$$

$$= f_0 - \sum_{j \in R}\left(c_B B^{-1}p_j - c_j\right)x_j$$

$$= f_0 - \sum_{j \in R}\left(z_j - c_j\right)x_j \qquad (4\text{-}12)$$

其中 R 是非基变量下标集

$$z_j = c_B B^{-1}p_j$$

由式（4-12）可知，适当选取自由未知量 $x_j(j \in R)$ 的数值就有可能使

$$\sum_{j \in R}\left(z_j - c_j\right)x_j > 0$$

从而得到使目标函数值减少的新的基本可行解。为此，在原来的 $n{-}m$ 个非基变量中，使 $n{-}m{-}1$ 个变量仍然取零值，而令一个非基变量，比如 x_k 增大，即取正值，以便实现我们的目的。那么怎样确定下标 k 呢？根据式（4-12），当 $x_j(j \in R)$ 取值相同时，$z_j - c_j$（正数）越大，目标函数值下降越多，因此选择 x_k，使

$$z_k - c_k = \max_{j \in R}\left\{z_j - c_j\right\}$$

这里假设 $(z_j - c_j)x_k$ 由零变为正数后，得到方程组 $Ax = b$ 的解

$$x_B = B^{-1}b - B^{-1}p_k x_k = \overline{b} - y_k x_k$$

其中，$\overline{b}$ 和 y_k 是 m 维列向量，$\overline{b} = B^{-1}b$，$y_k = B^{-1}p_k$。把 x_B 按分量写出，即

$$x_B = \begin{bmatrix} x_{B_1} \\ x_{B_2} \\ \vdots \\ x_{B_m} \end{bmatrix} = \begin{bmatrix} \overline{b}_1 \\ \overline{b}_2 \\ \vdots \\ \overline{b}_m \end{bmatrix} - \begin{bmatrix} y_{1k} \\ y_{2k} \\ \vdots \\ y_{3k} \end{bmatrix}x_k, \qquad x_N = \left(0, \cdots, 0, x_k, 0, \cdots, 0\right)^{\mathrm{T}} \qquad (4\text{-}13)$$

再新得到的点，目标函数值是

$$f = f_0 - \left(z_k - c_k\right)x_k \qquad (4\text{-}14)$$

再来分析怎样确定 x_k 的取值。一方面，根据式（4-14），x_k 取值越大函数值下降越多；另一方面，根据式（4-13），x_k 的取值受到可行性的限制，它不能无限增大。对某个 i，当 $y_{ij} \leqslant 0$ 时，x^k 取任何正值，$x_{B_i} \geqslant 0$ 总成立，而当 $y_{ij} > 0$ 时，为保证

$$x_{B_i} = \overline{b}_i - y_{ik}x_k \geqslant 0$$

就必须取值

$$x_k \leqslant \frac{\overline{b_i}}{y_{ik}}$$

因此，为使 $x_B \geqslant 0$，应令

$$x_k = \min\left\{\frac{\overline{b_i}}{y_{ik}}\middle| y_{ik} > 0\right\} = \frac{\overline{b_r}}{y_{rk}}$$

x_k 取值 $\overline{b_r}/y_{rk}$ 后，原来的基变量 $x_{B_r} = 0$，得到新的可行解

$$x = (x_{B_1}, \cdots, x_{B_{r-1}}, 0, x_{B_{r+1}}, 0, \cdots, x_k, 0, \cdots, 0)^{\mathrm{T}}$$

这个解一定是基本可行解。这是因为原来的基

$$B = (p_{B_1}, \cdots, p_{B_r}, \cdots, p_{B_m})$$

中的 m 个列是线性无关的，其中不包含 p_k。由于 $y_k = B^{-1}p_k$，故

$$p_k = By_k = \sum_{i=1}^{m} y_{ik}p_{B_i}$$

即 p_k 是向量组 $p_{B_1}, \cdots, p_{B_r}, \cdots, p_{B_m}$ 的线性组合，且系数 $y_{rk} \neq 0$。因此用 p_k 取代 p_b 后，得到的向量组

$$p_{B_1}, \cdots, p_{B_r}, \cdots, p_{B_m}$$

也是线性无关的。因此，新的可行解 x 的正分量对应的列线性无关，故 x 为基本可行解。

经上述转换，x_k 由原来的非基变量变成基变量，而原来的基变量 x_{B_r} 变成非基变量。在新的基本可行解处，目标函数值比原来减少了 $(z_k - c_k)x_k$。重复以上步骤，可以进一步改进基本可行解，直到在式（4-12）中所有 $z_j - c_j$ 均非正数，以至任何一个非基变量取正数都不能使目标函数值减少为止。

定理 4-5　若在极小化问题中，对于某个基本可行解，所有 $z_j - c_j \leqslant 0$，则这个基本可行解是最优解；若在极大化问题中，对于某个基本可行解，所有 $z_j - c_j \geqslant 0$，则这个基本可行解是最优的，其中

$$z_j - c_j = cB^{-1}p_j - c_j, \quad j = 1, 2, \cdots, n$$

在线性规划中，通常称 $z_j - c_j$ 为判别数或检验数。

2）单纯形法的计算步骤

我们以极小化问题为例给出计算步骤。首先要给定一个初始基本可行解，设初始基为 B，然后执行下列主要步骤。

（1）解 $Bx_B = b$，求得 $x_B = B^{-1}b = \overline{b}$，令 $x_N = 0$，计算目标函数值 $f = c_B x_B$。

（2）求单纯形乘子 w，解 $wB = c_B$，得到 $w = c_B B^{-1}$。对于所有非基变量，计算判别数 $z_j - c_j = wp_j - c_j$。令

$$z_k - c_k = \max_{j \in R} \left\{ z_j - c_j \right\}$$

若 $z_k - c_k \leqslant 0$，则对于所有非基变量 $z_j - c_j \leqslant 0$，对应基变量的判别数总是零，因此停止计算，现行基本可行解是最优解。否则，进行下一步。

（3）解 $By_k = p_k$，得到 $y_k = B^{-1}p_k$，若 $y_k \leqslant 0$，即 y_k 的每个分量均非正数，则停止计算，问题不存在有限最优解。否则，进行步骤（4）。

（4）确定下标 r，使

$$\frac{\overline{b_r}}{y_{rk}} = \min \left\{ \frac{\overline{b_r}}{y_{ik}} \middle| y_{ik} > 0 \right\}$$

式中，x_{B_r} 为离基变量；x_k 为进基变量，用 p_r 替换 p_k，得到新的基矩阵 B，返回步骤（1）。单纯形法程序框图如图 4-1 所示。

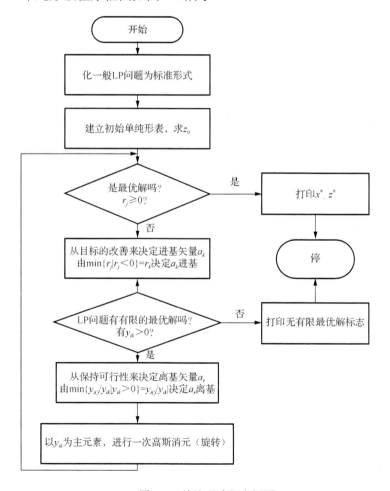

图 4-1　单纯形法程序框图

对于极大化问题，可给出完全类似的步骤，只是确定进基变量的准则不同，应令

$$z_k - c_k = \min_{j \in R}\left\{z_j - c_j\right\}$$

用单纯形法求解 LP 问题时，首先需要确定一个初始的基本可行解，才能使两个基本可行解之间的转换以及进一步的迭代进行下去。对于有的 LP 问题的初始基本可行解很容易获得，而有的初始基本可行解的获得往往很难，这时将通过引入人工变量的办法来获得这个问题的初始基本可行解。通常有如下两种处理办法。

① 大 M 法。为了获得 LP 问题的标准形式［式（4-10）］的一个初始基本可行解，可引入人工变量 $y_1, y_2, \cdots, y_m$，令 $y = (y_1, y_2, \cdots, y_m)^T$，构造另一个 LP 问题。

$$\min\ cx + M\sum_{i=1}^{m} y_i$$
$$\text{s.t.}\ \ Ax + y = b \qquad\qquad (4\text{-}15)$$
$$x, y \geqslant 0$$

式中，M 是一个充分大的正数；其余参数与式（4-10）相同。式（4-10）与式（4-15）的解之间有如下关系：设 $\begin{bmatrix} x^{(0)} \\ y^{(0)} \end{bmatrix}$ 是式（4-15）的最优解，若 $y^{(0)} = 0$，则 $x^{(0)}$ 是式（4-10）的最优解；若 $y^{(0)} \neq 0$，则式（4-10）无可行解。反之，$x^{(0)}$ 是式（4-10）的最优解，则 $\begin{bmatrix} x^{(0)} \\ 0 \end{bmatrix}$ 是式（4-15）的最优解。对于式（4-15）的初始基本可行解是极容易得到的。

② 二阶段法。设要求解的 LP 问题仍为式（4-10），引入人工变量 $y_1, y_2, \cdots, y_m$，令 $y = (y_1, y_2, \cdots, y_m)^T$，并构造一个辅助的 LP 问题：

$$\min\ \sum_{i=1}^{m} y_i$$
$$\text{s.t.}\ \ Ax + y = b \qquad\qquad (4\text{-}16)$$
$$x, y \geqslant 0$$

该问题的解与式（4-10）的解之间有如下关系：若式（4-16）的最优基本可行解为 $\begin{bmatrix} x^{(0)} \\ 0 \end{bmatrix}$，则 $x^{(0)}$ 是式（4-10）的一个基本可行解；若式（4-16）的最优解为 $\begin{bmatrix} x^{(0)} \\ y^{(0)} \end{bmatrix}$，且 $y^{(0)} \neq 0$，则式（4-10）没有可行解。对于式（4-16）的初始基本可行解也是极容易得到的。

3）改进单纯形法

由于单纯形法在每一次迭代时都需要对整个单纯形表格进行计算。因此，电

算时占用大量的内存，浪费机时。在寻求改善和解决途径中发现在应用单纯形法进行换算时，真正需要的只是下列信息。

（1）目标函数式中的各项系数。

（2）进基变量的列元素，即各个方程中进基变量的项系数。当前的基本变量及等式方程右边的常数值。

通过对以上信息的研究，将会得到一种更适用于计算机运算的高效的单纯形算法——改进单纯形法。改进单纯形法，又称修正单纯形法。顾名思义，它是对普通单纯形法的修正或改进的一种方法，基本原理与普通单纯形法相同，只是在基本可行解间的转换过程中所需要的信息可直接由原方程组得到。改进单纯形法的计算步骤如下。

（1）化一般 LP 问题为标准形式的 LP 问题：

$$\min cx, \quad x \in \mathbb{R}^n$$
$$\text{s.t.} \quad Ax = b \tag{4-17}$$
$$x \geq 0$$

式中，A 是 $m \times n$ 矩阵，秩为 m；c 是 n 维行向量；x 是 n 维列向量；$b \geq 0$ 是 m 维列向量。求得式（4-17）的一个初始基本可行解 x_0，以及与 x_0 相应的可行基 B 的逆——B^{-1}，则 $x_B = B^{-1}b = y_0 = (y_{10}, y_{20}, \cdots, y_{m0})^{\mathrm{T}}$。

（2）求单纯形乘子向量 $\pi^{\mathrm{T}} = c_B^{\mathrm{T}} B^{-1}$ 及现行的判别数 $r_j = c_j - \pi^{\mathrm{T}} a_j$，$j = 1, 2, \cdots, n$。若所有的 $r_j \geq 0$，则计算结束，现行基本可行解即为最优解；否则转入第（3）步。

（3）令 $r_k = \min\{r_j \mid r_j < 0\}$，则选 $\boldsymbol{a}_k$ 为进基矢量，计算 $y_k = B^{-1}\boldsymbol{a}_k = (y_{1k}, y_{2k}, \cdots, y_{mk})^{\mathrm{T}}$。若 $y_k \leq 0$，则 LP 问题 [式（5-27）] 没有有限的最优解，计算结束；否则转入第（4）步。

（4）由 $\min\{y_{i0} / y_{ik} \mid y_{ik} > 0\} = y_{r0} / y_{rk}$ 决定 $\boldsymbol{a}_r$ 为离基矢量，主元素为 y_{rk}，如果同时有若干个 r_i 使上式成立，则可取 $r = \max\{i \mid y_{i0} / y_{ik} = y_{r0} / y_{rk}\}$。

（5）将 m 阶单位阵的第 r 列元素用 $-y_{1k}/y_{rk}, -y_{2k}/y_{rk}, \cdots, -y_{(r-1)k}/y_{rk}, 1/y_{rk}$，$-y_{(r+1)k}/y_{rk}, \cdots, -y_{mk}/y_{rk}$ 来逐个代替，得到一个初等变换矩阵 B_{rk}^{-1}。

（6）将 B_{rk}^{-1} 修改为 $\overline{B}^{-1} = B_{rk}^{-1} B^{-1}$，$x_B$ 修改为 $\overline{x}_B = B_{rk}^{-1} x_B$ 后，返回到第（2）步。

4）对偶线性规划

设有 LP 问题为

$$\min cx$$
$$\text{s.t.} \quad Ax = b \tag{4-18}$$
$$x \geq 0$$

则式（4-18）的对偶 LP 问题定义为

$$\max\ g(\lambda) = \lambda^{\mathrm{T}} b$$
$$\text{s.t.}\quad \lambda^{\mathrm{T}} A \leqslant c^{\mathrm{T}}, \lambda \geqslant 0 \tag{4-19}$$

通常称式（4-18）为原始 LP 问题，称式（4-19）为对偶 LP 问题，简称对偶规划问题。由定义可以得出，从已知的原始问题［式（4-18）］构造对偶问题［式（4-19）］的方法是：①交换常矢量 c、b 的位置，变矢量 x 用 λ 替换；②改变约束不等式的不等号方向；③改 min 为 max；④交换 A 与变矢量的位置，并按需要做适当转置。

对偶 LP 问题是根据同样的条件和数据构成的两个不同的问题：一个是求目标函数的最小值，另一个是求目标函数的最大值。研究这两个问题解之间的关系就构成了线性规划的对偶理论。对偶单纯形法是求解 LP 问题的一种方法。它是基于对偶理论，通过对偶问题进行求解原始问题的方法。

4.2.2　无约束非线性规划问题

非线性规划（nonlinear programming，NLP）是指目标函数和约束函数中某一函数表达式是关于变量的非线性函数的这类数学规划问题。一般地说，由于这类规划问题都不能用解析方法来求得准确解，只能用数值方法逐步逼近求出近似解，因此迭代法是解决 NLP 的一种基本手段。在热能系统最优化设计中，绝大多数的规划问题都是有约束的问题。由于许多有约束 NLP 问题的算法都是通过选用一种有效的无约束 NLP 算法来实现的，因此介绍无约束 NLP 的有关计算方法是十分必要的。

无约束 NLP 问题的算法可分为两类：一类是使用导数的方法，例如，最速下降法、牛顿法、共轭梯度法等；另一类是不使用导数的直接搜索法，例如，模拟搜索法、Rosenbrock 法、单纯形搜索法和鲍威尔法等。这两类方法都具有迭代下降算法的共性。所谓迭代是指算法从一个初始估计的解点，即初始点开始，形成一系列的解点，后一解点都是由前一解点按照一定的规则计算出来的，其点列的极限就是近似最优解点。这两种方法的本质区别就在于各自的计算规则不同。所谓下降是针对求最小值的问题而言的，指点列中解点相应的目标函数值都比其前一解点的目标函数值小。

通常可以把一般的无约束 NLP 问题：

$$\min f(x), \quad x \in \mathbb{R}^n$$

最优化算法的迭代过程分为如下的 4 个步骤。

（1）选择初始点 $x^{(0)}$，令 $k = 0$。

（2）确定 $x^{(k)}$ 不是极小点后，再设法选取一个搜索方向 $d^{(k)}$，使目标函数 $f(x)$

沿 $d^{(k)}$ 是下降的。

（3）再以 $x^{(k)}$ 为顶点，$d^{(k)}$ 为方向的射线上，选取适当的步长 λ_k，使 $f(x^{(k)}+\lambda_k d^{(k)}) \leqslant f(x^{(k)})$，如此确定出下一点 $x^{(k+1)} = x^{(k)} + \lambda_k d^{(k)}$。

（4）检验新点 $x^{(k+1)}$ 是否为极小点，或者是否满足所给定的精度要求（又称结束准则）；若不满足，则令 $k = k+1$，返回第（2）步重新迭代。通常选用的结束准则为：① $\| x^{(k+1)} - x^{(k)} \| < \varepsilon$，且 $| f(x^{(k+1)}) - f(x^{(k)}) | < \varepsilon$；② $| f(x^{(k+1)}) - f(x^{(k)}) | / | f(x^{(k)}) | < \varepsilon$，且 $\| x^{(k+1)} - x^{(k)} \| / \| x^{(k)} \| < \varepsilon$；③ $\left\| \nabla f\left(x^{(k)} \right) \right\| < \varepsilon_1$。其中 $\|x^{(k)}\|$ 表示向量 $x^{(k)}$ 的欧氏范数，即 $\left\| x^{(k)} \right\| = \sqrt{\sum_{i=1}^{n} \left(x_i^{(k)} \right)^2}$；$\varepsilon > 0$ 和 $\varepsilon_1 > 0$ 为计算精度，取 $\varepsilon \in [10^{-7},\ 10^{-5}]$，$\varepsilon_1 \in [10^{-6},\ 10^{-4}]$。

1. 最优性条件

1）必要条件

为研究函数 $f(x)$ 的极值条件，首先介绍几个定理。

定理 4-6　设函数 $f(x)$ 在点 $\bar{x}$ 处可微，如果存在方向 d，使 $\nabla f\left(\bar{x}\right)^{\mathrm{T}} d < 0$，则存在 $\delta > 0$，使对每个 $\lambda \in (0, \delta)$，有 $f\left(\bar{x} + \lambda d\right) < f\left(\bar{x}\right)$。

利用上述定理可以得到局部极小点的一阶必要条件。

定理 4-7　设函数 $f(x)$ 在点 $\bar{x}$ 可微，若 $\bar{x}$ 是局部极小点，则梯度 $\nabla f\left(\bar{x}\right) < 0$。

下面利用函数 $f(x)$ 的黑塞矩阵，给出局部极小点的二阶必要条件。

定理 4-8　设函数 $f(x)$ 在点 $\bar{x}$ 处二次可微，若 $\bar{x}$ 是局部极小点，则梯度 $\nabla f\left(\bar{x}\right) = 0$，并且黑塞矩阵 $\nabla^2 f\left(\bar{x}\right)$ 半正定。

2）二阶充分条件

下面给出局部极小点的二阶充分条件。

定理 4-9　设函数 $f(x)$ 在点 $\bar{x}$ 处二次可微，若梯度 $\nabla f\left(\bar{x}\right) = 0$，且黑塞矩阵 $\nabla^2 f\left(\bar{x}\right)$ 正定，则 $\bar{x}$ 是局部极小点。

3）充要条件

前面的几个定理分别给出无约束极值的必要条件和充分条件，这些条件都不是充分必要条件，而且利用这些条件只能研究局部极小点。下面在函数是凸函数的假设下，给出全局极小点的充分必要条件。

定理 4-10　设 $f(x)$ 是定义在 $\mathbb{R}^n$ 上的可微凸函数，$\bar{x} \in \mathbb{R}^n$，则 $\bar{x}$ 为全局极小点的充分必要条件是梯度 $\nabla f\left(\bar{x}\right) = 0$。

在上述定理中，如果 $f(x)$ 是严格凸函数，则全局极小点是唯一的。

上面介绍的几个极值条件，是针对极小化问题给出的，对于极大化问题，可以给出类似的定理。

2. 一维最优化

一维最优化，又称一维搜索，在多变量的无约束 NLP 算法确定搜索步长时有大量应用。常用的算法有牛顿法、割线法和黄金分割法等几种。

1）牛顿法

牛顿法的基本思想是，在极小点附近用二阶 Taylor 多项式近似目标函数 $f(x)$，进而求出极小点的估计值。

考虑问题

$$\min f(x), \ x \in R^1 \tag{4-20}$$

令

$$\varphi(x) = f\left(x^{(k)}\right) + f'\left(x^{(k)}\right)\left(x - x^{(k)}\right) + \frac{1}{2}f''\left(x^{(k)}\right)\left(x - x^{(k)}\right)^2$$

又令

$$\varphi'(x) = f'\left(x^{(k)}\right) + f''\left(x^{(k)}\right)\left(x - x^{(k)}\right) = 0$$

得到 $\varphi(x)$ 的驻点，记作 $x^{(k+1)}$，则牛顿迭代公式为

$$x^{(k+1)} = x^{(k)} - \frac{f'\left(x^{(k)}\right)}{f''\left(x^{(k)}\right)} \tag{4-21}$$

在点 $x^{(k)}$ 附近，$f(x) \approx \varphi(x)$，因此可用函数 $\varphi(x)$ 的极小点作为目标函数 $f(x)$ 的极小点的估计。如果 $x^{(k)}$ 是 $f(x)$ 的极小点的一个估计，那么利用式（4-21）可以得到极小点的一个进一步的估计。这样，利用迭代公式（4-21）可以得到一个序列 $\{x^{(k)}\}$。可以证明，在一定条件下，这个序列收敛于式（4-20）的最优解。

2）割线法

割线法的基本思想是，用割线逼近目标函数的导函数的曲线 $y = f'(x)$，把割线的零点作为目标函数的驻点的估计。

设在点 $x^{(k)}$ 和 $x^{(k-1)}$ 处的导数分别为 $f'\left(x^{(k)}\right)$ 和 $f'\left(x^{(k-1)}\right)$。令

$$\varphi(x) = f'\left(x^{(k)}\right) + \frac{f'\left(x^{(k)}\right) - f'\left(x^{(k-1)}\right)}{x^{(k)} - x^{(k-1)}}\left(x - x^{(k)}\right) = 0$$

由此解得

$$x^{(k+1)} = x^{(k)} - \frac{x^{(k)} - x^{(k-1)}}{f'\left(x^{(k)}\right) - f'\left(x^{(k-1)}\right)}f'\left(x^{(k)}\right) \tag{4-22}$$

用式（4-22）进行迭代，得到序列 $\{x^{(k)}\}$，可以证明，在一定条件下，这个序列收敛于解。

3）黄金分割法

黄金分割法俗称 0.618 法，是以一个初始的搜索区间出发不用导数而进行直接搜索的方法。该法以 0.618 或 0.382 作为区间长度的比例因子形成新点，比较各点的目标函数值求出最小值的近似解。选用区间的长度小于某一精度要求作为结束准则。

3. 最速下降法

最速下降法的迭代公式是

$$x^{(k+1)} = x^{(k)} + \lambda_k d^{(k)}$$

式中，$d^{(k)}$ 是从 $x^{(k)}$ 出发的搜索方向，这里取在点 $x^{(k)}$ 处的最速下降方向，即

$$d^{(k)} = -\nabla f\left(x^{(k)}\right)$$

λ_k 是从 $x^{(k)}$ 出发沿方向 $d^{(k)}$ 进行一维搜索的步长，即 λ_k 满足

$$f\left(x^{(k)} + \lambda_k d^{(k)}\right) = \min_{\lambda \geq 0} f\left(x^{(k)} + \lambda d^{(k)}\right)$$

计算步骤如下。

（1）给定初点 $x^{(1)} \in \mathbb{R}^n$，允许误差 $\varepsilon > 0$，置 $k = 1$。

（2）计算搜索方向 $d^{(k)} = -\nabla f\left(x^{(k)}\right)$。

（3）若 $\left\|d^{(k)}\right\| \leq \varepsilon$，则停止计算；否则，从 $x^{(k)}$ 出发，沿 $d^{(k)}$ 进行一维搜索，求 λ_k，使

$$f\left(x^{(k)} + \lambda_k d^{(k)}\right) = \min_{\lambda \geq 0} f\left(x^{(k)} + \lambda d^{(k)}\right)$$

（4）令 $x^{(k+1)} = x^{(k)} + \lambda_k d^{(k)}$，置 $k := k+1$，转步骤（2）。

4. 阻尼牛顿法

这里只介绍阻尼牛顿法。阻尼牛顿法与牛顿法的区别在于增加了沿牛顿方向的一维搜索，其迭代公式是

$$x^{(k+1)} = x^{(k)} + \lambda_k d^{(k)}$$

其中，$d^{(k)} = -\nabla^2 f\left(x^{(k)}\right)^{-1} \nabla f\left(x^{(k)}\right)$ 为牛顿方向，λ_k 是由一维搜索得到的步长，即满足

$$f\left(x^{(k)} + \lambda_k d^{(k)}\right) = \min_{\lambda \geq 0} f\left(x^{(k)} + \lambda d^{(k)}\right)$$

阻尼牛顿法的计算步骤如下。

（1）给定初始点 $x^{(1)}$，允许误差 $\varepsilon > 0$，置 $k = 1$。

（2）计算 $\nabla f\left(x^{(k)}\right), \nabla^2 f\left(x^{(k)}\right)^{-1}$。

（3）若 $\|\nabla f\left(x^{(k)}\right)\| < \varepsilon$，则停止迭代；否则，令

$$d^{(k)} = -\nabla^2 f\left(x^{(k)}\right)^{-1} \nabla f\left(x^{(k)}\right)$$

（4）从 $x^{(k)}$ 出发，沿方向 $d^{(k)}$ 做一维搜索，

$$\min_{\lambda} f\left(x^{(k)} + \lambda d^{(k)}\right) = f\left(x^{(k)} + \lambda_k d^{(k)}\right)$$

令 $x^{(k+1)} = x^{(k)} + \lambda_k d^{(k)}$。

（5）置 $k:=k+1$，转步骤（2）。

阻尼牛顿法程序框图如图 4-2 所示。

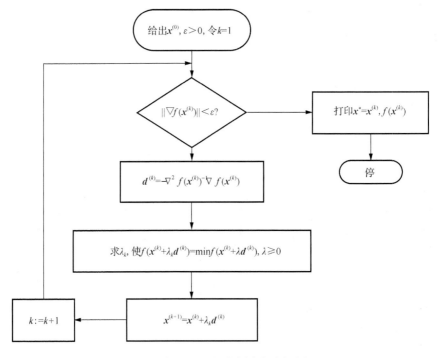

图 4-2　阻尼牛顿法程序框图

5. 共轭梯度法

共轭梯度法的基本思想是把共轭方向法与最速下降法相结合，利用已知点处的梯度构造一组共轭方向，并沿这组方向进行搜索，求出目标函数的极小点。具体计算步骤如下。

（1）给定初始点 $x^{(0)}$，精度 $\varepsilon > 0$。

（2）计算 $g_0 = \nabla f\left(x^{(0)}\right)$，令 $s^{(0)} = -g_0$，$k = 0$。

（3）求 $\min_{\lambda \geq 0} f\left(x^{(k)} + \lambda s^{(k)}\right)$ 的最优解 λ_k，计算 $x^{(k+1)} = x^{(k)} + \lambda_k s^{(k)}$，$g_{k+1} = \nabla f\left(x^{(k+1)}\right)$。

（4）若 $\left\| g_{k+1} \right\| < \varepsilon$，迭代停止，输出 $x^* = x^{(k+1)}$，否则转向（5）。

（5）若 $k < n-1$，则计算

$$\mu_{k+1} = \frac{\left\| g_{k+1} \right\|^2}{\left\| g_k \right\|^2}, \quad s^{(k+1)} = -g_{k+1} + \mu_{k+1} s^{(k)}$$

令 $k = k+1$，返回（3）；若 $k = n-1$，令 $x^{(0)} = x^{(n)}$，返回（2）。

共轭梯度法程序框图如图 4-3 所示。

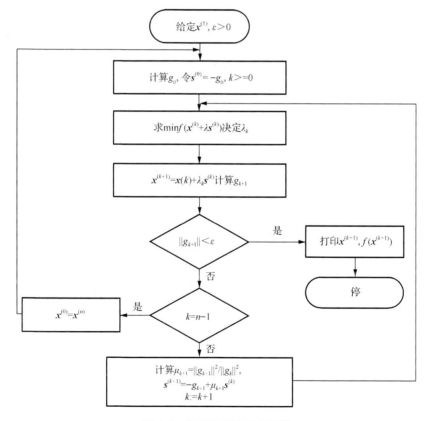

图 4-3　共轭梯度法程序框图

6. 模拟搜索法

模拟搜索法的基本思想，从几何意义上讲，是寻找具有较小函数值的"山谷"，力图使迭代产生的序列沿"山谷"走向逼近极小点。具体步骤如下。

（1）给定初始点 $x^{(1)} \in \mathbb{R}^n$，n 个坐标方向 $e_1, e_2, \cdots, e_n$，初始步长 δ，加速因子 $\alpha \geqslant 1$，缩减率 $\beta \in (0, 1)$，允许误差 $\varepsilon > 0$，置 $y^{(1)} = x^{(1)}$，$k = j = 1$。

（2）如果 $f\left(y^{(j)} + \delta e_j\right) < f\left(y^{(j)}\right)$，则令

$$y^{(j+1)} = y^{(j)} + \delta e_j$$

进行步骤（4）；否则，进行步骤（3）。

（3）如果 $f\left(y^{(j)} - \delta e_j\right) < f\left(y^{(j)}\right)$，则令

$$y^{(j+1)} = y^{(j)} - \delta e_j$$

进行步骤（4）；否则，令

$$y^{(j+1)} = y^{(j)}$$

进行步骤（4）。

（4）如果 $j < n$，则置 $j := j+1$，转步骤（2）；否则，进行步骤（5）。

（5）如果 $f\left(y^{(n+1)}\right) < f\left(x^{(k)}\right)$，则进行步骤（6）；否则，进行步骤（7）。

（6）置 $x^{(k+1)} = y^{(n+1)}$，令

$$y^{(1)} = x^{(k+1)} + \alpha\left(x^{(k+1)} - x^{(k)}\right)$$

置 $k := k+1, j = 1$，转步骤（2）。

（7）如果 $\delta \leqslant \varepsilon$，则停止迭代，得点 $x^{(k)}$；否则，置

$$\delta := \beta\delta, y^{(1)} = x^{(k)}, x^{(k+1)} = x^{(k)}$$

置 $k := k+1, j = 1$，转步骤（2）。

7. Rosenbrock 法

Rosenbrock 法俗称旋转方向法，亦称转轴直接搜索法。这种方法与模式搜索法有类似之处，也是设法顺着"山谷"求函数的极小点。具体步骤如下。

（1）给定初始点 $x^{(1)} \in \mathbb{R}^n$，单位正交方向

$$d^{(1)}, d^{(2)}, \cdots, d^{(n)}$$

一般取坐标方向，步长

$$\delta_1^{(0)}, \delta_2^{(0)}, \cdots, \delta_n^{(0)}$$

放大因子 $\alpha > 1$，缩减因子 $\beta \in (-1, 0)$ 和允许误差 $\varepsilon > 0$，置 $y^{(1)} = x^{(1)}$，

$$\delta_i = \delta_i^{(0)}, \quad i = 1, 2, \cdots, n$$

置 $k = 1$, $j = 1$。

（2）如果 $f\left(y^{(j)} + \delta_j d^{(j)}\right) < f\left(y^{(j)}\right)$，则令

$$y^{(j+1)} = y^{(j)} + \delta_j d^{(j)}$$
$$\delta_j := \beta\delta_j$$

（3）如果 $j<n$，则置 $j:=j+1$，转步骤（2）；否则，进行步骤（4）。

（4）如果 $f\left(y^{(n+1)}\right) < f\left(y^{(1)}\right)$，则令 $y^{(1)} = y^{(n+1)}$，置 $j=1$，转步骤（2）；如果 $f\left(y^{(n+1)}\right) = f\left(y^{(1)}\right)$，则进行步骤（5）。

（5）如果 $f\left(y^{(n+1)}\right) < f\left(x^{(k)}\right)$，则进行步骤（6）；否则，如果对每个 j，$\left|\delta_j\right| \leqslant \varepsilon$ 成立，则停止计算，$x^{(k)}$ 作为最优解的估计，如果不满足终止准则，则令 $y^{(1)} = y^{(n+1)}$，置 $j=1$，转步骤（2）。

（6）令 $x^{(k+1)} = y^{(n+1)}$。如果 $\left\|x^{(k+1)} - x^{(k)}\right\| \leqslant \varepsilon$，则取 $x^{(k+1)}$ 作为极小点的估计，停止计算；否则，计算 $\lambda_1, \lambda_2, \cdots, \lambda_n$，构造新的正交方向 $\bar{d}^{(1)}, \bar{d}^{(2)}, \cdots, \bar{d}^{(n)}$，并令

$$d^{(j)} = \bar{d}^{(j)}, \quad \delta_j = \delta_j^{(0)}, \quad j = 1, 2, \cdots, n$$

置 $y^{(1)} = x^{(k+1)}, k := k+1, j = 1$，返回步骤（2）。

8. 单纯形搜索法

这里介绍的单纯形搜索法是一种无约束最优化的直接方法，并不是线性规划的单纯形法。单纯形搜索法与其他直接方法相比，基本思想有所不同，在这种方法中，给定 $\mathbb{R}^n$ 中一个单纯形后，求出 $n+1$ 个顶点上的函数值，确定出最大函数值的点（称为最高点）和最小函数值的点（称为最低点），然后通过反射、扩展、压缩等方法（几种方法不一定同时使用）求出一个较好点，用它取代最高点，构成新的单纯形，或者通过向最低点收缩形成新的单纯形，用这样的方法逼近极小点。单纯形搜索法的计算步骤如下。

（1）给定初始单纯形，其顶点

$$\min f(x), \quad x \in \mathbb{R}^n$$

反射系数 $\alpha > 0$，扩展系数 $\gamma > 1$，压缩系数 $\beta \in (0,1)$，允许误差 $\varepsilon > 0$。计算函数值

$$f\left(x^{(i)}\right), \quad i = 1, 2, \cdots, n+1$$

置当前步 $k = 1$。

（2）确定最高点 $x^{(h)}$，次高点 $x^{(g)}$，最低点 $x^{(l)}(h, g, l \in \{1, 2, \cdots, n+1\})$，使

$$f\left(x^{(h)}\right) = \max\left\{f\left(x^{(1)}\right), f\left(x^{(2)}\right), \cdots, f\left(x^{(n+1)}\right)\right\}$$
$$f\left(x^{(g)}\right) = \max\left\{f\left(x^{(i)}\right) \mid x^{(i)} \neq x^{(h)}\right\}$$

$$f\left(x^{(l)}\right) = \min\left\{f\left(x^{(1)}\right), f\left(x^{(2)}\right), \cdots, f\left(x^{(n+1)}\right)\right\}$$

计算除 $x^{(h)}$ 外的 n 个点的形心 $\bar{x}$，令

$$\bar{x} = \frac{1}{n}\left[\sum_{i=1}^{n+1} x^{(i)} - x^{(h)}\right]$$

计算出 $f(\bar{x})$。

（3）进行反射，令

$$x^{(n+2)} = \bar{x} + \alpha\left(\bar{x} - x^{(h)}\right)$$

计算 $f\left(x^{(n+2)}\right)$。

（4）若 $f\left(x^{(n+2)}\right) < f\left(x^{(l)}\right)$，则进行扩展，令

$$x^{(n+3)} = \bar{x} + \gamma\left(x^{(n+3)} - \bar{x}\right)$$

计算 $f\left(x^{(n+3)}\right)$，转步骤（5）；若 $f\left(x^{(l)}\right) \leqslant f\left(x^{(n+2)}\right) \leqslant f\left(x^{(g)}\right)$，则置

$$x^{(h)} = x^{(n+2)}, \quad f\left(x^{(h)}\right) = f\left(x^{(n+2)}\right)$$

转步骤（7）；若 $f\left(x^{(n+2)}\right) > f\left(x^{(g)}\right)$，则进行压缩，令

$$f\left(x^{(h')}\right) = \min\left\{f\left(x^{(h)}\right), f\left(x^{(n+2)}\right)\right\}$$

式中，$h' \in \{h, n+2\}$。令

$$x^{(n+4)} = \bar{x} + \beta\left(x^{(h)} - \bar{x}\right)$$

计算 $f\left(x^{(n+4)}\right)$，转步骤（6）。

（5）若 $f\left(x^{(n+3)}\right) < f\left(x^{(n+2)}\right)$，则置

$$x^{(h)} = x^{(n+3)}, \quad f\left(x^{(h)}\right) = f\left(x^{(n+3)}\right)$$

转步骤（7）；否则，置

$$x^{(h)} = x^{(n+2)}, \quad f\left(x^{(h)}\right) = f\left(x^{(n+2)}\right)$$

转步骤（7）。

（6）若 $f\left(x^{(n+4)}\right) < f\left(x^{(h')}\right)$，则置

$$x^{(h)} = x^{(n+4)}, \quad f\left(x^{(h)}\right) = f\left(x^{(n+4)}\right)$$

进行步骤（7）；否则，进行收缩，令

$$x^{(i)} := x^{(i)} + \frac{1}{2}\left(x^{(l)} - x^{(i)}\right), \quad i = 1, 2, \cdots, n+1$$

计算 $f\left(x^{(i)}\right)$，$i = 1, 2, \cdots, n+1$，进行步骤（7）。

（7）检验是否满足收敛准则。若

$$\left\{\frac{1}{n+1}\sum_{i=1}^{n+1}\left[f\left(x^{(i)}\right)-f\left(\overline{x}\right)\right]^2\right\}^{\frac{1}{2}}<\varepsilon$$

则停止计算，现行最好点可作为极小点的近似；否则，置当前步 $k:=k+1$，返回步骤（2）。

单纯形搜索法程序框图如图 4-4 所示。

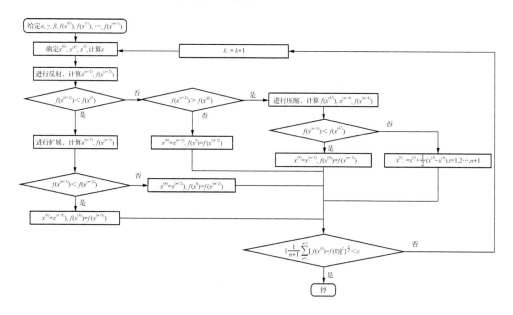

图 4-4　单纯形搜索法程序框图

9. 鲍威尔法

鲍威尔法是一种有效的直接搜索法，这种方法本质上是共轭方向法。该方法把整个计算过程分成若干个阶段，每一阶段（一轮迭代）由 $n+1$ 次一维搜索组成。在算法的每一阶段，先依次沿着已知的 n 个方向搜索，得到一个最好点，然后沿本阶段的初点和该最好点连线方向进行搜索，求得这一阶段的最好点，再用最后的搜索方向取代前 n 个方向之一，开始下一阶段的迭代。具体计算步骤如下。

（1）给定初始点 $x^{(0)}$，n 个线性无关的方向

$$d^{(1,1)},\ d^{(1,2)},\ \cdots,\ d^{(1,n)}$$

允许误差 $\varepsilon>0$，置 $k=1$。

（2）置 $x^{(k,0)}=x^{(k-1)}$，从 $x^{(k,0)}$ 出发，依次沿方向

$$d^{(k,1)},\ d^{(k,2)},\ \cdots,\ d^{(k,n)}$$

进行搜索，得到点

$$x^{(k,1)}, \ x^{(k,2)}, \ \cdots, \ x^{(k,n)}$$

再从 $x^{(k,n)}$ 出发，沿着方向

$$d^{(k,n+1)} = x^{(k,n)} - x^{(k,0)}$$

做一维搜索，得到点 $x^{(k)}$。

（3）若 $\left\| x^{(k)} - x^{(k-1)} \right\| < \varepsilon$，则停止计算，得点 $x^{(k)}$；否则，令

$$d^{(k+1,j)} = d^{(k,j+1)}, \ \ j = 1, 2, \cdots, n$$

置 $k := k+1$，返回步骤（2）。

4.2.3　有约束非线性规划问题

在热能系统的最优化设计中，从实际问题中抽象出来的数学模型多属于有约束 NLP 问题，其一般表示为

$$\min f(x), \ x \in \mathbb{R}^n$$
$$\text{s.t. } g_i(x) \geqslant 0, \ i = 1, 2, \cdots, m \tag{4-23}$$
$$h_j(x) = 0, \ j = 1, 2, \cdots, l$$

式中，$g_i(x) > 0$ 为不等式约束；$h_j(x) = 0$ 为等式约束。集合

$$S = \{x \mid g_i(x) \geqslant 0, \ i = 1, 2, \cdots, m; h_j(x) = 0, \ j = 1, 2, \cdots, l\}$$

称为可行集或可行域。

由于在约束极值问题中，自变量的取值受到限制，目标函数在无约束情况下的平稳点（驻点）很可能不在可行域内，因此一般不能用无约束极值条件处理约束问题。

1. 最优性条件

1）可行方向与下降方向

为增加直观性，首先给出最优性的几何条件，然后再给出它们的代数表示。为此引入可行方向与下降方向的概念。

首先，定义下降方向。

定义 4-5　设 $f(x)$ 是定义在 $\mathbb{R}^n$ 上的实函数，$\bar{x} \in \mathbb{R}^n$，d 是非零向量。若存在 $\delta > 0$，使对每个 $\lambda \in (0, \delta)$，都有

$$f(\bar{x} + \lambda d) < f(\bar{x})$$

则称 d 为函数 $f(x)$ 在 $\bar{x} \in \mathbb{R}^n$ 处的下降方向。

如果 $f(x)$ 是可微函数，且 $\nabla f(\bar{x})^{\mathrm{T}} d < 0$，根据定理 4-6，显然 d 为 $f(x)$ 在 x 处的下降方向。这时记作

$$F_0 = \left\{ d \mid \nabla f(\overline{x})^{\mathrm{T}} d < 0 \right\} \qquad (4\text{-}24)$$

这个集合在下面的讨论中将要用到。

下面定义可行域 S 的可行方向。

定义 4-6　设集合 $S \subset \mathbb{R}^n$，$x \in clS$，d 是非零向量，若存在 $\delta > 0$，使对每一个 $\lambda \in (0, \delta)$，都有

$$\overline{x} + \lambda d \in S$$

则称 d 为集合 S 在 $\overline{x}$ 的可行方向。其中 "cl" 表示闭包，clS 即 S 的闭包。

集合 S 在 $\overline{x}$ 处所有可行方向组成的集合：

$$D = \{ d \mid d \neq 0, \overline{x} \in clS, \exists \delta > 0, \text{使} \forall \lambda \in (0, \delta), \text{有} \overline{x} + \lambda d \in S \} \qquad (4\text{-}25)$$

称为在 $\overline{x}$ 处的可行方向锥。由可行方向和下降方向的定义可知，如果 $\overline{x}$ 是 $f(x)$ 在 S 上的局部极小点，则在 $\overline{x}$ 处的可行方向一定不是下降方向。

定理 4-11　考虑问题：

$$\min \quad f(x)$$
$$\mathrm{s.t.} \quad x \in S$$

设 S 是 $\mathbb{R}^n$ 中的非空集合，$\overline{x} \in S$，$f(x)$ 在 $\overline{x}$ 处可微。如果 $\overline{x}$ 是局部最优解，则 $F_0 \bigcap D = \varnothing$。其中 F_0 和 D 分别是由式（4-24）和式（4-25）定义。

2）一阶最优性条件

定理 4-12（最优解的一阶必要条件）　设在有约束 NLP 问题［式（4-23）］中，$\overline{x}$ 为可行点，$I = \left\{ i \mid g_i(\overline{x}) = 0 \right\}$，$f$ 和 $g_i (i \in I)$ 在点 $\overline{x}$ 可微，$g_i (i \notin I)$ 在点 $\overline{x}$ 连续，$h_j (j = 1, 2, \cdots, l)$ 在点 $\overline{x}$ 连续可微，且 $\nabla h_1(\overline{x}), \nabla h_2(\overline{x}), \cdots, \nabla h_l(\overline{x})$ 线性无关。如果 $\overline{x}$ 是局部最优解，则在 $\overline{x}$ 处，有

$$F_0 \bigcap G_0 \bigcap H_0 = \varnothing$$

下面给出一阶必要条件的代数表达。

定理 4-13（弗里茨·约翰条件）　设在问题（4-23）中，$\overline{x}$ 为可行点，$I = \left\{ i \mid g_i(\overline{x}) = 0 \right\}$，$f$ 和 $g_i (i \in I)$ 在点 $\overline{x}$ 可微，$g_i (i \notin I)$ 在点 $\overline{x}$ 连续，$h_j (j = 1, 2, \cdots, l)$ 在点 $\overline{x}$ 连续可微。如果 $\overline{x}$ 是局部最优解，则存在不全为零的数 $\omega_0, \omega_i (i \in I)$ 和 $v_j (j = 1, 2, \cdots, l)$，使

$$\omega_0 \nabla f(\overline{x}) - \sum_{i \in I} \omega_i \nabla g_i(\overline{x}) - \sum_{j=1}^{l} v_j \nabla h_j(\overline{x}) = 0; \; \omega_0, \omega_i \geqslant 0, i \in I$$

在弗里茨·约翰条件中，不排除目标函数梯度的系数 ω_0 等于零的情形。为保证 ω_0 不等于零，需给约束条件施加某种限制，从而给出一般约束问题的 K-T 必要条件。

定理 4-14（K-T 必要条件）　设在式（4-23）中，$\overline{x}$ 为可行点，$I = \left\{ i \mid g_i(\overline{x}) = 0 \right\}$，

f 和 $g_i(i \in I)$ 在点 $\overline{x}$ 可微，$g_i(i \notin I)$ 在点 $\overline{x}$ 连续，$h_j, j = 1, 2, \cdots, l$ 在点 $\overline{x}$ 连续可微，向量集 $\{\nabla g_i(\overline{x}), \nabla h_j(\overline{x}) \in i \in I, j = 1, 2, \cdots, l\}$ 线性无关。如果 $\overline{x}$ 是局部最优解，则存在 $\omega_i(i \in I)$ 和 $v_j(j = 1, 2, \cdots, l)$，使

$$\nabla f(\overline{x}) - \sum_{i \in I} \omega_i \nabla g_i(\overline{x}) - \sum_{j=1}^{l} v_j \nabla h_j(\overline{x}) = 0; \omega_0, \omega_i \geqslant 0, i \in I$$

2. 线性逼近法

利用一阶泰勒公式把目标函数和约束函数在 $x^{(k)}$ 点处展开成 LP 问题：

$$\min \qquad \overline{f}(x) = f\left(x^{(k)}\right) + \left[\nabla f\left(x^{(k)}\right)\right]^{\mathrm{T}}\left(x - x^{(k)}\right), x \in \mathbb{R}^n$$

$$\text{s.t.} \qquad \overline{h}_i(x) = h_i\left(x^{(k)}\right) + \left[\nabla h_i\left(x^{(k)}\right)\right]^{\mathrm{T}}\left(x - x^{(k)}\right) = 0, i = 1, 2, \cdots, p$$

$$\overline{g}_i(x) = g_i\left(x^{(k)}\right) + \left[\nabla g_i\left(x^{(k)}\right)\right]^{\mathrm{T}}\left(x - x^{(k)}\right) \leqslant 0, i = p+1, p+2, \cdots, m$$

解上述形式的 LP 问题，得到最优解 $x^{(k+1)}$。设计算精度 $\varepsilon > 0$，若 $\left\|x^{(k+1)} - x^{(k)}\right\| < \varepsilon$，且 $x^{(k+1)} \in S$，则取 $x^* = x^{(k+1)}$。否则，令 $x^{(k)} = x^{(k+1)}, k = k+1$，重新求解新的 LP 问题，得到一个新的最优解 $x^{(k+1)}$。如此反复，直到满足要求为止。

有时为了保持 $x^{(k+1)}$ 为可行点，需要增加约束条件

$$\left|x_j - x_j^{(k)}\right| \leqslant \delta_j^{(k)}, \quad j = 1, 2, \cdots, n$$

式中，$\delta_j^{(0)} > 0, \delta_j^{(k+1)} = \alpha \delta_j^{(k)}, j = 1, 2, \cdots, n, 0 < \alpha < 1$。

3. SUMT 法

SUMT 法是序贯无约束极小化方法（sequential unconstrained minimi-zation technique）的简称，它是把有约束 NLP 问题转化为一个或一系列无约束 NLP 问题来求解。根据转化的规则不同，该法分为外点法和内点法。

1）外点法

SUMT 外点法，也叫惩罚函数法。它构造的无约束 NLP 问题的目标函数，对破坏约束条件的点具有加倍"惩罚"的作用，而当点满足约束条件时，"惩罚"就会自动解除。

设有约束 NLP 问题：

$$\min \quad f(x), x \in \mathbb{R}^n$$
$$\text{s.t.} \quad g_i(x) \leqslant 0, i = 1, 2, \cdots, m \qquad (4\text{-}26)$$
$$h_j(x) = 0, j = 1, 2, \cdots, p$$

通过下列方法来定义问题（4-26）的惩罚函数：

$$F(x, M) = f(x) + M p(x) \qquad (4\text{-}27)$$

式中，$M > 0$ 为常数，称为惩罚因子。$p(x)$ 是定义在 $\mathbb{R}^n$ 上的函数，称为惩罚项，它满足：①$p(x)$ 是连续函数；②当且仅当 $x \in S$ 时，$p(x) = 0$，而 S 是式（4-26）的可行集，即 $S = \left\{ x \mid g_i(x) \leqslant 0, i = 1, 2, \cdots, m; h_j(x) \leqslant 0, j = 1, 2, \cdots, p; x \in \mathbb{R}^n \right\}$。

通常对等式约束的惩罚项定义为

$$\varphi_j(x) = \left[h_j(x) \right]^2, \quad j = 1, 2, \cdots, p \tag{4-28}$$

对不等式约束的惩罚项定义为

$$q_i(x) = \begin{cases} 0, & g_i(x) \leqslant 0 \\ \left(g_i(x) \right)^2, & g_i(x) > 0, i = 1, 2, \cdots, m \end{cases}$$

于是惩罚函数表示如下：

$$F(x, M) = f(x) + M \left(\sum_{i=1}^m q_i(x) + \sum_{j=1}^p \varphi_j(x) \right) \tag{4-29}$$

用 SUMT 外点法求解式（4-26）的计算步骤如下。

（1）选取 $M^{(1)} > 0$，精度 $\varepsilon > 0$，$C \geqslant 2$，初始点 $x^{(0)}$，令 $k = 1$。

（2）以 $x^{(k-1)}$ 为初始点，求解无约束 NLP 问题式（4-29），设其最优解为 $x^{(k)} = x\left(M^{(k)} \right)$。

（3）令

$$\tau_1 = \max_{1 \leqslant i \leqslant p} \left\{ \left\| h_i\left(x^k \right) \right\| \right\}$$

$$\tau_2 = \max_{1 \leqslant i \leqslant m} \left\{ g_i\left(x^{(k)} \right) \right\}$$

$$\tau = \max \left\{ \tau_1, \tau_2 \right\}$$

（4）若 $\tau < \varepsilon$，则迭代结束，取 $x^* = x^{(k)}$。否则，令 $M^{(k+1)} = CM^{(k)}$，$k = k + 1$，返回（2）。

关于惩罚因子 $M^{(k)}$ 的取法，根据计算经验可以选取 $M^{(k+1)} = CM^{(k)}$，$C \in [2, 50]$，常取 $C \in [4, 10]$。

2）内点法

SUMT 内点法，又称碰壁函数法。它适用于如下有约束 NLP 问题。

$$\begin{aligned} \min \quad & f(x), x \in \mathbb{R}^n \\ \text{s.t.} \quad & g_i(x) \leqslant 0, i = 1, 2, \cdots, m \end{aligned} \tag{4-30}$$

用 S 表示式（4-30）的可行集，S^0 表示 S 的内集，即

$$S = \left\{ x \mid g_i(x) \leqslant 0, i = 1, 2, \cdots, m \right\}$$

$$S^0 = \left\{ x \mid g_i(x) < 0, i = 1, 2, \cdots, m \right\} \neq \varnothing$$

于是，SUMT 内点法可以叙述为从一个可行点 $x^{(0)}$ 出发，在可行点之间进行迭代的一种方法。为了使迭代点始终为可行点，需要构造一个碰壁函数，它在 S 的

边界上形成一道"围墙"，以阻挡迭代点离开 S。式（4-30）的碰壁函数定义为

$$F(x, r) = f(x) + rB(x)$$

式中，$r>0$ 为碰壁因子；$B(x)$ 为定义于 S^0 的一个函数，称为碰壁项，满足如下条件：① $B(x)$ 是连续的；② $B(x) \geqslant 0$；③当 x 趋近于 S 的边界时，$B(x)$ 趋于 $+\infty$。

通常定义碰壁项为

$$B(x) = \sum_{i=1}^{m} q_i(x)$$

式中，$q_i(x) = -\left[g_i(x) \right]^{-1}$，$i = 1, 2, \cdots, m$，或者 $q_i(x) = -\ln\left(-g_i(x) \right)$，$i = 1, 2, \cdots, m$。对碰壁因子 r 要求随迭代次数逐次增加，若 r 值减小，其极限值为 0。

3）混合罚函数法

在最优设计的实际问题中，往往对最优解的可行性要求很严格，而外点法的解只能近似地满足约束条件，不是一个严格的可行解。虽然内点法没有这方面缺陷，但它又不能求解包含等式约束的优化问题，且要求初始点 $x^{(0)}$ 属于可行集内点，这一点有时相当难做到。于是人们往往将外点法和内点法结合起来使用，当初始点给定以后，按照初始点满足约束的情况构造出混合罚函数：

$$F(x, M) = f(x) - \frac{1}{M} B(x) + Mp(x)$$

然后进行迭代求解。

4. 拉格朗日乘子法

惩罚函数法的主要缺点是，当惩罚因子 M 越趋近于无穷，惩罚函数 $F(x, M)$ 的黑塞矩阵就越复杂，使无约束优化方法的计算难以进行下去，而拉格朗日乘子法克服了这个缺点。它是现行求解有约束 NLP 问题的一类重要而有效的方法。

用乘子法求解有约束 NLP 问题：

$$\min \quad f(x), \ x \in \mathbb{R}^n$$
$$\text{s.t.} \quad g_j(x) \leqslant 0, \ j = 1, 2, \cdots, p$$
$$h_i(x) = 0, \ i = 1, 2, \cdots, m$$

的计算步骤如下。

（1）选定初始点 $x^{(0)}$，初始乘子向量 $\lambda^{(1)}$ 和 $\mu^{(1)}$，计算精度 $\varepsilon > 0, c > 2\varepsilon > 0, c > 0$，令 $k = 1$。

（2）以 $x^{(k-1)}$ 为初始点，求解无约束 NLP 问题：

$$\varphi(x, \lambda, \mu) = f(x) - \sum_{i=1}^{m} \lambda_i^{(k)} h_i(x) + \frac{c}{2} \sum_{i=1}^{m} \left(h_i(x) \right)^2$$
$$+ \frac{1}{2c} \sum_{j=1}^{p} \left\{ \left[\max\left(0, \mu_j^{(k)} - c g_j(x) \right) \right]^2 - \left(\mu_j^{(k)} \right)^2 \right\}$$

（3）若 $a = \sum_{i=1}^{m}\left[h_i\left(x^{(k)}\right)\right]^2 + \sum_{j=1}^{p}\left[\min\left(g_i\left(x^{(k)}\right), \dfrac{\mu_j^{(k)}}{c}\right)\right]^2 < \varepsilon^2$，则计算结束，取

$x^* = x^{(k)}, f^* = f\left(x^{(k)}\right)$。否则，令 $\lambda_i^{(k+1)} = \lambda_i^{(k)} - ch_i\left(x^{(k)}\right)$, $i = 1, 2, \cdots, m$; $\mu_j^{(k+1)} =$

$\max\left\{0, \mu_j^{(k)} - cg\left(x^{(k)}\right)\right\}$, $j = 1, 2, \cdots, p, k = k+1$，返回步骤（2）。

5. 可行方向法

可行方向法是在给定一个可行点 $x^{(k)}$ 之后，用某种方法确定一个下降的可行方向 d_k，然后沿方向 d_k，求解一个有约束的线搜索问题，得到极小点 λ_k，令 $x^{(k+1)} = x^{(k)} + \lambda_k d_k$，如果 $x^{(k+1)}$ 仍不是最优解，则重复上述步骤。各种不同的可行方向法的主要区别就在于各自确定可行方向 d_k 的策略或规则不同。可行方向法大体可分为 3 类。

（1）用求解一个 LP 问题来确定 d_k 的一类方法，如约坦狄克可行方向法和 Topkis-Veinott 方法等。

（2）利用投影矩阵来直接构造 d_k 的一类方法，如罗森投影梯度法等。

（3）利用约化梯度，直接构造出 d_k 的一类方法，如 Wolfe 的约化梯度法等。

1）约坦狄克可行方向法

（1）线性约束 NLP 问题的算法。

设线性约束 NLP 问题：

$$
\begin{aligned}
\min \quad & f(x), x \in \mathbb{R}^n \\
\text{s.t.} \quad & Ax \leqslant b \\
& Ex = e
\end{aligned}
\tag{4-31}
$$

式中，A 为 $m \times n$ 矩阵；E 为 $l \times n$ 矩阵；$b \in \mathbb{R}^m$；$e \in \mathbb{R}^l$。设 x 是式（4-31）的一个可行点，若假定 $A_1 x = b_1, A_2 x < b_2$，其中 $A^T = \left(A_1^T, A_2^T\right), b^T = \left(b_1^T, b_2^T\right)$，则可由求解如下的 LP 问题 P_1、P_2 或 P_3 来得到下降可行方向 d。

$$
\begin{aligned}
P_1: \quad \min \quad & z = (\nabla f(x))^T d, \ d \in \mathbb{R}^n \\
\text{s.t.} \quad & A_1 d \leqslant 0, \ Ed = 0 \\
& -1 \leqslant d_j \leqslant 1, \quad j = 1, 2, \cdots, n
\end{aligned}
$$

$$
\begin{aligned}
P_2: \quad \min \quad & z = (\nabla f(x))^T d, \ d \in \mathbb{R}^n \\
\text{s.t.} \quad & A_1 d \leqslant 0, \ Ed = 0 \\
& d^T d \leqslant 1
\end{aligned}
$$

$$
\begin{aligned}
P_3: \quad \min \quad & z = (\nabla f(x))^T d, \ d \in \mathbb{R}^n \\
\text{s.t.} \quad & A_1 d \leqslant 0, \ Ed = 0 \\
& (\nabla f(x))^T d \geqslant -1
\end{aligned}
$$

于是，可以这样来表述求解线性约束 NLP 问题的约坦狄克可行方向法的计算步骤：

① 求得式（4-31）的一可行解 $x^{(1)}$，给定 $\varepsilon_1 > 0$（常取 $\varepsilon_1 \in [10^{-6}, 10^{-4}]$），令 $k = 1$。

② 对于 $x^{(k)}$，设 $A_1 x^{(k)} = b_1$，$A_2 x^{(k)} < b_2$，$A^{\mathrm{T}} = \left(A_1^{\mathrm{T}}, A_2^{\mathrm{T}}\right)$，$b^{\mathrm{T}} = \left(b_1^{\mathrm{T}}, b_2^{\mathrm{T}}\right)$，求解问题 P_1、P_2 或 P_3，得最优解 $d^{(k)}$。若 $\left| \nabla f\left(x^{(k)}\right)^{\mathrm{T}} d^{(k)} \right| < \varepsilon_1$，计算结束，取 $x^* = x^{(k)}$。否则转向③。

③ 求解线搜索问题：

$$\min_{0 \leqslant \lambda \leqslant \lambda_{\max}} f\left(x^{(k)} + \lambda d^{(k)}\right)$$

其中，$\lambda_{\max} = \begin{cases} \min\left\{ \overline{b}_i / \overline{d}_i \mid \overline{d}_i > 0 \right\}, & \overline{d} > 0 \\ +\infty, & \overline{d} \leqslant 0 \end{cases}$

且有，$\overline{b} = b_2 - A_2 x^{(k)}$，$\overline{d} = A_2 d^{(k)}$，得最优解 λ_k，令 $x^{(k+1)} = x^{(k)} + \lambda_k d^{(k)}$，$k = k + 1$，返回②。

注意，若可行点 $x^{(k)}$ 为内点，即 $A_1 = 0$，$A_2 = A$ 时，就不必去求解 P_1、P_2 或 P_3，取 $d^{(k)} = -\nabla f\left(x^{(k)}\right)$。

（2）非线性约束 NLP 问题的算法。

设非线性约束 NLP 问题：

$$\begin{aligned} \min \quad & f(x), \quad x \in \mathbb{R}^n \\ \text{s.t.} \quad & g_i(x) \leqslant 0, i = 1, 2, \cdots, m \end{aligned} \qquad (4\text{-}32)$$

利用 Topkis-Veinott 方法的求解步骤：

① 求得式（4-32）的初始可行解 $x^{(1)}$，允许误差 $\varepsilon > 0$，令 $k = 1$。

② 求解如下 LP 问题：

$$\begin{aligned} \min \quad & z \\ \text{s.t.} \quad & \nabla f\left(x^{(k)}\right)^{\mathrm{T}} d - z \leqslant 0 \\ & \nabla g_i\left(x^{(k)}\right)^{\mathrm{T}} d - z \leqslant -g_i\left(x^{(k)}\right) \\ & i = 1, 2, \cdots, m \\ & -1 \leqslant d_j \leqslant 1, \quad j = 1, 2, \cdots, n \end{aligned}$$

得最优解 $(z_k, d^{(k)})$。若 $|k| < \varepsilon$，$\overline{b} = b_2 - A_2 x^{(k)}$，$\overline{d} = A_2 d^{(k)}$，计算结束，取 $x^* = x^{(k)}$。否则转向③。

③ 令 λ_k 是下面线搜索问题：

$$\min_{0 \leqslant \lambda \leqslant \lambda_{\max}} f(x^{(k)} + \lambda d^{(k)}) g_i, \quad g_i (i \in I)$$

的最优解，其中 $\lambda_{\max} = \max\{\lambda_i \mid g_i(x^{(k)} + \lambda_i d^{(k)})\} \leqslant 0,\ i = 1, 2, \cdots, m\}$。令 $x^{(k+1)} = x^{(k)} + \lambda_k d^{(k)},\ k = k + 1$，返回②。

注意，在上面的步骤中，总是假定 $f,\ g_i(i = 1, 2, \cdots, m)$ 为连续可微函数，$\nabla g_i(x^{(k)}),\ i \in I_k = \left\{i \mid g_i(x^{(k)}) = 0\right\}$ 线性无关。

2）罗森投影梯度法

设有线性约束 NLP 问题：

$$\begin{aligned} \min\quad & f(x),\qquad x \in \mathbb{R}^n \\ \text{s.t.}\quad & Ax \leqslant b \end{aligned} \tag{4-33}$$

其中，$A = (a_{ij})_{m \times n}$。罗森投影梯度法的计算步骤简述如下。

① 选取 $x^{(1)}$ 为式（4-33）的一个初始可行点，给定计算精度 $\varepsilon > 0$，令 $k = 1$。

② 计算 $\nabla f(x^{(k)})$。设 $A = (a_1^{\mathrm{T}}, a_2^{\mathrm{T}}, \cdots, a_m^{\mathrm{T}})^{\mathrm{T}}, a_i = (a_{i1}, a_{i2}, \cdots, a_{im})^{\mathrm{T}}, i = 1, 2, \cdots, m$，则可计算 $J_k = \{j \mid a_j^{\mathrm{T}} x^{(k)} = b_j\}$。若 $\|\nabla f(x^{(k)})\| < \varepsilon$，则计算结束，取 $x^* = x^{(k)}$。否则，若 J_k 为空集，令 $P = I$（单位阵）；若 J_k 为非空集，令 $P = 1 - M_k^{\mathrm{T}}(M_k M_k^{\mathrm{T}})^{-1} M_k$，其中，$M_k = A_1$，而 $A_1 x^{(k)} = b_1, A_2 x^{(k)} < b_2, (A_1^{\mathrm{T}}, A_2^{\mathrm{T}}) = A^{\mathrm{T}}$。

③ 若 $P\nabla f(x^{(k)}) \neq 0$，令 $d^{(k)} = -P\nabla f(x(k))$，转向④。若 $P\nabla f(x^{(k)}) = 0$，令

$$w = -\left(M_k M_k^{\mathrm{T}}\right)^{-1} M_k \nabla f(x^{(k)})$$

若 $w \geqslant 0$，则计算结束，取 $x^* = x^{(k)}$；若 w 有至少一个分量 $w_j < 0$，则把 M_k 中与 w_j 相对应的第 j 行去掉得到新的矩阵为 $\bar{M}_k$，令 $\bar{P} = I - \bar{M}_k^{\mathrm{T}}(M_k \bar{M}_k^{\mathrm{T}})^{-1} \bar{M}_k$，$d^{(k)} = -\bar{P}\nabla f(x^{(k)})$，转到④。

④ 计算

$$\lambda_{\max} = \begin{cases} \min\left\{\dfrac{b_i - a_i^{\mathrm{T}} x^{(k)}}{a_i^{\mathrm{T}} d^{(k)}}\right\}, & i \in J_k,\ a_i^{\mathrm{T}} d^{(k)} > 0 \\ +\infty, & \text{对任意}i,\ a_i^{\mathrm{T}} d^{(k)} \leqslant 0 \end{cases}$$

求得线搜索问题 $\min\limits_{0 \leqslant \lambda \leqslant \lambda_{\max}} f(x^{(k)} + \lambda d^{(k)})$ 的解 λ_k，令 $x^{(k+1)} = x^{(k)} + \lambda_k d^{(k)}$，$k = k + 1$，返回②。

3）约化梯度法

约化梯度法是比较优秀的算法之一。它在计算过程中利用约束条件将所要求解问题中的某些变量用一组独立变量来表示，从而使问题的维数降低，并且利用约化梯度，直接构造出一个改进的可行方向 d，然后沿此方向进行线搜索求得新点，逐步逼近最优解。由于该法内容庞杂，计算烦琐，这里就不做过多介绍，有兴趣者请查阅相关资料。

6. 复合形法

复合形法是对所要优化的有约束 NLP 问题不预先做转换的直接求解的算法之一。它与无约束 NLP 问题的单纯形法相似，只是迭代的凸集是由若干个单纯形组成的，故称为复形。其求解的有约束 NLP 问题形式为

$$\left.\begin{aligned}
\min \quad & f(x),\ x \in E^n \\
\text{s.t.} \quad & g_i(x) \leqslant 0,\ i = 1, 2, \cdots, n \\
& a_j \leqslant x_j \leqslant b_j,\ j = 1, 2, \cdots, n
\end{aligned}\right\} \tag{4-34}$$

计算步骤如下。

（1）在式（4-34）可行域 $\mathbb{R}$ 中随机选取 k（$k \geqslant n+1$，一般 $k = 2n$）个顶点 $x^{(i)}(i = 1, 2, \cdots, k)$ 构成复形，选定计算精度 $\varepsilon_1 > 0$，$\varepsilon_2 > 0$。

（2）计算 $f(x^{(i)})(i = 1, 2, \cdots, k)$，并找出其中的最坏点 $x^{(h)}$，即 $f(x^{(h)}) = \max\limits_{1 \leqslant i \leqslant k} f(x^{(i)})$。计算除 $x^{(h)}$ 外其余各点的中心点 $x^{(c)}$，即 $x^{(c)} = \dfrac{1}{k-1}\left(\sum\limits_{i=1}^{k} x^{(i)} - x^{(h)}\right)$。选取 $\alpha \geqslant 1$（常取 $\alpha = 1.3$），若 $\alpha\left\|x^{(c)} - x^{(h)}\right\| < \varepsilon_2$，则计算结束，取 $x^* = x^{(L)}[f(x^{(L)}) = \min\limits_{1 \leqslant i \leqslant k} f(x^{(i)})]$。否则转向（3）。

（3）做 $x^{(h)}$ 关于 $x^{(c)}$ 的 α 倍反射点 $x^{(\alpha)}$，即

$$x^{(\alpha)} = x^{(c)} + \alpha(x^{(c)} - x^{(h)})$$

若 $x^{(\alpha)} \in \mathbb{R}$，转向（4）。否则，令 $\alpha = \alpha/2$，转回（3）。

（4）若 $f(x^{(\alpha)}) < f(x^{(h)})$，用 $x^{(\alpha)}$ 代替 $x^{(h)}$，转回（2）。否则，令 $\alpha = \alpha/2$，转回（3）。

如果上述步骤中，$\alpha < \varepsilon$，则放弃从最坏点出发的反射，改用次坏点来反射重新进行上述过程。次坏点就是除去最坏点 $x^{(h)}$ 以外的最坏点。另外，应该说明的是，上述第（2）步中的停机准则 $\alpha\left\|x^{(c)} - x^{(h)}\right\| < \varepsilon_2$，当最优点 x^* 为 $\mathbb{R}$ 的边界点时较适用，而当 x^* 为的内点时，在第（4）步前采用 $\dfrac{1}{k}\sum\limits_{j=1}^{k}\left[f(x^{(\alpha)}) - f(x^{(j)})\right]^2 < \varepsilon_3$ 为计算结束准则较为合适。

4.2.4 整数规划问题

在现实生活中，人们常常会遇到一类重要的优化问题：在等式（或不等式）的线性约束下，极大化（或极小化）某个线性函数，其中要求某些变量必须取整数。这类问题通常称为线性（混合）整数规划问题。此外，如果某些约束函数或者目标函数是非线性的，那么相应的问题称为非线性（混合）整数规划问题。在本部分，主要讨论线性（混合）整数规划的典型解法。

一般地，线性整数规划 P_0 可表示为

$$P_0: \quad \min \quad cx$$
$$\text{s.t.} \quad Ax \leqslant b$$
$$x \geqslant 0, \ x_j \text{为整数}, \ \forall j \in I_N$$

式中，A 为 $m \times n$ 矩阵；c 为 n 维行向量；b 是 m 维列向量。

1. 分支定界法

分支定界法是求解整数规划广泛使用的一种方法，计算过程涉及三个基本概念。

1）松弛

将线性整数规划 P_0 去掉整数性约束，得到线性规划：

$$\overline{P}_0: \quad \min \quad cx$$
$$\text{s.t.} \quad Ax \leqslant b$$
$$x \geqslant 0$$

称 $\overline{P}_0$ 为整数规划 P_0 的松弛问题。整数规划 P_0 与它的松弛问题 $\overline{P}_0$ 之间有下列关系：①若 $\overline{P}_0$ 没有可行解，则 P_0 无可行解；②$\overline{P}_0$ 的最小值给出 P_0 的最小值的下界 F_l；③若 $\overline{P}_0$ 的最优解是 P_0 的可行解，则也是 P_0 的最优解。

2）分解

设整数规划 P_0 的可行集为 $S(P_0)$，子问题 $P_1, P_2, \cdots, P_k$ 的可行集分别为 $S(P_1), S(P_2), \cdots, S(P_k)$，每个子问题都与 P_0 有相同的目标函数，满足条件 $\bigcup_{i=1}^{k} S(P_i) = S(P_0)$ 及 $S(P_i) \bigcap S(P_j) = \varnothing, \forall i \neq j$，则将整数规划 P_0 分解成子问题 $P_1, P_2, \cdots, P_k$ 之和。

下面给出一种分解方法：

设松弛问题 $\overline{P}_0$ 的最优解不满足 P_0 中的整数性要求。任选一个不满足整数性要求的变量 x_j，设其取值为 $\overline{b}_j$，用 $[\overline{b}_j]$ 表示小于 $\overline{b}_j$ 的最大整数，将约束 $x_j \leqslant [\overline{b}_j]$ 和 $x_j \geqslant [\overline{b}_j] + 1$ 分别置于问题 P_0 中，并将 P_0 分解成下列两个子问题：

$$P_1: \quad \min \quad cx$$
$$\text{s.t.} \quad Ax \leqslant b$$
$$x_j \leqslant [\overline{b}_j]$$
$$x \geqslant 0, \ x_j \text{为整数}, \ \forall j \in I_N$$

和

$$P_2: \quad \min \quad cx$$
$$\text{s.t.} \quad Ax \leqslant b$$
$$x_j \geqslant [\bar{b}_j] + 1$$
$$x \geqslant 0, \ x_j 为整数, \ \forall j \in I_N$$

3）探测

设整数规划 P_0 已分解成 $P_1, P_2, \cdots, P_k$ 之和，各自的松弛问题分别记作 $\bar{P}_1, \bar{P}_2, \cdots, \bar{P}_k$，又知 P_0 的一个可行解 $\bar{x}$，则有下列探测结果（$i \neq 0$）：

① 若松弛问题 $\bar{P}_i$ 没有可行解，则探明相应的子问题 P_i 没有可行解，可将 P_i 删去。

② 若松弛问题 $\bar{P}_i$ 的最小值不小于 $c\bar{x}$，则探明子问题 P_i 没有比 $\bar{x}$ 更好的可行解，因此可以删去。

③ 若松弛问题 $\bar{P}_i$ 的最优解是 P_i 的可行解，则也是 P_i 的最优解。因此，在之后的分解或探测中，子问题 P_i 不必再考虑。若 P_i 的最优值 $cx^{(i)} < c\bar{x}$，则令 $c\bar{x} = cx^{(i)}$，即将 P_i 的最优值 $cx^{(i)}$ 作为 P_0 的最优值的一个新的上界。

如果各个松弛问题 $\bar{P}_i$ 的最小值均不小于问题 P_0 最优值的已知上界，则整数规划 P_0 达到最优解。

用分支定界法求解问题 P_0 时，首先要给定一个最优值上界 $c\bar{x}$，如果还未求出 P_0 的一个可行解 $\bar{x}$，可令目标函数值的上界 $c\bar{x} = +\infty$。然后将 P_0 分解成若干个子问题，并按一定顺序，依次用单纯形法求解各个松弛子问题，确定子问题目标函数值的下界，根据计算结果，决定现行子问题是否做进一步分解，并逐步更新 P_0 的最优值的上界，使之越来越小。这个过程进行到所有需要探测的子问题均已探明，得出了 P_0 的最优解或得到无界的结论。在列出具体步骤之前，先约定一些符号。令 F_u 为整数规划 P_0 最优值的上界，$S(P_0)$，$S(P_i)(i \neq 0)$ 同前面规定，$S(\bar{P}_i)$ 为松弛线性规划 $\bar{P}_i$ 的可行集，$\bar{x}$ 为 $S(P_0)$ 的可行解，NF 为待探测问题 P_i 的下标集。

计算步骤如下。

（1）置 NF = {0}，$\bar{x} = \varnothing$，$F_u = +\infty$。

（2）选择下标 $k \in$ NF，用单纯形法解松弛问题 $\bar{P}_k$。设最优解为 $x^{(k)}$，最优值为 f_k（f_k 是子问题 P_k 的最优值的下界）；如果不存在最优解，则置 $f_k = +\infty$。

（3）若 $f_k = +\infty$，则置 NF := NF \ {k}，转步骤（7）；否则执行步骤（4）。

（4）若 $f_k \geqslant F_u$，则置 NF := NF \ {k}，转步骤（7）；否则执行步骤（5）。

（5）若 $f_k < F_u, x^{(k)} \in S(P_0)$，则置 $F_1 = f_k$，$\bar{x} = x^{(k)}$，NF := NF \ {k}，转步骤（7）；否则执行步骤（6）。

（6）若 $f_k < F_{ul}$，$x^{(k)} \notin S(P_0)$，则将 $S(P_k)$ 分解成两个子集 $S(P_{k_1})$ 和 $S(P_{k_2})$。置 $\text{NF} := (\text{NF} \setminus \{k\}) \bigcup \{k_1, k_2\}$，转步骤（2）。

（7）若 $\text{NF} \neq \varnothing$，则转步骤（2）。若 $\text{NF} = \varnothing$，则终止，$\overline{x}$ 为 P_0 的最优解，F_u 为最优值，如果 $\overline{x} = \varnothing$，则 P_0 不存在最优解。

2. 割平面法

割平面法的基本思想是，首先求解整数规划的线性松弛问题，如果得到的最优解满足整数要求，则为整数规划的最优解；否则，选择一个不满足整数要求的基变量，定义一个新约束，增加到原来的约束集中。这个约束的作用是，切掉一部分不满足整数要求的可行解，缩小可行域，而保留全部整数可行解。然后，解新的松弛线性规划。重复以上过程，直至求出整数最优解。在这种方法中，关键是如何定义切割约束，下面给予简要介绍。

考虑整数规划为

$$\begin{aligned} &\min \ cx \\ &\text{s.t.} \ Ax = b \\ &x \geq 0, \ x\text{的分量为整数} \end{aligned} \tag{4-35}$$

松弛问题为

$$\begin{aligned} &\min \ cx \\ &\text{s.t.} \ Ax = b \\ &x \geq 0 \end{aligned} \tag{4-36}$$

式中，$A = (p_1, p_2, \cdots, p_n)$ 为 $m \times n$ 矩阵；p_j 是 A 的第 j 列。假设式（4-36）的最优基为 B，最优解：

$$x^* = \begin{bmatrix} x_B \\ x_N \end{bmatrix} = \begin{bmatrix} B^{-1}b \\ 0 \end{bmatrix} = \begin{bmatrix} \overline{b} \\ 0 \end{bmatrix} \geq 0$$

若 x^* 的分量均为整数，则 x^* 是整数规划式（4-35）的最优解；否则选择一个不满足整数要求的基变量，比如 x_B，用包含这个基变量的约束方程（称为源约束）定义切割约束，方法如下：

假设含有 x_B 的约束方程为

$$x_{B_i} + \sum_{j \in R} y_{ij} x_j = \overline{b_i} \tag{4-37}$$

其中 R 为非基变量下标集，y_{ij} 是 $B^{-1}p_j$ 的第 i 个分量，$\overline{b_i}$ 是 $\overline{b}$ 的第 i 个分量。记作

$$y_{ij} = [y_{ij}] + f_{ij}, \quad j \in R$$
$$\overline{b_i} = [\overline{b_i}] + f_i$$

式中，$[y_{ij}]$ 是不大于 y_{ij} 的最大整数；$[\bar{b}_i]$ 是不大于 $\bar{b}_i$ 的最大整数；f_{ij} 和 f_i 是相应的小数部分。式（4-37）写作

$$x_{B_i} + \sum_{j \in R} [y_{ij}] x_j - [\bar{b}_i] = f_i - \sum_{j \in R} f_{ij} x_j \tag{4-38}$$

由于 $0 < f_i < 1, 0 \leqslant f_{ij} < 1, x_j \geqslant 0$，由式（4-38）得到

$$f_i - \sum_{j \in R} f_{ij} x_j < 1$$

对于任意的整数可行解，由于式（4-38）左端为整数，则右端为小于 1 的整数，得到整数解的必要条件为

$$f_i - \sum_{j \in R} f_{ij} x_j \leqslant 0 \tag{4-39}$$

将上式作为切割条件，增加到式（4-36）的约束中，得到线性规划：

$$\begin{aligned} \min \quad & cx \\ \text{s.t.} \quad & Ax = b \\ & f_i - \sum_{j \in R} f_{ij} x_j \leqslant 0 \\ & x \geqslant 0 \end{aligned} \tag{4-40}$$

再用对偶单纯形法求解。

易知原来的非整数最优解 $x^* = \begin{bmatrix} B^{-1}b \\ 0 \end{bmatrix}$ 必不是式（4-40）的可行解；否则，由于 $x_j = 0, \forall j \in R$ 以及 $f_i > 0$，必然得到式（4-39）的左端大于 0，这与条件相矛盾。因此，式（4-39）切掉非整数最优解。另外，式（4-39）的引入并不切掉整数可行解。对于任何整数可行解，代入式（4-38），左端为整数，因此右端也为整数，必满足式（4-39）。

4.2.5 多目标规划问题

多目标规划（multi-objective programming，MOP）问题是在变量满足给定约束的条件下，研究多个可数值化的目标函数同时极小化（或者同时极大化）的问题。

一般地，MOP 问题可以描述成如下形式：

$$\min f(x) = \left(f_1(x), f_2(x), \cdots, f_p(x) \right)^{\mathrm{T}} \tag{4-41}$$

$$\text{s.t.} \quad g_i(x) \geqslant 0, i \in \Gamma \tag{4-42}$$

$$h_j(x) = 0, j \in \varepsilon \tag{4-43}$$

式中，$x \in \mathbb{R}^n$ 为决策变量；$g_i(x)$ 和 $h_j(x)$ 都是约束函数；Γ 和 ε 分别是不等式和等式约束指标集；对于 $p \geqslant 2$，$f(x)$ 是由 p 个目标函数 $f_i: \mathbb{R}^n \to R$ 组成的，称为向

量值目标函数。记 MOP 问题的变量可行域为

$$S = \{x \in \mathbb{R}^n \mid x \text{ 满足式（4-41）} \sim \text{式（4-43）}\}$$

把 S 的像集 $Z = f(S)$ 称为目标可行域，Z 中的元素 $z = f(x)$ 称为目标向量，其中分量 $z_i = f_i(x)$ 是第 i 个目标值。

如果不指明约束函数的具体形式，那么 MOP 问题可以简记为

$$V \to \min_{x \in S} f(x)$$

若每个目标函数 $f_i(x)(i = 1, 2, \cdots, p)$ 都是凸函数，并且可行域 S 是凸集，则 MOP 问题为多目标凸规划问题。此外，在实际应用中，可能会遇到如下几种情形：①对所有的目标求最大（或者最小）；②对一部分目标求最大，其余的目标求最小；③对一部分目标求最大，一部分目标求最小，其余的目标需要限制在一定范围内。无论出现哪种情形，它们都可以转化成 MOP 问题。

1. 帕累托最优解

在最优化领域，最优性是一个比较重要的概念。对于单目标优化（SP）问题而言，人们比较关注决策变量的空间（变量可行域），而对于多目标规划问题，人们关注的焦点是目标向量的空间（目标可行域）。由于多目标函数的值域（目标可行域）通常是一个向量集，所以 MOP 问题的解的概念通常与向量集的有效点的概念有比较密切的联系。

在讨论向量集的有效点之前，约定如下记号：对于任意两个向量 $x = (x_1, x_2, \cdots, x_n)^{\mathrm{T}}$，$y = (y_1, y_2, \cdots, y_n)^{\mathrm{T}}$，令

$$x = y \Leftrightarrow x_i = y_i, i = 1, 2, \cdots, n$$
$$x < y \Leftrightarrow x_i < y_i, i = 1, 2, \cdots, n$$

但是，存在某个 j，使 $x_i < y_i$；

$$x > y \Leftrightarrow y - x \prec 0$$
$$x \leqslant y \Leftrightarrow x_i \leqslant y_i, i = 1, 2, \cdots, n$$
$$x < y \Leftrightarrow x_i < y_i, i = 1, 2, \cdots, n$$

定义 4-7　给定一个向量集 $X \subset \mathbb{R}^n$，对于点 $x^0 \in X$，若 $\forall x \in X$，有 $x^0 \leqslant x$，则称 x^0 是 X 的绝对最小点（绝对最小向量）。若不存在 $x \in X$，使 $x \prec x^0 (x < x^0)$，则称 x^0 是 X 的有效点（弱有效点）。

集合 X 的所有绝对最小点、有效点和弱有效点的集合分别记为 E_a、E_p 和 E_{wp}。

在上面的定义中，（弱）有效点也称为（弱）最小向量。同理，可以定义绝对最大向量、最大向量和弱最大向量。

定义 4-8　给定一个可行点 $x^* \in S$，若 $\forall x \in S$，有 $f(x^*) \leqslant f(x)$，则称 x^* 为 MOP 问题的绝对最优解（绝对最小解）。若不存在 $x \in S$，使 $f(x) \prec f(x^*) \left(f(x) < f(x^*) \right)$，

则称 x^* 为 MOP 问题的有效解（弱有效解）。

MOP 问题的有效解通常也称为帕累托最优解。在本部分，将 MOP 问题的绝对最优解、有效解、弱有效解的集合分别记为 S_a、S_p 和 S_{wp}。

根据定义 4-8 可知，MOP 问题的（弱）有效解与其目标可行域的（弱）有效点之间有紧密联系。

2. 最优性条件

借鉴单目标优化中讨论最优性条件的方法，我们可以类似地建立起 MOP 问题的最优性条件。

首先，我们定义 MOP 问题的拉格朗日函数如下：

$$L(x, \beta, \lambda, \mu) = \beta^{\mathrm{T}} f(x) - \lambda^{\mathrm{T}} g(x) - \mu^{\mathrm{T}} h(x)$$

式中，$\beta \in R^p$；$\lambda \in R^{|\Gamma|}$；$\mu \in R^{|\varepsilon|}$。

定理 4-15（弗里茨·约翰必要条件）　假设向量值函数 f、g、h 在 $x^* \in S$ 处可微，若 x^* 是 MOP 问题的有效解或弱有效解，则存在向量 $\beta \in R_+^p, \lambda \in R_+^{|\Gamma|}, \mu \in R^{|\varepsilon|}$，使 $(\beta, \lambda, \mu) \neq 0$，并且

$$\nabla_x L\left(x^*, \beta, \lambda, \mu\right) = \nabla f\left(x^*\right)\beta - \nabla g\left(x^*\right)\lambda - \nabla h\left(x^*\right)\mu = 0 \qquad (4\text{-}44)$$

$$\lambda^{\mathrm{T}} g\left(x^*\right) = 0 \qquad (4\text{-}45)$$

式中，∇f、∇g、∇h 分别表示向量值函数 f、g、h 在相应点的梯度矩阵（雅可比矩阵的转置）。

定理 4-16（卡罗需-库恩-塔克必要条件）　假设向量值函数 f、g、h 在 $x^* \in S$ 处可微，若 x^* 是 MOP 问题的有效解或弱有效解，并且在 x^* 点库恩-塔克约束规格 $\mathrm{LFD}\left(x^*, S\right) = \mathrm{SFD}\left(x^*, S\right)$ 成立，则存在非零向量 $\beta \in R_+^p$ 以及 $\lambda \in R_+^{|\Gamma|}, \mu \in R^{|\varepsilon|}$，并且满足式（4-44）～式（4-45）。

定理 4-17（卡罗需-库恩-塔克充分条件）　假设向量值函数 f、$-g$ 是凸函数，在 $x^* \in S$ 处可微，并且 h 是线性函数。若存在非零向量 $\beta \in R_+^p, \lambda \in R^{|\Gamma|}, \mu \in R^{|\varepsilon|}$，满足式（4-44）～式（4-45），则 x^* 是 MOP 问题的弱有效解。特别地，当 $\beta > 0$ 时，x^* 是 MOP 问题的有效解。

3. MOP 问题的解法

MOP 问题的直接解法，通常是寻找它的整个最优解集（帕累托有效解集）。除了特殊情况，计算所有的最优解是比较困难的，因为人们证明、确定整个有效解集的问题是困难的，因此对直接解法的研究结果在文献中比较少。本部分只介绍一些间接求解多 MOP 问题的方法，这些方法的共同特点是将 MOP 问题转化为一个或多个单目标优化问题，然后通过求解单目标优化问题得到 MOP 问题的

一个或多个最优解。一般地，并不要求 MOP 问题的间接解法给出问题的所有最优解。

1）基于一个单目标问题的方法

这类方法的基本思想如下：首先，将原来的 MOP 问题转化成一个单目标优化问题；其次，利用非线性优化算法求解该单目标问题，把所求得的最优解作为 MOP 问题的最优解。基于一个单目标优化问题的方法的核心在于，保证所构造的单目标问题的最优解是 MOP 问题的有效解或者弱有效解。

（1）线性加权和法。线性加权和法是根据 p 个目标函数 f_i 的重要程度，分别赋予一定的权系数 λ_i，然后将所有的目标函数加权和作为新的目标函数，在 MOP 问题的可行域 S 上求出新目标函数的最优值。具体地说，考虑如下单目标优化问题：

$$\min \quad \lambda^{\mathrm{T}} f(x) = \sum_j \lambda_j f_j(x)$$

$$\text{s.t.} \quad x \in S = \left\{ x \in \mathbb{R}^n \mid g(x) \geqslant 0, h(x) = 0 \right\}$$

式中，f、g、h 都是向量值函数，我们把问题(SP_λ)的最优解称为 MOP 问题在线性加权和意义下的最优解。权向量 λ 通常取自

$$\Lambda_+ = \left\{ \lambda \mid \lambda \succ 0, \ \sum_j \lambda_j = 1 \right\}$$

或者

$$\Lambda_{++} = \left\{ \lambda \mid \lambda > 0, \ \sum_j \lambda_j = 1 \right\}$$

定理 4-18　对于任意 $\lambda \in \Lambda_+$（Λ_{++}），单目标优化问题(SP_λ)的最优解必是 MOP 问题的弱有效解（有效解）。

定理 4-19　若 MOP 问题是一个多目标凸规划问题，则对于 MOP 问题的任一个弱有效解（或有效解）x^*，必存在一个 $\lambda \in \Lambda_+$，使 x^* 为单目标优化问题(SP_λ)的最优解。

（2）主要目标法。对于多目标优化问题，主要目标法是根据实际情况，首先确定一个目标函数为主要目标，比如，假设 $f_1(x)$ 为主要目标，而把其余的 $p-1$ 个目标函数 $f_i(x)$ 作为次要目标，然后，借助于决策者的经验，通过选定一定的界限值 $u_j(j = 2, 3, \cdots, p)$，把次要目标转化为约束条件，通过求解如下的单目标优化问题：

$$\min \quad f_1(x)$$

$$\text{s.t.} \quad x \in \tilde{S} = \left\{ x \in S \mid f_j(x) \leqslant u_j, \ j = 2, 3, \cdots, p \right\}$$

获得 MOP 问题的最优解。

对于单目标优化问题，若上界 u_j 设定得比较小，则 $\tilde{S}$ 可能是空集。即使 $\tilde{S}$ 不是空集，由于它可能不包含 $f_1(x)$ 在 S 中的最优解，一般地，我们可以参考 $\min\limits_{x\in S} f_j(x)$ 来选择上界 $u_j(j=2,3,\cdots,p)$。当然，也可以先求出一个可行点 $x^0\in S$，然后令 $u_j = f_j\left(x^0\right)(j=2,3,\cdots,p)$。

定理 4-20 单目标优化问题的最优解都是 MOP 问题的弱有效解。

（3）极小化极大算法。极小化极大算法的基本思想是，在目标函数 $f(x)$ 的 p 个分量中，极小化 $f(x)$ 的最大分量，即求解如下形式的单目标优化问题：

$$\lim_{x\in S}\max_{1\leqslant j\leqslant p} f_j(x)$$

将该问题的最优解作为 MOP 问题的弱有效解。一般地，可以引入目标函数的权向量 $\lambda\in\Lambda_+$（或者 $\lambda\in\Lambda_{++}$），考虑单目标优化问题：

$$\min_{x\in S}\max_{1\leqslant j\leqslant p} \lambda_j f_j(x)$$

把 P_λ 的最优解称为 MOP 问题在极小化极大意义下的最优解。

定理 4-21 对于任意 $\lambda\in\Lambda_{++}$，单目标优化问题的最优解必是 MOP 问题的弱有效解。

（4）理想点法。理想点法的基本思想是，对于每个目标函数 $f_j(x)$，事先确定一个目的值 f_j^0，其中 $f_j^0\leqslant\min\limits_{x\in S} f_j(x)(j=1,2,\cdots,p)$，记理想点为 $f^0=\left(f_1^0,f_2^0,\cdots,f_p^0\right)^{\mathrm{T}}$；然后，求解单目标优化问题。

$$\min_{x\in S}\left\|f(x)-f^0\right\|_\alpha$$

并且将（$P(\alpha)$）的最优解作为 MOP 问题的（弱）有效解，其中，$\|\cdot\|_\alpha$ 表示向量的某种范数。通常用到以下几种形式的范数：

① 将范数 $\|\cdot\|_\alpha$ 取为欧氏范数 $\|\cdot\|_2$（相应的方法为基于最短距离的理想点法）。

定理 4-22 对于 $\alpha\geqslant 1$，单目标优化问题（$P(\alpha)$）的最优解必是 MOP 问题的有效解。

② 给定某个权向量 $\lambda\in\Lambda_+$，将范数 $\|\cdot\|_\alpha$ 取为 $\left[\sum\limits_j \lambda_j(f_j(x)-f_j^0)^2\right]^{\frac{1}{2}}$ $X\subset\mathbb{R}^n$（相应的方法为基于加权平方和的理想点法）。事实上，我们可以考虑比较一般的单目标优化问题：

$$\min_{x\in S}\left[\sum_j \lambda_j\left(f_j(x)-f_j^0\right)^\alpha\right]^{\frac{1}{\alpha}}$$

定理 4-23 对于 $\alpha\geqslant 1$ 和 $\lambda\in\Lambda_+$（或者 $\lambda\in\Lambda_{++}$），单目标优化问题（$P_\lambda(\alpha)$）

的最优解必是 MOP 问题的弱有效解（或者有效解）。

③ 给定某个权向量 $\lambda \in \Lambda_{++}$，将范数 $\|\cdot\|_\alpha$ 取为 $\max_j \lambda_j |f_j(x) - f_j^0|$（相应的方法为基于加权极大模的理想点法），即考虑单目标优化问题：

$$\min_{x \in S} \max_j \lambda_j |f_j(x) - f_j^0|$$

定理 4-24　对于 $\lambda \in \Lambda_{++}$，单目标优化问题（ $P_\lambda(\infty)$ ）的最优解必是 MOP 问题的弱有效解。

2）基于多个单目标问题的方法

这类方法的基本思想是，根据某种规则，首先将 MOP 问题转化成有一定次序的多个单目标优化问题；其次，依次分别求解这些单目标优化问题，并且把最后一个单目标优化问题的最优解作为 MOP 问题的最优解。基于多个单目标优化问题的方法的核心是保证最后一个单目标优化问题的最优解是 MOP 问题的有效解或者弱有效解。

（1）分层排序法。分层排序法是根据目标的重要程度将它们一一排序，然后分别在前一个目标的最优解集中寻找后一个目标的最优解集，并把最后一个目标的最优解作为 MOP 问题的最优解。具体地说，首先，通过求解单目标优化问题：

$$\min_{x \in S} f_1(x)$$

得到 P^1 的最优解集 S^1；然后，对于 $j = 2, 3, \cdots, p$，依次求解单目标优化问题

$$\min_{x \in S^{j-1}} f_j(x)$$

得到 P^j 的最优解集 S^j；最后，将 S^p 中的点作为 MOP 问题的最优解。

可以证明，集合 $S^p \subseteq S_p$，即分层排序法得到的解必是 MOP 问题的有效解。容易看出，当某个单目标优化问题 P^j 的最优解唯一，或者 $S^j = \varnothing$ 时，计算过程就可以终止。有时，为了扩大搜索 MOP 问题最优解的范围，可以在分层搜索的过程中，适当扩大后一个单目标优化问题最优解的搜索范围。

下面，我们描述一下带宽容值的分层排序法：设目标函数 $f_i(x)$ 的宽容值为 $\varepsilon_j > 0 (j = 1, 2, \cdots, p)$。若求出问题 P^1 的最优值为 f_1^*，则对于 $j = 2, 3, \cdots, p$，令集合

$$S^{j-1}(\varepsilon) = \left\{ x \in S \mid f_l(x) \leqslant f_l^* + \varepsilon_l, \ l = 1, 2, \cdots, j-1 \right\}$$

并求解单目标优化问题：

$$\min_{x \in S^{j-1}(\varepsilon)} f_j(x)$$

得到 $P^j(\varepsilon)$ 的最优值 f_1^*，我们把可行点集

$$S^p(\varepsilon) = \left\{ x \in S \mid f_j(x) \leqslant f_j^* + \varepsilon_j, \ j = 1, 2, \cdots, p \right\}$$

称为 MOP 问题在宽容意义下的最优解集。

定理 4-25　MOP 问题在宽容意义下的最优解必是 MOP 问题的弱有效解，即 $S^p(\varepsilon) \subseteq S_{\mathrm{wp}}$。

（2）重点目标法。重点目标法是在 p 个目标函数中，首先确定最重要的目标，比如 $f_1(x)$，并且在 S 上求出 $f_1(x)$ 的最优解集 S^1；然后，在 S^1 上求解其余 $p-1$ 个目标对应的 MOP 问题

$$\min_{x \in S^1} \left(f_2(x), f_3(x), \cdots, f_p(x) \right)^{\mathrm{T}}$$

我们把 MOP′问题的有效解或弱有效解作为 MOP 问题的最优解。

在求解 MOP′问题时，可以利用前面介绍的方法，将 MOP′问题转化为一个单目标优化问题 SP′，然后，通过求解问题 SP′获得 MOP′问题的最优解。对于问题 SP′的最优解 x^*，必有 $x^* \in S^1$。根据前面的讨论，x^* 是 MOP 问题的弱有效解，即 $x^* \in S_{\mathrm{wp}}$。此外，容易证明 MOP′问题的有效解必是 MOP 问题的有效解。

（3）分组排序法。分组排序法的基本思想是根据某种规则，首先将 MOP 问题的目标分成若干个组，使每个组内目标的重要程度相差不多。此时，每组目标实际上对应着一个新的 MOP 问题；然后，依次在前一组目标对应问题的最优解集中，寻找后一组目标对应问题的最优解集，并把最后一组目标对应问题的最优解作为 MOP 问题的最优解。

可以看出，分组排序法实际上是分层排序法的推广形式。分层排序法是针对单个目标进行分层，求解相应的单目标优化问题，而分组排序法则是对一些目标的集合进行分组，求解相应的小规模 MOP 问题。因此，分组排序法具有与分层排序法类似的性质。此外，也可以考虑带有宽容值的分组排序法，这里留给读者作为练习。

4.3　智能优化算法介绍

1. 遗传算法

遗传算法（genetic algorithm，GA）是模拟达尔文生物进化论的自然选择和遗传学机理的生物进化过程的计算模型，是一种通过模拟自然进化过程搜索最优解的方法。遗传算法通过数学的方式，利用仿真运算，将问题的求解过程转换成类似生物进化中的染色体基因的交叉、变异等过程。遗传算法从初始种群出发，按照适者生存和优胜劣汰的原理逐代演化，产生越来越好的近似解，并以进化过程中得到的具有最大适应度的个体作为最优解终止计算。在求解较为复杂的组合优

化问题时，遗传算法相对一些常规的优化算法，通常能够较快地获得较好的优化结果，现已被人们广泛应用于组合优化、机器学习、信号处理、自适应控制和人工生命等领域。

遗传算法是借鉴生物界自然选择和自然遗传机制的迭代、进化，具有广泛适应性的随机搜索方法。遗传算法对目标函数无任何特殊要求，实现简单，效果良好，通用性好，可以找到全局最优解。但由于它是一种基于概率的启发式随机搜索方法，因此也存在着以下缺点：对种群进行概率性操作，在全局寻优上效果较好，而在局部寻优上存在不足；在算法进行的前期搜索速度较快，在后期搜索速度缓慢；虽然实现简单，但如果参数设置不好，则会出现"早熟收敛"现象。

2. 粒子群优化算法

粒子群优化（particle swarm optimization，PSO）算法，又称为粒子群算法、微粒群算法或微粒群优化算法，是通过模拟鸟群觅食行为而发展起来的一种基于群体协作的随机搜索算法。粒子群优化算法具有结构简单、易于实现、无须梯度信息、参数少等特点，在优化问题中表现出良好效果，已成为国内外智能优化领域的热点研究算法。

3. 模拟退火算法

模拟退火（simulated annealing，SA）算法是受热力学物理退火过程的启发而产生的一种智能启发式算法。SA 算法是自然计算的重要分支，于 1953 年提出，直到 1982 年被真正应用于工业界才得到快速发展。SA 算法引入热力学中晶体退火过程的基本原理，使用 Metropolis 接受准则产生的最优问题解，核心思想是以一定的概率拒绝局部极小值问题解，从而跳出局部极值点继续开采状态空间的其他状态解，进而得到全局最优问题解。与遗传算法和微粒群算法相比，它具有优良的全局收敛特性、隐含的数据并行处理特性和良好的鲁棒性。但其缺点是仿真时间过长、计算效率偏低、退火效果受温度等参数影响较大。

SA 算法是一种通用的随机搜索算法，是对局部搜索算法的扩展。SA 算法最早的思想源于对热力学中退火过程的模拟，在某一给定的初始温度下，温度参数缓慢下降，使 SA 算法能够快速给出一个近似最优解。由于现代 SA 算法是一种通用的易于实现的最优化方法，其优化技术已经在科学及工程各个领域得到广泛应用，如生产调度、最优化控制、机器学习、故障诊断、模式识别、神经网络等。

4. 人工神经网络算法

人工神经网络（artificial neural network，ANN）是一种建立在模拟大脑神经元和神经网络结构、功能基础上的现代信息处理系统。它是人类在认识和了解生物神经网络的基础上，对大脑组织结构和运行机制进行抽象、简化和模拟的结果。其实质是根据某种数学算法或模型，将大量的神经元处理单元按照一定规则互相连接而形成的一种具有高容错性、智能化、自学习和并行分布特点的复杂人工网络结构。

用机器代替人脑的部分劳动、把人从繁重的脑力劳动中解放出来是当今科学技术发展的主要标志之一。现代电子计算机每个电子元件计算速度为纳秒（ns）级，人脑每个神经细胞的反应时间只有毫秒（ms）级，似乎计算机的运算能力应为人脑的几百万倍。但是，计算机在初级信息处理方面，如视觉、听觉、嗅觉这些简单的感觉识别上却十分迟钝或低能。

例如，计算机语言识别技术还没有达到实用水平，虽然周围的喧哗声并不能阻碍人们进行谈话，但是实现这种噪声环境下的声音识别仍然是一个难题。此外，人有能力在没有见到人时，只凭声音、语调就能识别出是熟人或生人，而计算机却不能。

计算机在图像识别方面差距就更大了，一个三岁的孩子很快就能认出三条腿的猫，而目前计算机识别几乎不大可能。再如，一个幼儿已经可以在一瞬间认出自己的父母，但计算机却还不能进行这样的识别。

电脑系统与人脑系统存在如此大的差异，是科学技术不断进步就能够使上述问题得到解决，还是科学技术本身就存在某些缺陷呢？

一方面，人脑善于处理模糊信息，而电脑不善于处理模糊信息；另一方面，人脑系统处理信息具有分布存储、并行处理和推论，以及自组织、自学习等特点，而现行的冯·诺依曼机的结构使其在处理信息上难以与人相比，因此人们研究利用物理可实现的系统来模仿人脑神经系统的结构与功能，这种系统称为人工神经网络系统，简称神经网络（NN）。

第 5 章 热能系统分析与优化

5.1 热能系统的模拟

热能系统是由一些基本相互作用的热工单元设备或热力过程按一定规律组成的具有特定功能的有机整体，包括热能的产生、转换、输出、使用和回收等几个环节。热能系统模拟的目的是通过对各子系统或单元模型的研究，按照系统结构的特点，推测系统的整体特性。这些特性包括系统的输入输出特性及系统内各点的参数特性。在此基础上，综合分析热能系统，研究如何合理有效地利用热能。

进行热能系统的模拟分析，都必须首先建立系统的各单元模型，然后根据系统的结构模型将各单元模块联结起来，或者说将所有模型方程联立，进行整个系统的模拟解算。热能系统中的单元设备和过程的种类是有限的，因而单元模型的种类也是有限的。单元模型一般是由一组非线性方程组构成的，有时这些方程有成百上千个，这就意味着必须设定适当多的独立变量，以便使未知变量数目等于方程数目，否则方程可能有多重解或根本无解。由于这些参变量大都是用来描述单元的输入和输出流股特性的，因而在建立系统单元模型之前，必须先讨论流股模型和独立变量数目的问题。

5.1.1 流股模型与自由度分析

1. 流股模型

热能系统的基本要素之一就是进出各单元的流股。建立模型的第一步就是决定使用哪些参变量来描述各单元的输入输出流股。一般流股可分为两大类，即物料流和信息流。信息流包括能流（如热量流和功流）和控制信息流。每一流股都可用一组流股变量来充分描述。譬如，对物料流可用压力 p、温度 T、流量 F 及各组分成分 x_i 等变量描述。流股模型就是以这些变量构成的流股向量来表示的。例如用 $X_k^j = \left\{ x_{k,1}^j, x_{k,2}^j, \cdots, x_{k,m}^j \right\}$ 表示第 j 个单元第 k 个输入流股；而用 $Y_k^j = \left\{ y_{k,1}^j, y_{k,2}^j, \cdots, y_{k,m}^j \right\}$ 表示第 j 个单元第 k 个输出流股。也可以对整个系统内的所有流股统一编号，对于第 i 个流股（不分输入和输出），其流股模型为 $X(i) = \left\{ x_{i,1}, x_{i,2}, \cdots, x_{i,m} \right\}$，其中，$i = 1, 2, \cdots, n$；$x_{i,j}$ 为第 i 个流股向量的第 j 个分量。系统模拟就是要根据已知条件，确定所有未知的流股分量。

2. 自由度分析

所谓自由度分析，就是如何正确地确定独立变量的数目。如果一个模型可以用一组方程来描述，其变量数目为 M，独立方程个数为 N，则模型或方程组的自由度为

$$d = M - N \qquad\qquad (5\text{-}1)$$

也就是说，N 个独立方程只能对 N 个未知变量求解。在 M 个变量中，其中有 $d = M - N$ 个变量必须在解算之前就要确定其值。如果 $d > 0$，则意味着变量设定过多或独立方程不足，形成不定方程组，有无穷多个解；如果 $d < 0$，则说明变量设定不足或有多余方程，甚至形成矛盾方程组，使方程组无解；如果 $d = 0$，则变量数目恰好等于方程数目，变量设定正确，这时方程组才有可能得到唯一解。因此，在建立单元过程数学模型时，不仅要列出有关的物料及能量衡算关系式，还要正确写出单元模型的方程组。要注意这些方程间是否相互独立，如果 $d \neq 0$，应当正确设定变量或排除多余的方程式。

对于一个涉及 c 个组分的单元，根据物料衡算可以导出 $c+1$ 个方程，即 c 个组分中每个组分的衡算方程和一个总物料衡算方程。其中，只有 c 个是独立的，而第 $c+1$ 个方程总可以由其他方程推导出来。这个结论具有一般性。

对于一个流股而言，它可以有多个参数，如压力 p、温度 T、流量 F、组分 x_i（$i=1, 2, \cdots, c$），以及焓 h、熵 s、㶲 e 等，但这些参数并不一定都是独立的，只要用 p、T、F 及组分中的 $c-1$ 个 x_i 就可以完全描述这个流股的特性。也就是说，根据这几个参量由介质的物性关系及热力学和传递性能的计算模型，可以确定出其他各参数值。这也是进行模拟分析的一个重要目的。因此，这个流股的自由度就是 $c+2$。可以证明，这个结论具有一般性，即确定一个由 c 个组分构成的流股，其独立变量数等于 $c+2$。通常是给定 p、T 和每个组分的流量来确定这个流股。对于热能系统中常见的均质流股（如水与蒸汽），一般其独立变量数为 3，已知流股的 p、T 和流量 F 就完全确定了这个流股。比如得知蒸汽的压力和温度，就可以得出单位蒸汽的 h、s、e、c_p 等性质。

5.1.2 热能系统单元模型

1. 单元模型的本质

为了模拟整个系统，系统中每种类型的单元均应有一个相应的数学模型来描述，这种模型应当能够提供输入流股变量和输出流股变量之间的数学关系。或者说，单元模型就是指能够反映单元输入流股和输出流股变量之间相互关系的数学方程组，这个方程组中也包含该单元的设计参数和运行参数。

一个单元过程物理性能的预测往往要应用某些物理定律或规律。热能系统模拟中单元过程数学模型常用到以下几种规律。

①守恒定律：质量、能量及动量守恒定律。②流率定律：流量、传热、传质、燃烧反应及其势参数（压力、温度、浓度等）之间的关系，是描述物流局部微元的"基本"过程方程。③物性关系：介质热力学性质及传递性质与温度、压力、热容和组成等变量之间的关系。④热力平衡与过程方向性原理：由热力学第二定律所制约的系统性能的限制关系。⑤信息论与控制论：制约系统的信息传递、变换与处理的规律。

根据这些规律，再加上有关的过程参数变化范围的约束，每个单元过程都可以列出一组方程式，从而建立其数学模型。图 5-1 所示的单元模型可表示为 $F\{\bar{X}, \bar{Y}, \bar{u}\} = 0$ 或者 $\bar{Y} = f\{\bar{X}, \bar{u}\}$。其中单元参数 $\bar{u}$ 可以理解为一种辅助变量，其变化能影响输入、输出流股之间的关系或限制某些参数的变化范围。此外，还可将结果变量（如性能、尺寸或成本等）作为单元的输出。

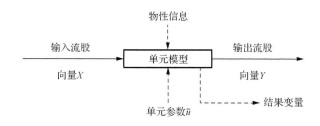

图 5-1　单元模型

2. 单元模型的种类

（1）单元模型按其性质可以分为模拟型和设计型两种。

模拟型模型：给定输入流股及单元参数，求出输出变量及结果变量（如效率、尺寸、成本等）。

设计型模型：给定输入流股变量、输出流股变量和某些设计规定，确定单元参数（如尺寸、传热系数等）。

显然，这两种模型在逻辑设计上是不同的，但可以把一个单元模型的两种情况都考虑进去，通过控制信息参数选择不同的进口。

（2）单元模型按其目的可分为性能模型、尺寸模型和成本模型。

性能模型：是从已知输入变量计算出输出变量，必须用适当的输入输出函数关系来表示。这种模型是一般模拟系统中所必备的。根据用途，性能模型可分为通用模型与专用模型，当系统中某些单元无法用已有的通用模型来模拟时，就需要建立专用模型。在热能系统模拟分析中主要研究性能模型。

尺寸模型：是为了进行系统规划设计而建立的计算模型。一般要按照有关的单元设备设计规范的要求建模，如管壳式换热器的设计计算模型等。在系统模拟中，这种模型只要求对单元的尺寸进行粗略估算，因此尺寸模型一般比较粗糙。

成本模型：系统模拟不仅要获得系统和单元的技术性能指标，而且要有评价其经济性的成本指标。成本模型就是为规划和初步设计做概算用的具有经济指标的模型。在系统模拟中不要求精确计算设备的投资成本和运行费用，因而这种模型只考虑设备的主要尺寸和能耗，通常都用简化模型。

在热能系统中，按其组成单元的作用，常用的单元模型有混合或分割单元、闪蒸器单元、燃烧单元、压力变化器械单元（包括泵、压缩机、涡轮机、膨胀机和节流阀）、换热器单元等。过程单元的种类很多，不同类型单元的数学模型可以根据有关专业理论建立。以下只介绍在热能系统模拟中最常用的几种典型单元模型的建立，这些单元模型在许多方面简化了实际单元的复杂性。

5.1.3　典型单元模型的建立

1. 混合单元

图 5-2 表示一个简单的混合单元（mixer）。假设除了图中的三个流股外系统内没有热量的产生和输入，则混合单元的模拟方程如下。

组分的质量守恒方程：$x_{1i}F_1 + x_{2i}F_2 = x_{3i}F_3$，$i = 1, 2, \cdots, c$（方程数目为 c）。

能量平衡方程：$h_1F_1 + h_2F_2 = h_3F_3$（方程数目为 1）。

压力平衡方程：$p_3 = \min\{p_1, p_2\}$（方程数目为 1）。

其中，x 为组分；F 为流量；h 为焓。

这些方程均为独立方程，独立方程的总数为 $N = c + 2$。

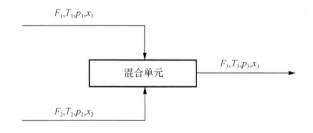

图 5-2　混合单元

在混合单元的 3 个流股中，每个流股的变量数为 $c+2$ 个，单元总独立变量数为 $M = 3(c+2)$。由式（5-1）可知，模型的自由度数为

$$d = M - N = 3(c+2) - (c+2) = 2c + 4 \tag{5-2}$$

这就意味着，在 $M = 3(c+2)$ 个总独立变量中，必须先设定 $2c+4$ 个变量，其

余的 $c+2$ 个变量可以通过 $c+2$ 个模型方程求解得到。

如果设定两个输入流股的 $2c+4$ 个变量，可以通过 $c+2$ 个混合单元模型方程算出输出流股的 $c+2$ 个变量，也可以设定一个输入流股的 $c+2$ 个变量及输出流股的 $c+1$ 个变量，此时 p_3 必须除外，因为 p_3 已由压力平衡方程决定。另外也不能同时设定三个总流量 F_1、F_2、F_3 为自由变量，因为它们是相互关联的 $F_1+F_2=F_3$。

除了前述的独立方程外，还可以列出一些其他的辅助性关联方程。

浓度加和方程：$\sum_{i=1}^{c} x_{1i}=1$，$\quad \sum_{i=1}^{c} x_{2i}=1$，$\quad \sum_{i=1}^{c} x_{3i}=1$。

物性关联方程：$h_j=\varphi(T_j, p_j, x_{j1}, x_{j2}, \cdots, x_{jc})$，$\quad j=1, 2, 3$。

通过这些辅助性关联方程，可以由一些参变量求得另一些参变量。

对于纯物质流，如最常用的水和蒸汽（$c=1$），模型方程可表示为

$$F_1+F_2=F_3$$
$$h_1 F_1+h_2 F_2=h_3 F_3$$
$$p_3=\min\{p_1, p_2\}$$
$$h_1=\varphi(p_1, T_1)$$
$$h_2=\varphi(p_2, T_2)$$
$$h_3=\varphi(p_3, T_3)$$

前三个为模型的独立方程，后三个为物性关联方程。如果还要求解流股的黏度、比熵等其他物性参数，物性关联方程还会增多，可调用前面介绍过的物性参数计算程序及系统求解。

2. 分割单元

分割单元（split）的作用是将一股物流分成组分完全相同的 n 个分流，如图 5-3 所示。

图 5-3　分割单元

当已知分割单元的分割率 a_i 以及进口物流 F 的各项物流变量时，可通过其模型计算出各出口流股 i（$i=1, 2, \cdots, n$）的各项流股变量。分割单元的模型方程如下。

物料平衡方程：$F_i=\alpha_i F$，$i=1, 2, \cdots, n$（方程数目为 n）。

组分平衡方程：$x_{i,k}=x_{F,k}$，$k=1, 2, \cdots, c$；$i=1, 2, \cdots, n$［方程数目为 $n(c-1)$］。

温度平衡方程：$T_i=T_F$，$i=1, 2, \cdots, n$（方程数目为 n）。

压力平衡方程： $p_i = p_F$，$i = 1, 2, \cdots, n$（方程数目为 n）。

分流率约束方程：$\sum \alpha_i = 0$（方程数目为 1）。

方程总数 $N = n(c+2)+1$。各输出流股的变量总数为 $n(c+2)$；输入流股的变量数为 $c+2$；分流率数目为 n。因此，总变量数目为 $M = (n+1)(c+2)+n$，自由度 $d = M-N = c+n+1$。如果只有两股分流，则 $n=2$，如图 5-4 所示。

此时，

$$x_{2k} = x_{1k}, \quad x_{3k} = x_{1k}, \quad k = 1, 2, \cdots, c$$
$$T_2 = T_1, \qquad T_3 = T_1$$
$$F_2 = \alpha F_1, \qquad F_3 = (1-\alpha) F_1$$
$$p_2 = p_1, \qquad p_3 = p_1$$

式中，α 为分流率。对于纯物质流，则没有组分平衡方程。

3. 闪蒸器单元

闪蒸器单元（flash）实际上是一种将混合物转变为纯组分或近于纯组分的分离器，如图 5-5 所示。

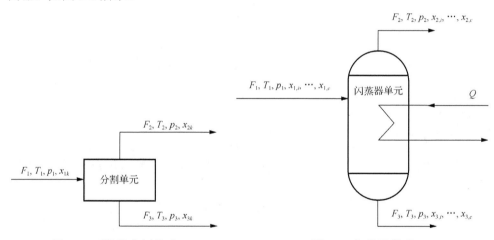

图 5-4　两流股分割单元　　　　　　　　图 5-5　闪蒸器模型

F_i 是物流 i 的摩尔质量流量，x_{ij} 是组分 j 在流股 i 中的摩尔分数。如果没有化学反应，则对于同一组分有

进入的摩尔流量＝输出的摩尔流量之和

从而可写出闪蒸器单元的数学模型。

物料平衡方程：$F_1 x_{1j} = F_2 x_{2j} + F_3 x_{3j}$，$j = 1, 2, \cdots, c$（方程数目为 c）。

能量平衡方程：$h_1 F_1 + Q = h_2 F_2 + h_3 F_3$（方程数目为 1）。

压力平衡方程：$p_2 = p_3$（方程数目为 1）。

温度平衡方程：$T_2 = T_3$（方程数目为 1）。

相态平衡方程：$x_{2j} = k_j x_{3j}$，$j = 1, 2, \cdots, c$（方程数目为 c）。

摩尔分率约束方程：$\sum_{j=1}^{c} x_{ij} = 1$，$i = 1, 2, 3$（方程数目为 3）。

方程总数为 $N = 2c + 6$，3 个流股的变量总数为 $3(c + 2)$，外加热量 Q 及 3 个流量变量 F_1、F_2 和 F_3，则变量总数为 $M = 3c + 10$，自由度 $d = M - N = c + 4$。

如果给定了输入流股的 $c + 2$ 个变量值，则只剩下两个独立变量可以被设定。若 p_2、T_2 已知，则为等温闪蒸；若设定 p_2、$Q = 0$，则视为绝热闪蒸。

以锅炉排污水闪蒸器为例，如图 5-6 所示，其情况比较简单，模型方程如下。

物料平衡方程：$F_1 = F_2 + F_3$。

热量平衡方程：$h_1 F_1 \eta_f = h_2 F_2 + h_3 F_3$。

温度平衡方程：$T_2 = T_3$。

压力平衡方程：$p_2 = p_3$。

由于两个出口流股均处于饱和状态，因此压力和温度互不独立。依据蒸汽的物性关联方程，可以解算出各流股的参数。由物质和热量平衡方程可得闪蒸回收率为

$$\alpha_f = \frac{F_2}{F_1} = \frac{h_1 \eta_f - h_3}{h_2 - h_3} \tag{5-3}$$

式中，η_f 为闪蒸器的热效率，一般取 0.96～0.98。

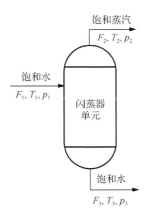

图 5-6　排污水闪蒸器

4. 热力除氧器单元

热力除氧器（deaerator）就是用蒸汽将给水加热至饱和温度，使蒸汽的分压

力几乎等于水面上的全压力，其他气体的分压力趋于零，从而创造了将给水中溶解的气体全部除去的条件。可见，热力除氧器实际上是一个混合式加热器，它能方便地汇集各种水流或蒸汽流。图 5-7 为热力除氧器单元，模型方程如下。

物料平衡方程：$F_1 + F_2 + F_5 = F_3 + F_4$。

热量平衡方程：$h_1F_1 + h_2F_2 + h_5F_5 = h_3F_3 + h_4F_4$。

热力平衡方程：$p_3 = p_4$ 或 $T_3 = T_4$（饱和参数 p、T 不独立）。

其中，F_5 为其他辅助热源（如排污闪蒸汽、轴封汽、高加疏水等）流量的和。

依据上述方程可以计算加热蒸汽需要量 F_2，也可以检验热力除氧器是否产生自沸腾现象（此时 $F_2 \leqslant 0$）。

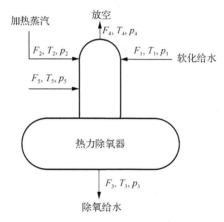

图 5-7　热力除氧器单元

5. 压力变化器械单元

压力变化器械包括泵（pump）、压缩机（compressor）和节流阀（valve）等，其模型如图 5-8 所示。

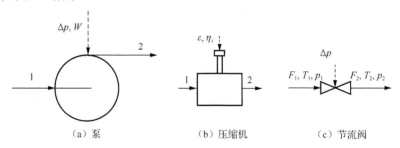

图 5-8　压力变化器械单元

对于泵和压缩机，只要已知输入流股参数、压降 Δp 或压缩比 ε 及功 W 或等熵效率 η_i（等熵焓降 Δh_s 与实际焓降 Δh_{ac} 之比：$\eta_i = \Delta h_s / \Delta h_{ac}$），就可以确定输出

流股的参数。其模型方程为

$$F_1 = F_2$$

$$h_1 F_1 = h_2 F_2 - W \text{ 或 } h_1 F_1 - h_2 F_2 = \left(h_{2s} F_2 - h_1 F_1 \right) / \eta_i$$

$$p_2 = p_1 + \Delta p \text{ 或 } p_2 = \varepsilon p_1$$

式中，h_{2s} 为等熵过程的出口焓值。

对于节流阀（或保温管路），只要已知输入流股参数和压降 Δp，就可以完全确定输出流股的参数。

6. 涡轮机单元

涡轮机（turbine）模型如图 5-9 所示。

它也属于压力变化器械，因而具有类似的模型方程：

$$F_1 = F_2$$

$$p_2 = p_1 - \Delta p$$

$$h_1 F_1 = h_2 F_2 + W \text{ 或 } h_1 F_1 - h_2 F_2 = \eta_i \left(h_1 F_1 - h_{2s} F_2 \right)$$

式中，Δp 为压降；h_{2s} 为等熵过程的出口焓值；η_i 为相对内效率。

在计算蒸汽涡轮机做功过程时，通常是已知各级进口的蒸汽压力 p_1、温度 T_1、流量 F_1 及涡轮机出口压力 p_2，进而求解涡轮机出口的蒸汽参数及输出功率 W。图 5-10 为蒸汽涡轮机做功过程的焓熵图，按等熵过程求出机组的等熵焓降 Δh_s，乘以相应的相对内效率 η_i，得到实际焓降 Δh_{ac}，再按实际焓降求出出口蒸汽的实际焓值 h_2。

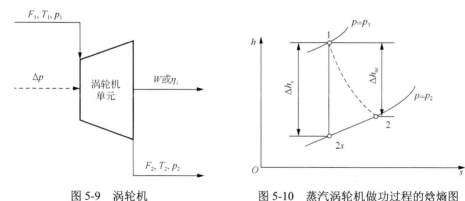

图 5-9　涡轮机　　　　　　　　图 5-10　蒸汽涡轮机做功过程的焓熵图

根据出口蒸汽的压力和实际焓值可确定出口蒸汽的状态点和其他参数，而蒸汽在涡轮机内的实际焓降乘以蒸汽流量便是蒸汽所做的功。在过热蒸汽区内相应的计算步骤为

$$h_1 = \varphi_1 \left(p_1, T_1 \right), \quad s_1 = \varphi_2 \left(p_1, T_1 \right)$$

$$s_{2s} = s_1$$
$$h_{2s} = \varphi_3 \left(p_2, s_{2s} \right)$$
$$\Delta h_s = h_1 - h_{2s}$$
$$\Delta h_{ac} = \Delta h_s \eta_i$$
$$h_2 = h_1 - \Delta h_{ac}$$
$$T_2 = \varphi_4 \left(p_2, h_2 \right), \quad s_2 = \varphi_2 \left(p_2, T_2 \right)$$

整个过程共用 4 种蒸汽状态参数的函数关系 $\varphi_1 \sim \varphi_4$，可调用蒸汽参数计算子程序。若计算是在湿蒸汽区内进行的，则所有公式中的温度 T_1、T_2 均应改为干度 x_1、x_2，使用的公式也要改为适合于湿蒸汽的公式 φ_s。这种状态判别在计算程序中可以自动进行。蒸汽涡轮机的相对内效率 η_i 通常是给定的。蒸汽涡轮机单元做功过程模型的框图如图 5-11 所示。

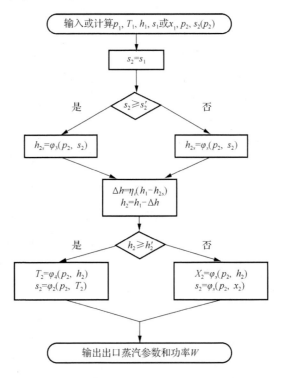

图 5-11　蒸汽涡轮机做功过程模型模拟框图

7. 换热器单元

换热器（exchanger）是热能系统中用处最多的热工设备之一，其形式是多种多样的。这里仅讨论最常用的逆流式换热器，其模型如图 5-12 所示。

图 5-12　逆流式换热器

相应的模型方程：

$$F_{c1} = F_{c2}$$
$$F_{h1} = F_{h2}$$
$$Q = F_h c_{ph} \left(T_{h1} - T_{h2} \right)$$
$$\eta_t Q = F_c c_{pc} \left(T_{c2} - T_{c1} \right)$$
$$p_{h2} = p_{h1} - \Delta p_h$$
$$p_{c2} = p_{c1} - \Delta p_c$$

式中，Q 为放热负荷；c_p 为定压比热；Δp 为压力降；η_t 为传热效率；下标 h 为热流体；下标 c 为冷流体；下标 1 为进口；下标 2 为出口。依据冷、热流体的初始数据，可以计算出热负荷 Q 或出口流股参数。

　　上述几种单元模型都可以用于系统整体模拟，可以进行单元的物料平衡和能量平衡计算，没有涉及单元的结构尺寸。通过这些单元模型可以确定各流股的参数，其特点是只给出输入输出关系，不反映单元的内部机理和结构尺寸，属于简化模型。然而，在某些情况下需要对单元进行详细的计算，以便得到更多的信息。例如，有时需要根据逆流式换热器的型号、结构尺寸及冷、热流股的初始数据进行模拟计算，确定逆流式换热器的传热系数、传热效率、传热温差、流动阻力以及冷、热流股的输出温度和状态，这就要求对逆流式换热器单元进行详细模拟。

5.1.4　换热器模拟

　　在热能工程领域，换热器的应用极为广泛。对热能系统进行模拟时，一般都存在对换热器进行模拟的任务。现以平常使用最多，又具有普遍意义的管壳式换热器模拟为例，介绍单元设备进行数学模拟的详细方法。

　　1. 问题的提出

　　已知某一型号管壳式换热器，如图 5-13 所示。传热面积为 A，冷、热流体

的质量流率为 F_c、F_h，平均比热为 c_{pc}、c_{ph}，进口温度为 T_{c1}、T_{h1}，求冷、热流体的出口温度 T_{c2}、T_{h2}，管壳式换热器的传热系数 K，传热温差 ΔT_m 及流体阻力。这属于单元设备操作（或评价）型问题的计算，需要建立严格模型进行模拟计算。

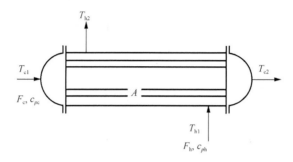

图 5-13　管壳式换热器示意图

2. 数学模型的建立

1）传热面积

管壳式换热器的传热面积是以管束的外表面积为基准的，即总传热面积为

$$A = \pi d_0 L n \tag{5-4}$$

式中，d_0 为管子外径，m；L 为管长，即两管板间的距离，m；n 为管子总数。

2）热衡算和传热速率方程

热衡算方程（忽略热损失）：

$$F_h c_{ph}\left(T_{h1} - T_{h2}\right) = F_c c_{pc}\left(T_{c1} - T_{c2}\right) \tag{5-5}$$

即在管壳式换热器中热流体放出的热量等于冷流体吸收的热量。

计算流体物理性质的定性温度取为

$$t = 0.4t_h + 0.6t_l \tag{5-6}$$

式中，t_h 为流体高温端温度，℃；t_l 为流体低温端温度，℃。

当流体流动状态为层流时，定性温度取流体的算数平均温度：

$$t = \left(t_h + t_l\right)/2 \tag{5-7}$$

传递速率方程式为

$$Q = KA\Delta T_m \tag{5-8}$$

式中，Q 为传热量，W；K 为总传热系数，W/（$m^2 \cdot$ ℃）；ΔT_m 为对数平均温差，℃，$\Delta T_m = (\Delta T_1 - \Delta T_2)/\ln(\Delta T_1/\Delta T_2)$；$\Delta T_1$、$\Delta T_2$ 为管壳式换热器两端冷、热流体间的温度差，见图 5-14。

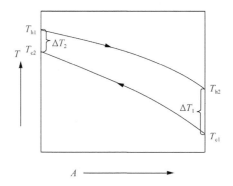

图 5-14　传热温差的变化

以管外表面积为基准计算传热系数 K:

$$\frac{1}{K} = \left(\frac{1}{h_i} + R_i\right)\frac{A_o}{A_i} + \frac{1}{h_o} + R_o \qquad (5\text{-}9)$$

式中，h_i、h_o 为管内、管外对流表面传热系数，$\mathrm{W/(m^2 \cdot {}^\circ\!C)}$；$R_i$、$R_o$ 为管内、外侧污垢热阻，$\mathrm{m^2 \cdot {}^\circ\!C/W}$；$A_i$、$A_o$ 为管内、外壁表面积，$\mathrm{m^2}$。

管内传热膜系数按下式计算：

$$Nu = 0.023Re^{0.8}Pr^{0.33}\left(\frac{\mu}{\mu_w}\right)^{0.14} \qquad (5\text{-}10)$$

管外传热膜系数的计算式如下：

当 $Re > 2000$

$$Nu = 0.36Re^{0.55}Pr^{0.33}\left(\frac{\mu}{\mu_w}\right)^{0.14} \qquad (5\text{-}11)$$

当 $Re \leqslant 2000$

$$Nu = 0.527Re^{0.5}Pr^{0.33}\left(\frac{\mu}{\mu_w}\right)^{0.14} \qquad (5\text{-}12)$$

式中，$Nu = \dfrac{hd_e}{\lambda}$，为努塞特数；$Re = \dfrac{d_e w \rho}{\mu}$，为雷诺数；$Pr = \dfrac{c_p \mu}{\lambda}$，为普朗特数；$d_e$ 为通道当量直径；μ 为流体平均温度下的黏度；λ 为流体导热系数；μ_w 为壁温下流体的黏度；ρ 为流体密度；h 为传热膜系数；w 为流体流速；c_p 为流体定压比热。

管壳式换热器壳程当量直径（用于计算 Re、Nu 数）的计算用下式：

管子为正方形排列：

$$d_e = \frac{4\left(P^2 - \dfrac{\pi}{4}d_o^2\right)}{\pi d_o} \qquad (5\text{-}13)$$

管子为正三角形排列：

$$d_e = \frac{4\left(\frac{\sqrt{3}}{4}P^2 - \frac{\pi}{8}d_o^2\right)}{\frac{1}{2}\pi d_o} \tag{5-14}$$

式中，d_o 为管子外径，m；P 为管子中心距，m。

3）壁温的计算

计算对流表面传热系数时，要用到壁温下的流体的黏度，所以要计算管子内、外表面的壁温，该计算需要采用迭代法，具体步骤如下。

第一步，对于冷流体侧，传热量为

$$Q = F_c c_{pc}\left(T_{c2} - T_{c1}\right) \tag{5-15}$$

式中，冷流体出口温度 T_{c2} 为未知，可先按假定的 T_{c2} 值计算热负荷。

第二步，按下式估算壁温：

$$T_w = T + Q/\left(h_{i,\text{旧}}A_i\right) \tag{5-16}$$

式中，T 为冷流体平均温度，$T = (T_{c1}+T_{c2})/2$；A_i 为传热面积；$h_{i,\text{旧}}$ 为不考虑壁温影响时的对流表面传热系数，如冷流体在管内流动，由下式估算。

$$Nu = \frac{h_{i,\text{旧}}d_e}{\lambda} = 0.023Re^{0.8}Pr^{0.33} \tag{5-17}$$

第三步，计算修正的对流表面传热系数 $h_{i,\text{新}}$：

$$h_{i,\text{新}} = h_{i,\text{旧}}\left(\frac{\mu}{\mu_w}\right)^{0.14} \tag{5-18}$$

式中，μ_w 为壁温 T_w 下流体的黏度。

第四步，以 $h_{i,\text{新}}$ 代替 $h_{i,\text{旧}}$，返回第二步，重新计算壁温 T_w 及对流表面传热系数，直到相邻两次计算出的壁温 T_w^n、T_w^{n+1} 之差的绝对值满足给定的精度为止，即用下式判断是否收敛：

$$\left|T_w^{n+1} - T_w^n\right| \leqslant \varepsilon_w \tag{5-19}$$

式中，n 为迭代次数；ε_w 为收敛精度，通常取为 0.5。

对热流体侧，计算过程类似，读者可自己写出计算步骤。

4）换热器效能的计算

对壳程为单数、管程为偶数的换热器，其换热器效能可表示为

$$\varepsilon = \frac{2}{\left[1+\left(C_{\min}/C_{\max}\right)\right] + \sqrt{1+\left(C_{\min}/C_{\max}\right)^2}\left(1+e^{-\Gamma}\right)/\left(1-e^{-\Gamma}\right)} \tag{5-20}$$

式中，$\Gamma = \text{NTU}\sqrt{1+\left(C_{\min}/C_{\max}\right)^2}$；NTU 为传热单元数，给出计算式；$C_{\min} = (Fc_p)_{\min}$，

为流体热容流率较小者；$C_{\max} = (Fc_p)_{\max}$，为流体热容流率较大者。

对于并流，以及壳程为多程的情况，可在有关资料中查得相应的传热效率表达式或图表。

当冷流体的热容流率为 $(Fc_p)_{\max}$ 时，传热效率可写为

$$\varepsilon = (T_{c2} - T_{c1}) / (T_{h1} - T_{c1}) \tag{5-21}$$

由此得到

$$T_{c2} = T_{c1} + \varepsilon(T_{h1} - T_{c1}) \tag{5-22}$$

即当换热器效率已知时，由冷、热流体的进口温度可求出冷流体的出口温度，再由热衡算方程求出热流体的出口温度：

$$T_{h2} = T_{h1} - C(T_{c2} - T_{c1}) \tag{5-23}$$

式中，$C = \left(Fc_p\right)_c / \left(Fc_p\right)_h$，为热容流率比。

当热流体的热容流率为 $(Fc_p)_{\min}$ 时，换热器的传热效率表示为

$$\varepsilon = (T_{h1} - T_{h2}) / (T_{h1} - T_{c1}) \tag{5-24}$$

由此得到

$$T_{h2} = T_{h1} - \varepsilon(T_{h1} - T_{c1}) \tag{5-25}$$

再由热衡算方程式得

$$T_{c2} = T_{c1} + C(T_{h1} - T_{h2}) \tag{5-26}$$

式中，$C = \left(Fc_p\right)_h / \left(Fc_p\right)_c$。

至此，管壳式换热器的数学模型已经建立起来。

3. 计算步骤

管壳式换热器的数学模型为一代数方程组，用解析法联立求解比较困难，用迭代法求解比较简单，计算过程如下。

（1）假定热容流率较小者流体的出口温度，例如冷流体的出口温度为 $T_{c2假}$。

（2）由热衡算方程式，求出热流体出口温度：

$$T_{h2} = T_{h1} - C(T_{c2假} - T_{c1}) \tag{5-27}$$

式中，$C = \left(Fc_p\right)_c / \left(Fc_p\right)_h$。

（3）由冷、热流体的进口、出口温度，分别确定出其定性温度，由此再计算出流体物性。

对冷流体：

$$t_c = (T_{c1} + T_{c2假}) / 2 \tag{5-28}$$

对热流体：

$$t_h = (T_{h1} + T_{h2}) / 2 \tag{5-29}$$

由换热器结构尺寸，算出流体在壳程、管程的流速，进而计算出冷、热流体

的传热膜系数、总传热系数、传热单元数及传热效率。

（4）由前面得出的传热效率值，计算出冷流体出口温度：

$$T_{c2计} = T_{c1} + \varepsilon(T_{h1} - T_{c1}) \tag{5-30}$$

（5）采用某种迭代方法，以 $T_{c2计}$ 校正 $T_{c2假}$。

例如采用直接迭代法，则以 $T_{c2计}$ 代替 $T_{c2假}$。返回步骤（2），重复计算，直到满足下式，则计算结束。

$$|T_{c2计}^n - T_{c2假}^n| \leqslant \varepsilon_t \tag{5-31}$$

式中，n 为迭代次数；ε_t 为收敛精度，如取 $\varepsilon_t = 0.1$ ℃。

此时，把计算结果打印输出，就得到了所需换热器的性能信息。

例 5-1　一管壳式换热器，单壳程、双管程，用渣油预热原油。渣油的质量流量 $F_h = 68250$ kg/h，进口温度 $T_{h1} = 382$ ℃，原油质量流量 $F_c = 175000$ kg/h，进口温度 $T_{c1} = 275$ ℃。换热器的结构参数如下：

传热面积 $A = 130$ m²；壳体直径 $d_s = 0.7$ m；管子规格 $\phi 25$ mm × 2.5 mm；管中心距 $P = 32$ mm，正方形排列；管长 $L = 6$ m；管程通道截面积 $A_T = 0.0459$ m²；壳程通道截面积 $A_S = 0.0525$ m²；渣油侧的污垢热阻 $R_{渣油} = 0.0005$ m² · ℃/W；原油侧的污垢热阻 $R_{原油} = 0.001$ m² · ℃/W。

求：原油的出口温度、换热器的总传热系数、传热效率，以及管程、壳程的流动阻力。

解　第一步，明确换热介质的有关物理性质。本题中换热介质为原油、渣油，可查取有关的油品物性数据手册，得到油品的密度、比热、导热系数、黏度与温度等影响因素的计算式：

相对密度为

$$D = 0.942 + 0.248x + 0.174(D_{20})^2 + \frac{0.0841}{xD_{20}} - \frac{0.312x}{D_{20}} - 0.556\exp(-x)$$

式中，$x = 1 + t/100$，t 为定性温度；D_{20} 为 20 ℃时油品的相对密度，即标准相对密度，可查取或实测，对渣油，$D_{20渣油} = 0.919$；对原油，$D_{20原油} = 0.850$。

比热为

$$c_p = 4.1868[0.7072 + (0.00147 - 0.000551D_{20})t - 0.318D_{20}](0.055K + 0.35) \text{ [kJ/(kg · ℃)]}$$

式中，K 为油品特性因数，可查取或实测，对渣油，$K_{渣油} = 12.5$；对原油，$K_{原油} = 12.5$。

导热系数为

$$\lambda = 4.1868 \times 0.1008(1 - 0.000\,54t)/D_{20} \quad \text{[kJ/(m · ℃ · h)]}$$

黏度为

$$v = \exp\left\{\exp\left[a + b\ln(t + 273)\right]\right\} - 1.22 \qquad （\text{cSt}）$$

式中，$a = \ln\left[\ln(v_1 + 1.22)\right] - b\ln(t_1 + 273)$；$b = \ln\left[\dfrac{\ln(v_1 + 1.22)}{\ln(v_2 + 1.22)}\right]\bigg/ \ln\dfrac{t_1 + 273}{t_2 + 273}$；$v_1$ 为温度 t_1 时的运动黏度，cSt；v_2 为温度 t_2 时的运动黏度，cSt。如选 $t_1 = 50\ ℃$，$t_2 = 100\ ℃$，可查得 $v_{1渣油} = 1500$，$v_{2渣油} = 120$，$v_{1原油} = 90$，$v_{2原油} = 13$。

第二步，按换热器数学模型中介绍的步骤进行计算。壁温迭代计算的收敛精度可取 0.5℃，换热器中某一流体出口温度的迭代计算的收敛精度取 0.1℃。经过 8 次迭代，计算结果如下：

渣油出口温度 $T_{h2} = 339.1\ ℃$；原油出口温度 $T_{c2} = 292.6\ ℃$；热负荷 $Q = 2683.3\ \text{kW}$；总传热系数 $K = 277\ \text{W/(m}^2 \cdot ℃)$；换热器效能 $\varepsilon = 0.401$。

第三步，换热器流体流动阻力的计算。管程的流动阻力可用下式计算：

$$\Delta P_T = \left(f_i \frac{L}{d_i} + 4\right)\frac{G_i^2 N_p F_{si}}{2g10^3 D_{gi}} \qquad （\text{kg/m}^2）$$

式中，ΔP_T 为管程压降，kg/m^2；L 为管长，6 m；d_i 为管内径，0.02 m；G_i 为质量流速，$\text{kg/(m}^2 \cdot \text{s})$；$N_p$ 为管程数，2；g 为重力加速度，9.81 m/s^2；D_{gi} 为流体相对密度；4 为每管程回弯阻力系数；F_{si} 为结垢校正系数，经验数据，与介质有关，本题取为 1.5；f_i 为摩擦系数，其值为：

当 $Re < 10^5$ 时，$f_i = 0.4513 Re_i^{-0.2653}$。

当 $Re > 10^5$ 时，$f_i = 0.2864 Re_i^{-0.2258}$。

壳程的流动阻力为

$$\Delta P_S = \left[d_s(N_B + 1)f_0 + F_{S0}/d_e + F_{SE}\right]\frac{G_0^2}{2g \cdot 10^3 \cdot D_{g0}}$$

式中，ΔP_S 为壳程压降，kg/m^2；d_s 为壳体直径，本题为 0.7 m；N_B 为壳程挡板数，本题为 32；d_e 为壳程当量直径；G_0 为壳程质量流速，$\text{kg/(m}^2 \cdot \text{s})$；$D_{g0}$ 为流体相对密度；F_{S0} 为结垢校正，经验数据，取为 1.15；F_{SE} 为壳程进口嘴导流阻力系数，经验数据，取为 10；f_0 为阻力系数，其值为：

当 $Re < 150$ 时，$f_0 = 120 Re_0^{-0.993}$。

当 $Re > 1500$ 时，$f_0 = 0.7664 Re_0^{-0.0854}$。

当 $150 \leqslant Re \leqslant 1500$ 时，$f_0 = 10^{\left\{\frac{15.312}{[\ln(Re_0)]^{4.735}} - 0.44\right\}}$。

根据上式，算出该换热器的流动阻力为：管程 $\Delta P_T = 3152\ \text{kg/m}^2 = 30921\ \text{Pa}$；壳程 $\Delta P_S = 2961\ \text{kg/m}^2 = 29047\ \text{Pa}$。

若流体为两相（气、液）共存，可参阅有关文献介绍的方法计算流动阻力。

5.2　热能系统的结构模型与系统分解

热能系统是由许多单元组成的，各单元之间又存在着一定的相互作用关系。要研究一个热能系统，首先就需要了解各单元之间所存在的相互关系，也就是必须对热能系统进行结构分析，建立系统的结构模型（structural model），在此基础上才能对整个系统进行模拟分析。对比较复杂的系统还需要进行适当分解。

5.2.1　热能系统结构模型的表示方法

热能系统结构模型是反映热能系统中各单元之间连接关系的数学表示，最常用的表示方法有图形法、矩阵法和表格法。

1. 热能系统结构的图形表示法

热能系统结构图形描述的理论基础是图论。图形法是用图的结构来表示热能系统的数学方程组各变量之间关系的一种方法。如果热能系统中各个变量之间的关系可以完全用数学形式表达，那么这个热能系统应当是被完全描述的，各变量之间的影响也应当是清楚的。从数学上说，图形法是代替代数方程解法的一种方法，它具有简便、直观、灵活的特点，所以在实际中得到广泛应用。

任何热能系统都有输入和输出，而且热能系统的基本单元也具有输入和输出，一个单元的输出即为下一个单元的输入。这种具有因果关系的串并联组合就构成了热能系统的输入输出关系。图形法的根本目的是用图形符号强调这个因果关系。

用于表示热能系统结构的图是由节点和节点间的一些边（或称支路、弧）组成的。图 5-15 中的圆圈是代表每个因素（物理量或单元）的节点，而线段是表示影响的边。由于这种作用和影响是有方向性的，并用箭头表示作用方向，所以这种图称为有向图。在热能系统结构模型中，一般用图的节点表示系统中的单元，而单元之间的物流或能流用有向边表示，这种图也称为信息流图。有时也用节点表示流股，用边表示流股之间是否存在能量的交换关系。

2. 热能系统结构的矩阵表示法

热能系统结构除了用图形表示之外，还可以使用与有向图相对应的矩阵来表示，这种矩阵称为结构矩阵。根据图的节点和边与矩阵的行和列的对应关系，可分为 3 种不同的结构矩阵。

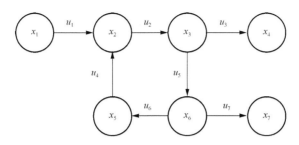

图 5-15　热能系统结构的有向图

邻接矩阵——节点分别对应于矩阵的行和列。

关联矩阵——节点对应于行（或列），边对应于列（或行）。

边相邻矩阵——边分别对应于行和列。

在热能系统结构分析中常用的是邻接矩阵（adjacency matrix）。图 5-15 的有向图可以用下列邻接矩阵表示。

$$
\begin{array}{c}
\begin{array}{ccccccc} x_1 & x_2 & x_3 & x_4 & x_5 & x_6 & x_7 \end{array} \\
\begin{array}{c} x_1 \\ x_2 \\ x_3 \\ x_4 \\ x_5 \\ x_6 \\ x_7 \end{array}
\begin{bmatrix}
0 & 1 & 0 & 0 & 0 & 0 & 0 \\
0 & 0 & 1 & 0 & 0 & 0 & 0 \\
0 & 0 & 0 & 1 & 0 & 1 & 0 \\
0 & 0 & 0 & 0 & 0 & 0 & 0 \\
0 & 1 & 0 & 0 & 0 & 0 & 0 \\
0 & 0 & 0 & 0 & 1 & 0 & 1 \\
0 & 0 & 0 & 0 & 0 & 0 & 0
\end{bmatrix}
\end{array}
$$

这是一个 7×7 的方阵，它的每一行和每一列都对应图中的一个节点。如果某一个量（如 x_1）对另一个量（如 x_2）有直接影响，则 x_1 行 x_2 列的元素为 1；如果一个量对另一个量没有影响（如 x_1 对 x_3），则该元素（x_1 行 x_3 列）为 0。由于它表示的是各邻接单元的直接关系，因此这种矩阵称为邻接矩阵或相邻矩阵。它实际上是一个布尔矩阵，其元素只能是 0 或 1。

一般情况下，若系统 S 共有 n 个单元：
$$ S = \{s_1, s_2, \cdots, s_n\} $$
则邻接矩阵为

$$
A = [a_{ij}]_{n \times n} =
\begin{array}{c}
\begin{array}{c} s_1 \\ s_2 \\ \vdots \\ s_n \end{array}
\begin{array}{c}
\begin{array}{cccc} s_1 & s_2 & \cdots & s_n \end{array} \\
\begin{bmatrix}
a_{11} & a_{12} & \cdots & a_{1n} \\
a_{21} & a_{22} & \cdots & a_{2n} \\
\vdots & \vdots & & \vdots \\
a_{n1} & a_{n2} & \cdots & a_{nn}
\end{bmatrix}
\end{array}
\end{array}
$$

式中，$i = 1, 2, \cdots, n$，$j = 1, 2, \cdots, n$。

$$a_{ij} = \begin{cases} 1, & \text{当}s_i\text{对}s_j\text{有影响时} \\ 0, & \text{当}s_i\text{对}s_j\text{无影响时} \end{cases}$$

也就是说，在热能系统结构模型图中有从 s_i 到 s_j 的箭头，则 a_{ij} 为 1；否则为 0。

邻接矩阵表示各单元的直接关系，为了书写简便，经常把矩阵中的零元素去掉，或去掉主对角线以外的零元素。邻接矩阵遵循布尔矩阵的运算法则。通过对邻接矩阵进行某些运算，可以得到更多有关热能系统结构的信息。单从邻接矩阵本身也可以看出矩阵和系统的一些结构特性。

（1）邻接矩阵和热能系统结构模型图是一一对应的，如果有了图，邻接矩阵就唯一确定了，反之亦然。

（2）由 n 个节点构成的热能系统，其邻接矩阵至少包含 $n-1$ 个非零元素。

（3）若第 i 列只包含零元素，其第 i 行至少含有一个非零元素，反之亦然。

（4）在邻接矩阵中如果有一列元素（如第 i 列）全是 0，则 s_i 是热能系统的源点（或输入端单元）。如果有一行（如第 k 行）元素全为 0，则 s_k 是热能系统的汇点（或输出端单元）。没有端单元的热能系统称为闭口系统。

（5）非端单元称为热能系统的内部单元，其相应于矩阵的行和列都至少有一个非零元素。

（6）在邻接矩阵中，单元的串联是通过直接位于主对角线上方的连续的非零元素表示的。并联（输出端）是通过一行中多个非零元素来表示的，且非零元素的数目等于并联分支的数目。并联（输入端）是通过一列中多个非零元素表示的。

（7）在邻接矩阵中，主对角线以下的非零元素表示系统中的反馈。

3. 热能系统结构的表格表示法

热能系统结构还可以通过表格来表示，表格中只包含节点间实际存在的连接，从而消除了矩阵中大量零元素的多余信息。这样的表格称为结构表。结构表可分为联结表和顺序表两种。

1）联结表

它是由两列组成的，一列（out 列）为输出物流的节点号码，另一列（in 列）为输入物流的节点号码。对应于图 5-15 的联结表如表 5-1 所示。从表中可见，仅存于 out 列的节点号码表示的单元为热能系统的输入端单元（如节点 1），而仅存于 in 列的节点号码表示的单元则为热能系统的输出端单元（如节点 4、7），另外，还可以看到热能系统的并联和反馈等信息。联结表是以矩阵的形式存入计算机的，这种只有两列的矩阵称为索引矩阵，其每一行表明单元之间的一个邻接关系（ $a_{ij} = 1$ ），各元素的数字是系统中单元的号码，因此它起着索引的作用。

表 5-1　联结表

out 列	in 列
1	2
2	3
3	4
3	6
5	2
6	5
6	7

2）顺序表

顺序表又称过程表。表中的第一列为节点号，另一列为与节点相关的物流号，正号表示该物流号为输入，负号表示输出。对应于图 5-15 的顺序表，如表 5-2 所示。从表中可直接得到有关热能系统结构特征的信息，如输入、输出端单元，以及分支、反馈、汇集等。在热能系统模拟中，一般将由热能系统信息流图整理出的过程表，以矩阵的形式存入计算机，形成过程矩阵数据文件，再结合物流矩阵等数据文件对整个热能系统进行模拟计算。

表 5-2　顺序表

节点号	相关物流号（+输入，-输出）
1	-1
2	+1　+4　-2
3	+2　-3　-5
4	+3
5	+6　-4
6	+5　-6　-7
7	+7

5.2.2　信息流图与流程描述

对给定系统进行系统分析时，系统的结构是已知的。流程描述就是用适当的方法将系统的结构表示出来，其任务是要提供系统流程（如物流走向、单元连接、操作规定等）方面的信息。它可以以数据文件的形式由一个子程序通过人机对话的方式来完成。在流程描述之前，应建立系统的信息流图。信息流图是标识系统结构最简便的方法。工程中常用的系统流程图实际上是一些简易的工艺流程示意图，如图 5-16 所示，其特点是形象直观，可以进行物料和能量的衡算，但计算机难以识别。因此，在进行系统分析时通常先将系统流程图转换成流程信息流图。图 5-17 是与图 5-16 相对应的流程信息流图，它实际上就是图 5-15 的有向图。

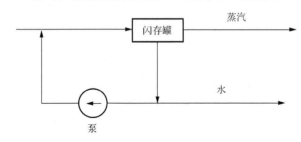

图 5-16　循环闪蒸流程图

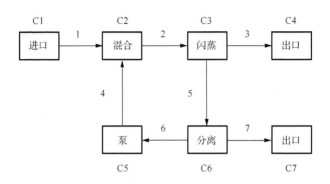

图 5-17　流程信息流图

　　流程信息流图是表示各单元的排列和相互关系的图，它的每一个结构单元可以是一个设备，也可以是一个单元过程。各单元之间的连线表示系统流股（可以是物流、能流或信息流）。系统流股还可以分为 3 类：由外界进入系统的流股称为输入流；离开系统的流股称为输出流；在系统内部产生又在系统内部终止的流股，即联系于各单元之间的流股，称为内部流或中间连接流。

　　在某些情况下，流程信息流图中的结构单元数与系统流程图中的单元数是对应的，结构单元数等于单元设备数。但在一般情况下，信息流图中结构单元数与系统流程图中的单元设备数不同。例如，在系统流程图中不属于设备的三通阀起到了流体的分流或混合作用，而在信息流图中分流点或合流点却作为结构单元出现，以便计算机识别它们的过程。通常每个设备都是信息流图上的一个节点（用方框或圆圈表示），每个方框内可以标明节点的序号、选用的子程序名称或序号，以及原来的设备名称。有些设备在物流通过时其成分和数量不发生变化，这种设备也可以不做节点处理（如泵等）。因此，模拟一个系统，首先要正确地建立一个与其过程相适应的信息流图。

　　流程描述工作结束时，会形成类似于表 5-2 所示的顺序表以及物流矩阵和流程信息拓扑表。有了组成单元的数学模型和描述系统结构的数学模型，就可以应用计算机对整个系统进行模拟求解。

5.2.3　热能系统结构模型的分解

由于现代化大型热能系统的规模比较庞大且单元和流股数目众多，复杂的结构中往往存在多个再循环回路。若用数学模型直接对整体系统进行描述，所需要的变量和方程式很多，而多数方程又是非线性的，这给计算机的模拟求解带来很多困难。因此需要对大型系统进行适当分解（decomposition），即把复杂的系统按其结构特点分解为相对简单的若干个子系统，将描述系统性能的高阶方程组降为低阶方程组求解。这就要有一套系统分解的策略和方法。

系统分解一般可分为两步，即系统的分隔（partitioning）和子系统的断裂（tearing）。

系统的分隔就是从流程结构已知的系统中识别出独立的子系统（或不相关子系统），或进一步将子系统分隔成相关性差的次级子系统。不相关子系统中包含的变量在系统中其他部分不出现，系统其他部分所包含的变量也不在该子系统中出现，即该子系统可以单独求解。在数学上就是从一个庞大的方程组中识别出可以独立求解的方程组子系统，各方程组之间不包含任何共同变量。如果子系统中需要联立求解的方程数目比较多，也可以将不相关子系统进一步分隔成相关性差的次级子系统，通过适当排序可以依次进行求解。也就是在不相关子系统中识别出循环回路或由几个循环回路联结成的最大循环网，它们对应着必须同时求解的一些方程组。可以把循环回路或最大循环网看成信息流图中的一个节点，称为拟节点，然后将系统中的节点、拟节点按信息流方向排出没有环路的序列，确定出合理的求解顺序。

子系统的断裂就是在上述分隔的基础上，对所识别出的循环回路或最大循环网中的某些流股予以切断，把这些流股所包含的变量作为试差变量（先假定这些变量的初值，然后进行迭代逼近计算），使循环回路全部打开。这样可以消除环路，按信息流方向逐个计算该子系统中的各单元，或者说通过断裂某些变量，将方程组的同时求解转化成顺序迭代求解，由此可以对有循环回路的子系统或网络结构进行解算。

以下先介绍一下系统的分隔方法。

分隔是系统分解的第一步。对于一个系统，可以用信息流图的简化规则寻找系统输入、输出之间的关系，以便简化和分隔系统。但这种方法对于复杂系统往往不太适用，实际中常用的是矩阵分隔法，图 5-18（a）是由 4 个单元组成的系统，它包含了两个子系统。

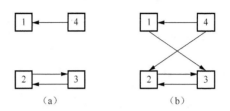

图 5-18 系统分隔

图 5-18（a）的邻接矩阵为

$$
A = \begin{array}{c} \\ s_1 \\ s_2 \\ s_3 \\ s_4 \end{array}
\begin{array}{cccc}
s_1 & s_2 & s_3 & s_4 \\
\begin{bmatrix}
0 & 0 & 0 & 0 \\
0 & 0 & 1 & 0 \\
0 & 1 & 0 & 0 \\
1 & 0 & 0 & 0
\end{bmatrix}
\end{array}
$$

如果改变行和列的顺序，使其行与列的顺序改为 $s_2 s_3 s_1 s_4$，则邻接矩阵变成

$$
A = \begin{array}{c} \\ s_2 \\ s_3 \\ s_1 \\ s_4 \end{array}
\begin{array}{cccc}
s_2 & s_3 & s_1 & s_4 \\
\begin{bmatrix}
0 & 1 & 0 & 0 \\
1 & 0 & 0 & 0 \\
0 & 0 & 0 & 0 \\
0 & 0 & 1 & 0
\end{bmatrix}
\end{array}
\begin{array}{l} 子系统\,\text{I} \\ \\ 子系统\,\text{II} \end{array}
$$

$$\quad 子系统\,\text{I}\quad 子系统\,\text{II}$$

若用虚线把它们分成分块对角矩阵，左上角的子矩阵对应于由 s_2 与 s_3 所构成的子系统 I。右下角的子矩阵对应于由 s_1 与 s_4 组成的子系统 II，两个子系统之间没有联系。两个子矩阵分别是两个子系统的邻接矩阵。显然矩阵经过这样的变换后，在邻接矩阵上就把子系统分开了。

图 5-18（b）同样是由 4 个单元组成的系统，它的连接关系与图 5-18（a）不同。如前所述，也把它的邻接矩阵

$$
A = \begin{array}{c} \\ s_1 \\ s_2 \\ s_3 \\ s_4 \end{array}
\begin{array}{cccc}
s_1 & s_2 & s_3 & s_4 \\
\begin{bmatrix}
0 & 0 & 1 & 0 \\
0 & 0 & 1 & 0 \\
0 & 1 & 0 & 0 \\
1 & 1 & 0 & 0
\end{bmatrix}
\end{array}
$$

变换成

$$A = \begin{array}{c} \\ s_2 \\ s_3 \\ s_1 \\ s_4 \end{array} \begin{array}{cccc} s_2 & s_3 & s_1 & s_4 \\ \left[\begin{array}{cc|cc} 0 & 1 & 0 & 0 \\ 1 & 0 & 0 & 0 \\ \hline 0 & 1 & 0 & 0 \\ 1 & 0 & 1 & 0 \end{array}\right] & & \end{array} \begin{array}{l} \text{子系统 I} \\ \\ \text{子系统 II} \end{array}$$

子系统 I　　子系统 II

　　然后再用虚线分块，便是一个下三角分块矩阵。左上与右下子矩阵是子系统 I 和子系统 II 本身的邻接矩阵；左下角的子矩阵表示的是子系统 II 对子系统 I 的影响。右上角是零矩阵，表示子系统 I 对子系统 II 无影响。可见，把邻接矩阵 A 加以变换，有利于子系统的分解。由于情况不同，分解有时能够实现，有时不能实现。分解的结果也有两种：一种是分解为相互无关的子系统，另一种是分解为相互间具有按一定方向影响的几个子系统。而后一种情况实际上是把子系统的层次分出来了。

　　实际中遇到的许多大型系统，其邻接矩阵（布尔矩阵）都是稀疏的，即矩阵中的零元素较多。据此，有人提出了如下的分隔方法。

　　（1）从布尔矩阵中剔除那些全为零的列和它所对应的行（因为对应这些列的节点没有从外界输入信息，它们可以独立求解），并按检查出的先后顺序进行排序。结果得到了一个缩小了的布尔矩阵。

　　（2）重复（1），并按顺序列入排序表内，得到再也不能缩小的布尔矩阵。

　　（3）用通路搜索法找出环路，从（2）得到的布尔矩阵上除去这个环路方块，用"拟节点"代替，构成新的布尔矩阵。

　　（4）重复（1）～（3），直到全部节点从缩小了的矩阵中剔除为止。

　　现以图 5-19（a）所示的信息流图为例进行分隔。

　　第一步：剔除元素全部为零的列和它所对应的行（第一列和对应的第一行），得到图 5-19（b）。

　　第二步：用通路搜索法找出环路（2—4—3—2）并用拟节点 L_1 代替，得到图 5-19（c）。

　　第三步：重复第二步，找出环路（L_1—6—5—L_1），用拟节点 L_2 表示，得到图 5-19（d）。

　　按照以上步骤，得到分隔求解该信息流图的求解顺序，如表 5-3 所示。这种系统分隔运算方法很容易在计算器上实现。

　　除了布尔矩阵分隔法外，还有高次邻接矩阵分隔法和索引矩阵分隔法等。这些方法适用于邻接关系很清楚的系统。例如，对于一般的热能系统，其中各单元都是用管线进行连接的，彼此联系很明确，很容易得出邻接矩阵，即使系统比较复杂，有了邻接矩阵，也可以通过以上方法分隔成独立子系统或有层次的子系统。

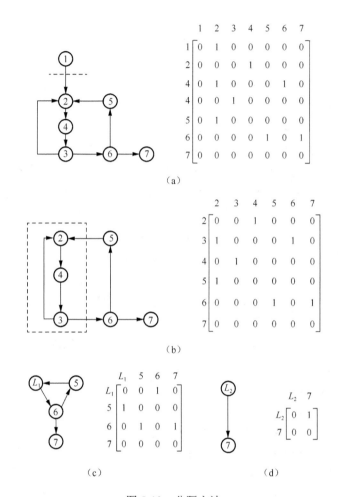

（a）

（b）

（c）   （d）

图 5-19　分隔方法

表 5-3　分隔求解顺序表

顺序	所代表的节点（单元）
1	1
2	同时求解 2，3，4，5，6
3	7

5.3　换热器网络系统综合

在现代化的工业生产过程中，特别是在动力、炼油、化工等生产装置中，能量的回收及其再利用有着极其重要的意义。而热能的回收主要是通过各种工艺物流之间的热交换获得的。在这些生产工艺装置或过程中，常常是一些物流需要加热，而另一些物流需要冷却。显然，合理地把这些物流匹配在一起，充分利用热物流去加热冷物流，提高系统的热回收能力，尽可能地减少辅助加热和辅助冷却负荷，将提高整个工艺装置或过程中的能量利用的有效性和经济性。

合理有效地组织物流间的换热问题，涉及如何确定物流间匹配换热的结构以及相应的换热负荷的分配。换热器网络的系统综合就是要确定出这样的换热器网络，它具有较小或最小的设备投资费用和运行费用，并可以把每一个工艺物流由初始温度达到指定的目标温度。设备投资费用主要与换热器台数或换热面积有关；而运行费用则主要与公用工程物流用量有关。公用工程（utilities）是外界向生产工艺系统提供热源（燃料、蒸汽）、热汇（冷却水、冷却系统）以及机、泵所需要的动力等为有关部门所共有的辅助设施的总称。因此，公用工程物流是指燃料、蒸汽、冷却水、冷冻剂、压缩空气、脱盐水以及电能等各种形式的能源。最常用的公用工程加热物流是烟气（加热炉）和蒸汽，蒸汽可以有几个压力等级供用户选择；最普遍的公用工程冷却物流是冷却水，包括海水、河水、井水、循环水、冷冻水等。

换热器网络可以分解为两个部分：一是内部网络，指工艺物流间的热交换部分；二是外部网络，指公用工程物流加热和冷却部分。在单纯依靠工艺物流间的热量交换而无法保证物流达到工艺规定的温度时，就需要有热公用工程或冷公用工程进行加热或冷却。因此，这些公用工程及设备也属于换热器网络的一部分。从系统工程的观点来看，换热器网络可以看成是由生产工艺系统、换热器网络系统和公用工程系统所构成的多层次结构中的一个层次。换热器网络应当与生产工艺系统相匹配，而公用工程也应当与换热器网络相匹配。在系统综合时有必要把它们一并考虑，以节能为目标，用一定的综合方法对几个层次进行优化匹配，达到全系统最优的目标，即所谓的系统能量集成。

本节首先简述换热器网络系统的综合方法，其次着重讲述成熟实用的夹点技术（pinch technology）的热力学综合方法，最后介绍换热器网络中热与功的集成原理。

5.3.1　换热器网络及其综合方法简述

1. 换热器网络及问题描述

在热能工程领域中，要降低能量的消耗、提高能量利用率，不仅要合理有效地产生、输送和利用热能，还要合理有效地回收热能。换热器网络能够有效实现热能的回收利用，也称为热量回收网络，对于降低企业的能耗具有重要意义。

据统计，在化工、炼油等企业中，最大的耗能工艺是过程加热。因为在生产工艺中，无论是化学反应还是分离过程，都必须在规定的温度条件下进行。有些反应是吸热的，需要由外界提供热能，有些反应则又必须冷却降温。各种分离过程，如蒸馏、吸收、结晶、干燥等，也都需要热能作为推动力。因此，在这些生产装置中几乎都需要配有若干台加热器和冷却器。

图 5-20（a）表示某反应需要在 300 ℃下才能进行，而由于反应放热，出口温度高达 400 ℃，但原料及产品均系常温。最简单的解决办法，就是在反应器前设置两台加热器（STM），反应器后设置一台冷却器（CW）。在能源问题不太突出的时代，一般均采用这种一对一的方式。根据加热温位的要求，设置加热炉或预热器（用蒸汽作加热介质）、水冷器或空冷器。为此，在全厂设置有加热炉、锅炉房、变电所、凉水塔等公用工程设施。

随着能源问题的日益紧张，人们认识到上述方式的浪费。提出可以用反应物出口物流来预热进料，如图 5-20（b）。由于传热温差的影响，第二进料经预热后，其温度尚达不到要求，还需要再设一个补充加热器。但加热器和冷却器的负荷都显著降低了。

图 5-20（c）是进一步改进后的另一种热回收结构，由于热流股的分流，两个冷流股的温度要求均可得到满足，从而又可以省去一个加热器。可见，正确的结构匹配能带来明显的节能和节省投资的双重效果。

加热和冷却任务同时存在是某些企业的普遍现象，为热回收提供了条件。随着工厂规模扩大和产品品种增多，热回收网络的结构形式日趋繁杂，而热回收网络的设计好坏对工厂的节能有着重要的影响。因此，换热网络的综合已经成为一个专门的课题。

换热网络综合问题的普遍表述形式如下：

有 N_h 个工艺流股，其流量 F 和比热 c_p（或是相变潜热）为已知（两者的乘积为热容流率 Fc_p），由已知的供应温度 T_s 冷却到给定的目标温度 T_t，$T_s \geq T_t$，这些流股称为热流股或热物流。

有 N_c 个工艺流股与此相反，也是给定上述数据，但需要吸收热量，即 $T_s \leq T_t$。这些流股称为冷流股或冷物流。

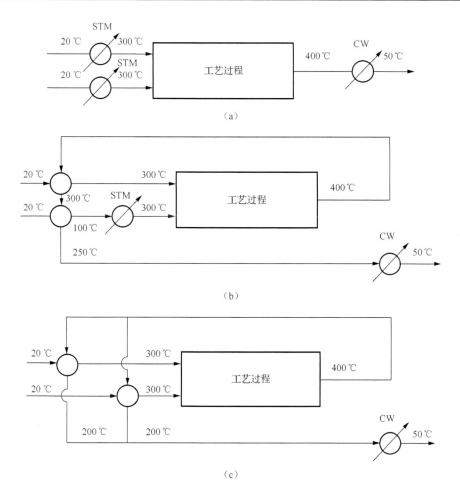

图 5-20　换热网络流程图

已知 N_{hu} 个不同的热公用工程，如烟气、不同压力的加热蒸汽、燃气轮机排气等，其温位为已知，但用量未知。

已知 N_{cu} 个不同的冷公用工程，如冷却水、大气、冷冻盐水等，温位已知，但用量未知。

上述这些流股可以匹配进行换热，工艺流股与工艺流股之间匹配的称为换热器，而工艺流股与公用工程匹配，则称为加热器（与热公用工程区配）或冷却器（与冷公用工程匹配）。

现要求由换热器、加热器、冷却器及联络管线组成一个系统，即换热网络（heat exchanger network），使工艺流股达到要求的温度条件，而且使规定的目标函数为最优。一般以年总成本作为目标函数，包括运行费用和设备费用。为简化计算，运行费用只指公用工程的消耗，而设备折旧费可按简化的换热面积公式计算，即

$$z = \sum_k \sum_l \mu_k s_{kl} + \delta \sum_i a A_i^b \tag{5-32}$$

式中，s_{kl} 为第 k 种公用工程用于第 l 台加热器（冷却器）的年消耗量；μ_k 为单价；A_i 为第 i 台换热器、加热器或冷却器的换热面积；a 和 b 是计算设备费的常数；δ 是年折旧率。在计算换热面积时，往往取换热系数为常数。

对于给定的综合任务，可供选择的流程方案有多少种？是否可以采用穷举法逐一计算并从中选优呢？由于只能用热流股与冷流股匹配，而且热、冷公用工程本身不能自相匹配，故不同的匹配数有 $n = (N_h + N_{hu}) \times (N_c + N_{cu}) - (N_{hu} + N_{cu})$ 个。从中选出一对匹配可有 n 种选择。在该匹配完成最大可能换热量后再选第二对匹配，则有 $(n \Delta l)$ 种选择，这样下去可得 $n!$ 种不同流程方案。例如，对各有 3 个冷、热物流和各有一个冷、热公用工程的系统，可供选择的流程方案则有 $n! = 1.3 \times 10^{12}$ 种。如果再考虑流股的分交、重复匹配、换热量可变化等情况，则方案数目还要大得多。当然，其中有些是同一流程的重复；还有些是明显不可行而应剔除的，如温度低的热流股不能与温度高的冷流股匹配等。但流程方案的数目随流股的增多而急剧增加是无疑的，甚至出现组合方案爆炸的可能。因此，决不能盲目地采用穷举计算来找出最优解，必须寻求有效的综合方法。

在换热器网络系统模拟时，可以很方便地采用过程流程图的形式来表示其网络结构和各种参数。图 5-20 表示的是换热器网络流程图，图中标明了各物流的流向、供给温度和目标温度，同时也可以标明各换热器、加热器和冷却器的热负荷。但是，一方面，在换热器网络系统综合时，由于所研究的换热网络物流数较多，物流间存在着大量换热匹配，甚至出现许多循环流路，相应的过程流程图可能相当繁杂，很难使人以直观的感觉判断；另一方面，在换热器网络的综合过程中，总是包含多方案的选择和一系列中间网络方案的改进，如果采用流程图来表示网络也很不方便，必须寻求更适用的表示方法。这里先介绍换热网络流程的一种规范化表示方法，称为格子图（trellis diagram），这是由 Linnhoff 始创的。

按照格子图表示法，每一流股都用水平线表示，先画出热流股，规定其流向从左往右；在热流股之下画出冷流股，其流向相反；当有两流股匹配换热时，在两流股的适当位置做一小圆圈，注明设备序号并用一垂线相连。公用工程换热的加热器 H 和冷却器 C 则只能在相应流股上画一个小圆圈。小圆圈的下方注明设备热负荷，每条流股的温度变化在线段上注明。此外，还要注出流股序号和热容流率。采用这种方法可将图 5-20（b）所示的流程图表示为图 5-21 的网络格子图。格子图有时也简称为网络图或网结图。

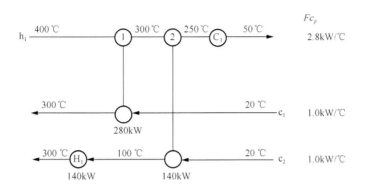

图 5-21　换热网络的格子图

2. 换热器网络的综合方法

许多学者对换热器网络的合成问题进行了深入研究，提出了多种最优或接近最优的换热器网络综合方法。有些方法已成功地用于工程实际，取得了显著效果。根据研究方法的侧重面不同，大体上可分为三类。

第一类：数学规划方法，即把问题归结为有约束的多变量优化问题。目前虽然有一些成熟的数学方法可以利用，但由于问题的维数太高，大规模非线性迭代运算效率较低，即使现代的计算机也难以完成，所以只好把问题简化，并在算法上加以改进。这方面的代表性算法有分支定界法、线性规划法、树搜索法、混合整数线性与非线性规划（MILP 和 MINLP）。

第二类：经验规则方法，即应用一些经验积累下来的直观推断规则，剔除一些不可能和不合理的方案，大大缩小搜索空间，很快得到一个趋于最优的可行解。这种方法也称为直观推断法、试探法或启发式方法。这类规则实际上是基于某一方面的知识经验形成的，虽未经过严格的证明，但基本上是正确的。利用这种半理论半经验的规则作为指导，可以解释和发现较优系统或得到较好的初始方案或近优方案。它虽然不能保证一次得到最优解，但可以此为基础进行调整，使系统达到最优化，因此这种方法也可以称为"直观推断-调优法"。调优可以用数学方法，但大多也是根据经验规则调优。这种方法是比较成熟和实用的，可使有经验的设计者根据现有的经验规则以定一个初始方案作为起点，然后用调优方法反复改进方案，得到最优解。

第三类：夹点技术。以 Linnhoff 为首的英国帝国化学工业有限公司（ICI）的系统综合小组，曾在 1980 年前后的四年间对老厂技术改造及新厂建设的 18 项工程设计进行了重新设计计算，发现用新的原理设计可以平均节能 30%。有的项目不仅可以节能，而且重新安排系统后还节省了投资。1982 年美国联合碳化物公司请 Linnhoff 指导，在一年时间就试算了 9 个工程实例，结果证明用这种方法平均可以节能 50%，用于老厂技术改造的设备投资一般可在一年内收回。由于夹点技术在换热器网络综合中应用的首要目标是运用热力学综合方法追求网络系统能耗最少，因此这种方法也称为热力学方法或热力学目标法。

上述几种综合方法的划分并不是绝对的。事实上，人们常常将几种方法结合起来使用。例如，夹点技术的热力学综合方法采用了一些直观推断规则和调优方法，而运转模型的数学规划法又采用了夹点技术的成果。总而言之，在换热器网络综合中，无论采用哪种综合方法，其策略一般可分为三步：首先确定目标；其次合成初始网络；最后对网络进行调优，得到最终的优化网络。

5.3.2　换热器网络的夹点及最小公用工程消耗

换热器网络中的温度夹点问题首先是由 Linnhoff 等提出的，该夹点限制了换热器网络可能达到的最大热回收量，从而也就确定了最小的公用工程消耗量。充分掌握夹点的特性，可以有效发挥设计人员的实践经验，因此这是一种值得推广的换热器网络综合的实用方法。

系统综合的最大困难在于可供选择的流程数目太多。Linnhoff 的夹点技术的最大成功之处，就是从众多因素中首先找出影响优化目标的最关键因素，而且在完成全部综合之前就能提出争取目标，一旦达到该目标，即使还不是最优解，也已经是接近最优了，在此基础上进一步调优也不太困难。夹点技术提出的两个最主要原则如下。

夹点技术原则一：降低公用工程消耗是系统优化的首要目标。

夹点技术原则二：在相同的公用工程消耗前提下，设备台数越少设备费用越低。

前已给出换热网络综合的目标函数式（5-32），包括公用工程费用（运行费用）和设备投资费用两部分。在目前的能源价格条件下，前者所占成本的比重远大于后者。换言之，节能是优先考虑的因素。只要公用工程消耗（燃料、蒸汽、冷却水等）能够降低，即使增加几台设备也是有益的，并且随着公用工程消耗的减少，设备费往往也下降。

满足最低公用工程消耗的流程方案可能不止一个，这些方案的评比指标应当是式（5-32）中的第二项，即设备投资费用，因此还要使用第二条原则。

上述两个原则为换热网络综合指明了方向，从而不必在明显不利的网络上下功夫，而且还给出了网络综合的极限值，即给定物流集合的极限公用工程消耗量和最少设备数。这两个指标都是在进行系统综合时就预先给出的，因而大大发挥了这两个原则的指导作用。本部分先讨论第一个原则，即夹点与最小公用工程消耗问题。

1. 复合 *T-H* 图曲线与夹点

物流的热物性可以用温-焓图（*T-H* 图）表示。该图的横轴为焓 H，纵轴为温度 T。当向一冷物流加入热量 δQ 时，其温度发生了 $\mathrm{d}T$ 变化，则有

$$\delta Q = Fc_p \mathrm{d}T \tag{5-33}$$

式中，F 为质量流量，kg/h；c_p 为比热，kJ/(kg·℃)。

如果将一冷物流中从供给温度 T_s 加热到目标温度 T_t，所需的总热量为

$$Q = \int_{T_s}^{T_t} Fc_p \mathrm{d}T \tag{5-34}$$

若物流的热容流率 Fc_p 为常数，则加入物流的热量为

$$Q = Fc_p (T_t - T_s) = \Delta H \tag{5-35}$$

这样，冷物流的加热过程就可以用 *T-H* 图上相应的线段来表示。同样，热物流的冷却过程也可以用 *T-H* 图上一条线段来表示，如图 5-22 所示。由于假设热容流率 Fc_p 为常数，相应的流股过程在 *T-H* 图上为直线段，冷流股自左往右流，则线段的斜率总为正。作为特例，纯物质（如蒸汽）相变的 *T-H* 线为一水平线段。对于比热随温度变化，或多组分混合物相变的情况，则 *T-H* 线应是一曲线段，亦可近似地用极端折线表示。这里只研究直线段的情况。

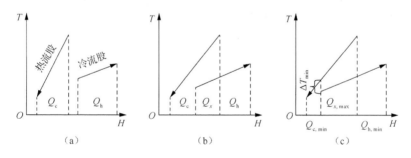

图 5-22　单流股的 *T-H* 图

因为焓值只有相对意义，所以每个流股可画在横轴的任何位置，任意做水平运动。线段始末两点在横轴上的投影就是所需要的换热量。如图 5-22（a）所示热流股所需冷却量 Q_c 和冷流股所需加热量 Q_h。

两流股换热的必要条件是热流股的温度高于冷流股的温度。如图 5-22（b）所示，在换热器中的换热量为两流股在横轴上投影的重叠部分 Q_x，而未重叠部分为热、冷公用流程的消耗量 Q_h、Q_c，但两者都减少了。

沿水平移动的两个流股的相对位置，重叠部分越长，则流股间的换热量就越大，Q_h 和 Q_c 越小，并且加热量的减少量与冷却量的减少量相同。这一事实表明：如果换热匹配适当，则 Q_h 和 Q_c 同步减小，而且由于 Q_h 和 Q_c 减小，换热面积也

随之减小，故公用工程消耗和设备费都减少。

当两流股在某界面处的温差减小到允许的最低限度 ΔT_{min} 时，换热量达到最大极限 $Q_{x,max}$，如图 5-22（c）所示。此时的公用工程耗量为最小，即 $Q_h = Q_{h,min}$ 和 $Q_c = Q_{c,min}$。可见，若最小传热温差 ΔT_{min} 固定，则 $Q_{h,min}$ 和 $Q_{c,min}$ 即为定值，ΔT_{min} 通常由实际经验确定。随着 ΔT_{min} 的减小，公用工程耗量减小，但换热面积将增大，因此 ΔT_{min} 是基建费与能耗费折中考虑的结果。

对于多流股系统，则必须采用过程复合曲线表示。图 5-23 表示两个冷物流 AB 和 CD 组成过程复合曲线的构造方法。

首先，将线段 CD 水平移动至点 B 与点 C 在同一垂线上，即物流 AB 与 CD "首尾相接"，然后沿点 B 和点 C 分别作水平线，交于点 F 和点 E，这表明物流 AB 的 EB 部分与物流 CD 的 CF 部分位于同一温度间隔，它们在 H 轴上的投影可以叠加。对角线段 EF 表示该温度间隔内两流股的组合，从而得到两流股的过程复合曲线为折线 $AEFD$。

对于多流股热物流和多流股冷物流的换热网络系统，可按上述方法将所有的热流股合并为一条热流股过程复合曲线，将所有的冷流股合并为一条冷流股过程复合曲线，并通过这两条复合曲线在 T-H 图上表示多流股系统的换热过程。图 5-24 为热、冷流股的两条复合曲线。根据复合曲线在 T-H 图上求最小公用工程消耗的方法与单流股相同，图中两条复合曲线在 H 轴上投影的重叠部分代表了换热网络中物流之间可能的换热量；热、冷物流复合曲线投影的未重叠部分表示冷、热公用工程负荷 Q_c、Q_h。

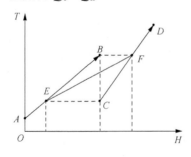

图 5-23　复合曲线的绘制

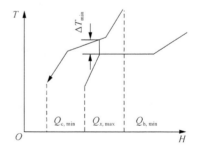

图 5-24　复合 T-H 图曲线与夹点

由于物流之间的热量交换需要有一定的温差，当冷物流复合曲线沿 H 轴向左平移靠拢热物流复合曲线时，各部位的传热温差 ΔT 逐步减小，冷、热物流间的换热量增大，而冷、热公用工程负荷减小，最后某一部位的传热温差首先达到设定的最小传热温差 ΔT_{min}（通常为 10～20 ℃），这时就达到了实际可能的极限位置，即物流间的换热量达到最大（$Q_{x,max}$），而冷、热公用工程的热负荷达最小（$Q_{c,min}$，$Q_{h,min}$）。图中热、冷复合曲线纵坐标最接近的一点，即温差最小的位置，称为夹点（pinch point）。它对整个换热网络的分析具有十分重要的意义。

2. 最小公用工程消耗及问题表格算法

从图 5-24 可以看出，两条复合曲线的相对水平移动可以改变换热网络中物流间的换热量。当两条曲线相互靠近，并于某一点上相互接触时，物流间的换热量达到最大极限，冷、热公用工程消耗则达到最小极限。另外，由于两条复合曲线相互靠近，物流间的换热量虽然增大，但传热温差却减小，因而必需的传热面积就要增大。可见两条曲线在水平方向上相对移动，可用来探讨换热网络的投资费用与热回收目标之间的权衡关系。

对于工程实际问题，物流间的热量交换必须有一定的传热温差，即必须受给定的最小允许温差限制。若最小允许传热温差 ΔT_{min} 一定，则最小公用工程消耗量 $Q_{c,min}$ 及 $Q_{h,min}$ 均一定。这样，在没有做出最终的换热网络流程图之前，就可以预知最大限度的热回收量，以及最少的公用工程消耗。但这个限度并不是热力学第二定律定义的极限，而是顾及实际可能的极限，这是因为在夹点以外的其他位置，传热温差通常都大于 ΔT_{min}。因此，在实际条件下，其㶲效率必然小于 1。

在对流股数据均已知的换热网络系统进行夹点分析时，如果实际消耗的 Q_h 或 Q_c 大于最小公用工程消耗量 $Q_{h,min}$ 或 $Q_{c,min}$，则表明这个系统有节能潜力，只需改变换热网络的结构就可以节能，即超出 $Q_{h,min}$ 或 $Q_{c,min}$ 的公用工程消耗是可以避免的。

在换热网络节能改造中，可以通过夹点分析，找出决定最低能耗的关键流股，即处于夹点的流股。适当调整关键流股的工艺参数（如精馏塔压力的变化可以改变塔顶冷凝器和塔底再沸器的温位），可以改善夹点的位置。再进一步移动复合 $T\text{-}H$ 线、建立新的夹点，从而减少公用工程消耗。

复合 $T\text{-}H$ 曲线图比较直观，物理意义明显，对于比较简单的问题，可用作图法确定夹点和最小公用工程消耗。但这种方法并不准确，对于复杂的网络系统，很难进行定量计算。这时可用问题表格法加以计算。

问题表格法的主要步骤是根据给定的各物流的供给温度 T_s、目标温度 T_t 及相应的最小允许温差 ΔT_{min}，将网络划分为若干温度区间，并确定相应的区界温度，这些温度区间相当于一系列子网络；然后对各温度区间（或子网络）进行热平衡计算，以确定其热量的增减；最后通过计算确定最小公用工程消耗以及热增减量为零的区界——夹点的位置。现结合一实例来说明这种方法。

对含有 4 个工艺物流的换热系统，已知各流股的数据如表 5-4 所示（国际单位或相对单位），其中 h_1 和 h_2 是热流股，c_1 和 c_2 是冷流股，供热量 $Q = Fc_p(T_s - T_t)$ 是流股提供的热量。供热量 Q 的总和为 10 kW，但这并不是说各流股充分换热后还有 10kW 的余热，因为必须考虑热量由高温传向低温这一热力学约束。

表 5-4　物流数据表

流股序号	供应温度 T_s/℃	目标温度 T_t/℃	热容流率 Fc_p/(kW/℃)	供热量 Q/kW
h_1	160	60	3	300
h_2	150	30	1.5	180
c_1	20	135	2	-230
c_2	80	140	4	-240

　　取最小传热温差 ΔT_{min} = 10 ℃，在图 5-25 中做出复合曲线，可找出夹点位置在 80~90 ℃处，且最小公用工程负荷为 $Q_{h,min}$ = 50 kW，$Q_{c,min}$ = 60 kW。图中还画出了两条虚线：一条是将热复合曲线下移 ΔT_{min} / 2 = 5 ℃得到的，另一条是将冷复合曲线上移 ΔT_{min} / 2 = 5 ℃得到的，这样的温度称为区界温度（或中间温度）T_i。可见，如果用区界温度（代替真正温度）作 $T\text{-}H$ 曲线，则在最大热回收限度下，两条复合曲线在夹点处接触，而在其他位置都是热流股高于冷流股。由图可见，可以称为夹点的位置必为 $T\text{-}H$ 曲线上的转折点，而热、冷两复合流股的区界温度 T_i 相等处就是夹点。问题表格算法可按以下两个步骤进行。

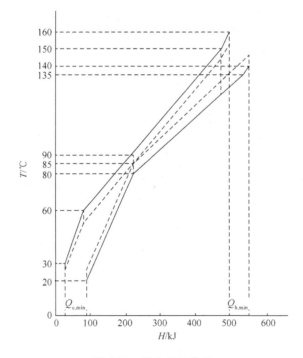

图 5-25　复合 $T\text{-}H$ 曲线

第一步是确定区界温度。将所有热物流的供给温度 T_s 和目标温度 T_t 均减去 $\Delta T_{min}/2$，而所有冷物流的供给温度 T_s 和目标温度 T_t 均加上 $\Delta T_{min}/2$，由此得到的数据就是所求的区界温度。将以上所得的区界温度按高低顺序排列，相邻两个温度值就确定了一个温度区间（或子网络），如表 5-5 所示。表中具有垂直的温度坐标，横线代表区界的温度水平（横线上方的数字即为区界的温度值），6 个区界温度划分出 5 个子网络（SN-1～SN-5）。

表 5-5 问题表格

子网格	区界温度 T_i/℃	T_{h_1}/℃	T_{h_2}/℃	T_{c_1}/℃	T_{c_2}/℃	q/kW	Q/kW	Q_{min}/kW
	155	160	—	—	—		Q_h	50
SN-1	145	150	150	—	140	30	Q_h+30	80
SN-2	140	145	145	135	—	2.5	$Q_h+32.5$	82.5
SN-3	85	90	90	80	80	−82.5	Q_h-50	0
SN-4	55	60	60	50	—	75	Q_h+25	75
SN-5	25	—	30	20	—	−15	Q_h+10	60
	Fc_p	3	1.5	2	4	—	—	—

第二步是各子网络的表格求解。在每个子网络中，冷、热流股换热必须保证传热温差的要求，这样就可算出每个子网络经充分换热后剩余的热量或不足的热量 q。以第 j 个子网络为例，盈亏热量为

$$q_j = \left[\sum_i \left(Fc_{ph} \right)_i - \sum_i \left(Fc_{pc} \right)_i \right] \left(T_j - T_{j+1} \right) \tag{5-36}$$

式中，q_j 为第 j 个子网络的盈亏热量（负值为亏）；T_j、T_{j+1} 为子网络 j 的上、下界温度；$\sum_i \left(Fc_{ph} \right)_i$ 为网络内所有热流股的热容流率之和；$\sum_i \left(Fc_{pc} \right)_i$ 为网络内所有冷流股的热容流率之和。

例如，对 SN-1 和 SN-2 子网络有

$$q_1 = 3 \times (155 - 145) = 30$$
$$q_2 = (3 + 1.5 - 4) \times (145 - 140) = 2.5$$

由此可得，表中的 q 列，q 值有正有负，即自身换热后热能有盈有亏。根据传热原理，较高温度下的盈余热量可用来弥补较低温度下的亏损热量。因此，如果从外界（热公用工程）引入热量 Q_h，就可算出每个子网络接受上一子网络的热量后向下一子网络输出的热量，即表中的 Q 列。外界输入的热量 Q_h 至少应与满足每一个子网络向外输出的热流量 Q 不为负值，从而保证热量传递的可行性。如果外界热量（热公用工程）从温度水平最高的子网络输入，那么其值应至少为 $Q_{h,min} = 50$ kW。将数值代入 Q 列，得到最后一列，即最小热流量 Q_{min}。在该

列中为零的值相当于夹点，$T=85\ ℃$，对应的冷、热流温度分别为 80 ℃ 和 90 ℃。$Q_{\min}$ 列最后一个数字是传给冷却水的热量，即 $Q_{c,\min}=60\ kW$。

　　问题表格很容易编成通用程序在计算机上实现，它对冷、热物流的数目没有限制，而且可以包括有相变的物流，尤其是对不同冷、热物流间的匹配换热，可以根据设计人员的要求选择不同的最小允许传热温差值。

3. 夹点的特性——最低能耗原则

　　由表 5-5 的最右一列（$Q_{\min}$ 列）可以看出，子网络 SN-3 输出的热量，即子网络 SN-4 输入的热量为零值，该处即为夹点；该列的第一个元素和最末一个元素即为网络所需的最小热、冷公用工程负荷。这些结果也可用图 5-26 所示的热级联图来表示。图 5-26 是对应于表 5-5 中的 $Q_{\min}$ 列的热级联图。由图可见，夹点把该问题划分为两个区域，即热端——夹点之上，冷端——夹点之下，热端包含比夹点温度高的工艺物流及其间的热交换，只要求热公用工程物流输入热量，可称为热汇，而冷端包含比夹点温度低的工艺物流及其间的热交换，并只要求冷公用工程物流输出热量，可称为热源。当不存在任何跨越夹点的能量传递时，需要的热、冷公用工程负荷都达到最小值，即换热系统达到最大可能限度的热量回收。

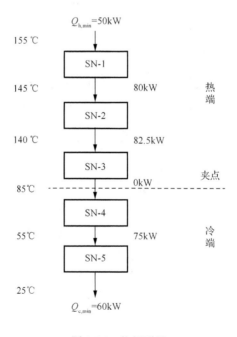

图 5-26　热级联图

以下对应图 5-27 所示的三种情况，分析跨越夹点的热量传递对系统的影响。

1）夹点处有热流量通过

由图 5-26 可知，如果加入子网络 SN-1 的热公用工程量比所需的最小值 50 还多 x，则按热级联逐级做热衡算可得到如图 5-27（a）所示的结果，即有 x 的热流量通过夹点，并且所需的冷公用工程也增加了 x。可见，一旦有热流量通过夹点，就意味着该系统不仅增加了运行费用（增加了热、冷公用工程耗量），而且由于换热量的增加，设备费也提高。

2）在热端引入冷公用工程

如果在夹点上方（热端，即热汇）引入公用工程冷却负荷 x，如图 5-27（b）所示，为维持热端的热平衡，所需的热公用工程负荷也需增加 x。因此，热、冷公用工程负荷都增大，换热量也增大。

3）在冷端引入热公用工程

如果在夹点下方（冷端，即热源）引入热公用工程负荷 x，如图 5-27（c）所示，为维持冷端的热平衡，所需的冷公用工程负荷也需增加 x，即热、冷公用工程负荷都增大，换热量也增大。

综上所述，夹点为最低能耗换热网络的综合提供了以下三条基本原则。

最低能耗原则一：不应有热流量通过夹点。

最低能耗原则二：夹点以上的子系统不应采用冷公用工程。

最低能耗原则三：夹点以下的子系统不应采用热公用工程。

这三条基本原则是保持换热网络最低能耗的充分必要条件，只要这三条得到满足，则不管匹配方式如何，能耗量均保持在最低值。因此它是换热网络综合夹点设计法的基础，同样也适用于热动力系统及换热-生产过程系统的能量集成和最优综合问题。

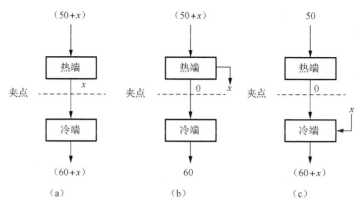

图 5-27 三种情况

以上的讨论是假定工艺流股参数固定不变的情况，三条原则所保证的最低能耗为固定值。也可以从另一角度来运用这几条原则，通过变更工艺条件达到节能的目的，如：当热流股温位由夹点以下转到夹点以上时，则同时降低热端和冷端的公用工程能耗；当冷流股温位由夹点以上转到夹点以下时，则同时降低热端和冷端的公用工程能耗。不属于上述情况的热流股的升温和冷流股的降温，均不影响最低能耗量。如热（冷）流股温度的调整仅限于夹点之上或之下，则不改变最小公用工程消耗量。

5.3.3　换热器网络综合的夹点设计法

根据夹点的特性，夹点将换热网络分隔为相互独立的热端和冷端两个子网络，并各自形成相应的设计问题，即热端网络设计和冷端网络设计。由于在夹点处的传热温差处于最低极限 ΔT_{min}，匹配条件最为苛刻，如果不能满足该处的匹配条件就达不到最低能耗的目的，而别处的条件要宽松得多。因此，夹点技术的匹配规则要求优先考虑夹点附近的匹配，即首先从夹点开始匹配，并分别向两端展开。

1. 夹点匹配的可行性规则

一般来说，夹点附近存在着某些基本的流股匹配，如果这些基本的流股匹配不恰当，必将导致跨越夹点的热量传递，增加公用工程消耗。夹点匹配（或夹点换热器）是采用可行性准则加以确定的。所谓夹点匹配是指由这一匹配所确定的换热器一端具有最小温差 ΔT_{min}，并位于夹点处。如图 5-28 所示的换热器 1 即为夹点匹配。

1）夹点匹配可行性规则一

对于夹点上方（热端），热物流（包括其分支物流）数目 N_h，要小于或等于冷物流（包括其分支物流）数目 N_c，即

$$N_h \leqslant N_c \tag{5-37}$$

图 5-28 是一热端网络的设计，其中热物流编号为 h_1、h_2、h_3，冷物流编号为 c_4、c_5。热物流 h_2 同冷物流 c_4（换热器 1）及热物流 h_3 同冷物流 c_5（换热器 2）为夹点匹配，此时还剩下热物流 h_1，已不能与冷物流构成夹点匹配了。若热物流 h_1 同冷物流 c_4 或 c_5 进行匹配，必定违反 ΔT_{min} 的要求，这是因为冷物流 c_4 经换热器 1 后温度上升为 $(80 + dT_4)$，冷物流 c_5 经换热器 2 后温度上升为 $(80 + dT_5)$，而热物流 h_1 在夹点处的温度为 90 ℃，显然，$[90-(80 + dT_4)]$ 或 $[90-(80 + dT_5)]$ 都小于规定的 $\Delta T_{min}=10$ ℃。为了使热物流 h_1 冷却到夹点温度 90 ℃，只好采用冷公用工程，但这违反了前面叙述的最小能耗的基本原则之二，即在夹点上方引入冷公用工程，必然也会增加热公用工程负荷，造成双倍的浪费，达不到最大的热回收。

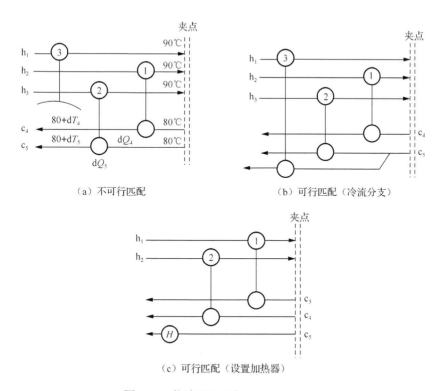

（a）不可行匹配　　　　　　　　（b）可行匹配（冷流分支）

（c）可行匹配（设置加热器）

图 5-28　热端匹配（取 $\Delta T_{\min} = 10$ ℃）

　　为此，夹点上方一定要保证用夹点处的冷物流把热物流冷却到夹点温度，即保证热物流为夹点匹配。对于图 5-28（a）的情况，考虑用冷物流 c_5（或冷物流 c_4）的分支同热物流 h_1 进行匹配换热，如图 5-28（b）所示，则满足了 $\Delta T_{\min}$ 的传热温差要求，而且不必引入冷公用工程，这是可以保证做得到的。因为从问题表格的计算或 $T\text{-}H$ 图上都可明显地看出，夹点上方所有冷物流的热负荷比所有热物流的热负荷都大（刚好大于 $Q_{\mathrm{h,min}}$ 值）。

　　当冷物流数多于热物流数时，如图 5-28（c）所示，若冷物流找不到热物流同其匹配，则可引入热公用工程把其加热到目标温度，即设置加热器 H，这是允许的，并不违背前述的夹点设计基本原则。

　　对于夹点下方（冷端），可行性规则一可表述为：热物流（包括其分支物流）数目 N_{h} 要大于或等于冷物流（包括其分支物流）数目 N_{c}，即

$$N_{\mathrm{h}} > N_{\mathrm{c}} \tag{5-38}$$

该不等式刚好与夹点上方（热端）的情况相反。该不等式实际上是前述基本原则三的具体化，即夹点下方应尽量不引入热公用工程，否则会造成热、冷公用工程负荷的双倍浪费。该规则的说明可参见图 5-29。当热物流数多于冷物流数时，

如图 5-29（c）所示，热物流找不到冷物流与其匹配，则可引入冷公用工程把其冷却到目标温度，即设置冷却器 C。

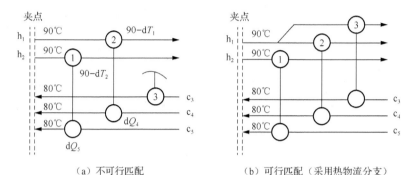

（a）不可行匹配　　　　　　　　　　（b）可行匹配（采用热物流分支）

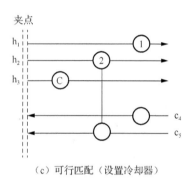

（c）可行匹配（设置冷却器）

图 5-29　冷端匹配

2）夹点匹配可行性规则二

对于夹点上方，每一夹点匹配中热物流（或其分支）的热容流率 Fc_{ph} 要小于或等于冷物流（或其分支）的热容流率 Fc_{pc}，即

$$Fc_{ph} \leqslant Fc_{pc} \tag{5-39}$$

对于夹点下方，则上面的不等式变向，即

$$Fc_{ph} \geqslant Fc_{pc} \tag{5-40}$$

这一规则是为了保证夹点匹配中的传热温差不小于允许的 $\Delta T_{\min}$。离开夹点后，由于物流间的传热温差都增大了，所以不必一定遵循该规则。

可行性规则二的说明可参见图 5-30。图 5-30（a）表示可行的夹点匹配。这是因为 $\Delta T_{\min}$ 值已经固定，当 $Fc_{ph} \leqslant Fc_{pc}$ 时，在同样热负荷条件下，热物流的温降要大于冷物流的温升，即在 T-H 图上热物流斜率比冷物流的斜率大，所以该夹点匹配中任意位置的传热温差都保证大于或等于 $\Delta T_{\min}$。假如是另一种情况，$Fc_{ph} \geqslant Fc_{pc}$，如图 5-30（b）所示，同样已固定 $\Delta T_{\min}$，此时冷物流的热容流率小，

所以在 T-H 图上冷物流的斜率比热物流的斜率大，势必使传热温差 $\Delta T \leqslant \Delta T_{min}$，则 ΔT 违背了最小允许传热温差的限制，这是不可行的夹点匹配。

对于夹点之下，可行与不可行的夹点匹配可参见图 5-30（c）和图 5-30（d）。

为了满足可行性规则二，有时需要把物流分流，在后面将讨论物流分流的措施。

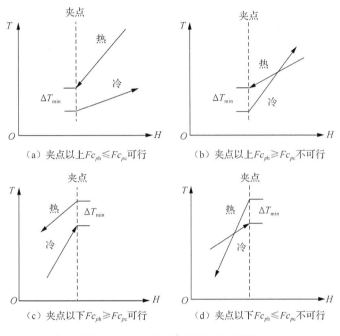

图 5-30 可行与不可行的夹点匹配

2. 物流间匹配换热的经验规则

上面讨论的两个可行性规则，对夹点的匹配来说是必须遵循的，但在满足这两个规则的约束前提下还存在着多种匹配的选择。基于热力学和传热学原理，以及从减少设备投资费出发，下面提出的经验规则是有一定实用价值的。

经验规则一：选择每个换热器的热负荷等于该匹配的冷、热物流中的热负荷较小者，使之一次匹配换热可以使一个物流（热负荷较小者）由初始温度达到终了温度。这样的匹配，可使系统所需的换热设备数目最小，减少投资费。

经验规则二：在考虑经验规则一的前提下，如有可能，应尽量选择热容流率值相近的冷、热物流进行匹配换热，这就使所选的换热器在结构上相对简单，费用也低。同时，由于冷、热物流热容流率接近，换热器两端传热温差也接近，所以在满足最小传热温差 ΔT_{min} 的前提下，传热过程的不可逆性最小，对相同热负荷情况传热过程的㶲损失最小。

值得注意的是，采用经验规则时，选用规则一应优先于规则二，并且还要兼顾换热系统的可操作性、安全性等因素，根据设计者的经验和对工作对象的深入了解来灵活运用。上述经验规则不仅用于夹点匹配，对离开夹点的其余物流匹配换热也是适用的。

3. 夹点设计法

综上所述，夹点设计法的要点归纳如下。

（1）在夹点处把换热网络分隔开，形成独立的热端及冷端子问题分别处理。

（2）对每个子问题，先从夹点处开始设计，采用夹点匹配可行性规则及经验规则，决定物流间匹配换热的选择以及物流是否需要分支。

（3）离开夹点后，确定物流间匹配换热的选择有较多的自由度，可采用前述的经验规则。但在传热温差的约束仍比较紧张的场合（某处的传热温差比允许的 $\Delta T_{\min}$ 大不了多少的情况），夹点匹配的可行性规则还是需要遵循的。

（4）还要考虑换热系统的可操作性、安全性，以及生产工艺上的特殊规定等要求，如具体的物流间不允许相互匹配换热，或规定期间一定要匹配换热，等等。

例 5-2　应用夹点设计法确定换热网络结构

表 5-5 问题表格已经确定出夹点的位置及最小工程消耗量，现按夹点设计法确定这个换热网络的结构。

（1）热端设计。如图 5-31（a）所示，热端不采用热汇，两个热流股只能同冷流股换热。热端的夹点匹配可行性规则为 $N_h \leqslant N_c$ 及 $Fc_{ph} \leqslant Fc_{pc}$，此处均得到满足。再按经验规则，$h_1$ 与 c_2 匹配，h_2 与 c_1 匹配，得到图 5-31（b）所示的热端设计方案，其中两个冷流股没有达到目标温度，可以配加热器 H_1 和 H_2。

（2）冷端设计。如图 5-31（c）所示，冷端的夹点匹配可行性规则为 $N_h \geqslant N_c$ 及 $Fc_{ph} \geqslant Fc_{pc}$，此时 c_2 已达到目标温度，而 h_1 和 c_1 满足上述规则，让 h_1 与 c_1 先匹配，使 h_1 达到目标温度；再让 h_2 与 c_1 匹配，使 c_1 达到目标温度，因为此时 c_1 温度已离开夹点，不受 $Fc_{ph} \geqslant Fc_{pc}$ 的限制；最后 h_2 配以冷却器 C_1 即完成冷端设计，如图 5-31（d）所示。

（3）最小公用工程消耗的整体网络设计。把以上的热端设计与冷端设计结合起来，就得到满足最小公用工程消耗的整体网络，如图 5-31（e）所示。该方案需 4 台换热器、2 台加热器、1 台冷却器，共 7 台换热设备。

上述得到的只是初始方案，其设备台数并不是最少。还可以进一步简化上述整体设计，使之尽量减少设备台数，同时尽量维持较低的公用工程负荷，即把两个目标兼顾，使系统总费用最小，也就是以上述方案为基础进行换热网络的调优。

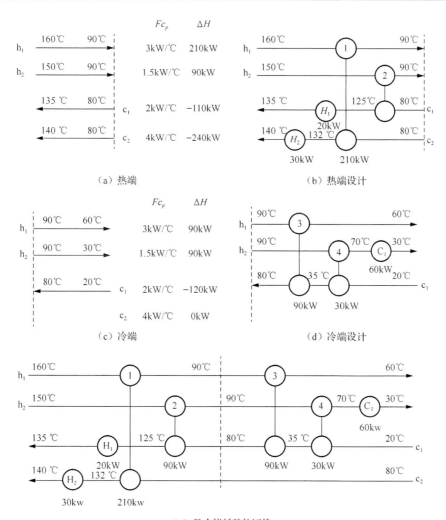

图 5-31　从夹点开始的匹配

5.3.4　换热网络中的热功集成

一般的工艺生产系统可以看成是由生产工艺系统、热回收系统和公用工程系统构成的。在工艺生产过程的各个阶段，除了有物流出入和热量交换外，还必须提供一定形式和数量的公用工程才能维持生产的顺利进行，包括机械功、电能、不同温位的热能和冷能。也有一些工序可向外提供机械能和热能。

一般的工艺生产系统可以看成是由生产工艺系统、热回收系统和公用工程系统构成的。在工艺生产过程中的各个阶段，除有物流出入和热量交换外，还必须提供一定形式和数量的公用工程才能维持生产的顺利进行，包括机械功、电能、不同温位的热能和冷能，也有一些工序可向外提供机械功和热能。

现代化大型生产企业合理用能的特点之一就是生产工艺系统与公用工程系统有机结合，在能量的合理利用和有效利用方面有良好的匹配关系，即所谓的能量集成（energy integration）。在传统的企业中公用工程的需求取一一对应的方式，针对工艺要求分别设立加热炉、蒸汽锅炉、变电所、冷却塔等。其结果往往是这边消耗大量燃料提供热能，那边的高温余热却不予利用。现代化的公用工程系统与此完全不同，它把工艺系统的能量需求和余热回收进行统一的综合考虑，通过能量集成显著提高能量的利用率和经济性。图 5-32 为一典型热功集成系统，生产工艺过程本身需要外界输入热量 Q_h 和功量 W，同时向冷却塔排放热量 Q_c。为满足生产过程的动力需求，热机从高温热公用工程吸收热量 Q，向低温冷公用工程排放热量($Q-W$)。如果热机所排放的热量具有足够的温位来代替生产过程的部分用热，则可将两者集成为图 5-32（b）所示的系统。这不仅减少外界供热量和向外界的排热量，而且使系统所承受的热负荷减少，即设备投资费用降低。因此，能量集成往往具有节能和节省投资费用的双重效用。

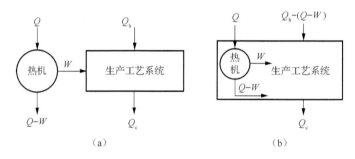

图 5-32　热功集成

本部分主要运用夹点技术讨论公用工程的选择，以及实现热机、热泵与工艺过程系统或换热网络系统的热功集成原理。

1. 公用工程的选择

前面的讨论是假定只有一种热公用工程，其温位足够高，可以完成所要求的加热负荷；只有一种冷公用工程，其温位足够低，可以完成所要求的冷却负荷。但在实际中同时使用几种不同温位的公用工程可能更为合理。例如，热源可以是几种不同压力等级的加热蒸汽，也可以是锅炉、工业炉烟气或燃气轮机排气。用总复合曲线和热级联图来讨论多个公用工程的选择及限制条件是很直观和方便的。

总复合曲线仍采用 $T-H$ 坐标，但前边讲过的热（冷）复合曲线是全部热（冷）

流股加和的温度-焓关系，而总复合曲线是不同温度下冷复合曲线减去热复合曲线的焓差，这里的温度是流股的中间温度（区间温度）T_i，对热流股取$(T - \Delta T_{min})/2$，对冷流股取$(T + \Delta T_{min})/2$。以图 5-25 的冷、热复合曲线为例，做出的总复合曲线如图 5-33 所示（横轴比例尺放大）。该图也可以根据表 5-5 问题表格中的 T_i 和 Q_{min} 列或图 5-26 的热级联图直接绘出，即将温度区间的热流量与相应的中间温度表示在 T-H 图上，并用线段相连接。总复合曲线上的点表示当公用工程耗量最低时，不同温度下从高温位传向低温位的热量。在夹点处传热量为 0，在其他温度下传热量均为正值。

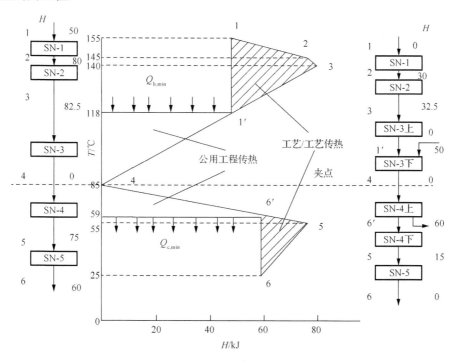

图 5-33　总复合曲线与热级联图

图 5-33 的最高点 1（T_i = 155 ℃）的焓值为 50 kJ，是热公用工程最低耗量 $Q_{h,min}$；最低点 6（T_i = 25 ℃）的焓值为 60 kJ，是冷公用工程最低耗量 $Q_{c,min}$，从点 1 到点 2（温度范围 145~155 ℃）的子网络，焓值由 50 kJ 增加到 80 kJ，表明该子网络换热后还盈余 30 kJ 的热量，可送到下一个子网络；子网络 2—3（温度 140~145 ℃），焓值由 80 kJ 增加到 82.5 kJ，即盈余 2.5 kJ；子网络 3—4（温度 85~140 ℃），焓值由 82.5 kJ 减少到 0，即该范围内的热量亏损为 82.5 kJ。由于前两个子网络已盈余 30 + 2.5 = 32.5 kJ 的热量，因此只需热公用工程量 82.5-32.5 = 50 kJ，即为点 1 的焓值。为了充分利用系统内部换热，应当用上一个子网络的热量盈余来弥补下一

个子网络的热量亏损。因而，图中 1—2—3 的热量（温度 140～155 ℃）可以传递给 3—1′（点 1′的温度读数为 118.3 ℃）。这种热能传递是可行的，传热温差大于 ΔT_{min}。真正需要热公用工程的范围是 1′—4（温度 85～118.3 ℃），若考虑传热温差的影响，公用工程热源温度不低于 128.3 ℃即可，而不必要求高于冷流股的最高温度。

夹点以下的子网络采用同样的处理方法，如图 5-33 中 5—6 段所需热量由 6′—5 段提供，冷公用工程的温度只要不高于 6′点（温度 59 ℃）即可。如果按图 5-33 所示的温位条件引入热公用工程和冷公用工程，则没有热量在点 1′和点 6′的上下区间流过，即出现了新的夹点。这两个夹点称为公用工程夹点。公用工程夹点决定了可供选择的较低温位的热源或较高温位的冷源的最大用量。

在实际中有时要采用多种公用工程或变温公用工程，它们的选择必须满足一定的极限条件。图 5-34（a）表示一个系统的冷、热复合曲线，图 5-34（b）是其总复合曲线。如果全部热公用工程都采用高压蒸汽，其温度不应低于图中的 a 点（冷流股的目标温度）。若采用两个等级的蒸汽，总复合曲线可以决定两个等级的蒸汽的低限温度及数量。图 5-34（c）是把加热蒸汽也纳入复合曲线内的热、冷复合曲线图。图 5-34（d）是图 5-34（c）对应的总复合曲线，它清楚地表明出现了新的公用工程夹点。原夹点（称为过程夹点）d 以上部分分解为 3 个相互独立的绝热子系统 ac、cb、bd。作为节能的代价，换热网络的综合将产生新的限制。从图 5-34（c）可知，传热温差较图 5-34（a）减小，因而所需的传热面积将增大。

图 5-34（e）是以变温公用工程（如烟道气）作为热介质的总复合曲线图。为满足传热要求，烟道气的任何一点均不得低于总复合曲线。最低温度限的烟道气的 T-H 曲线如图中的 ecd 线所示。若把烟道气也作为热流股，做出新的热复合曲线，如图 5-34（f）中的 ecfd 曲线（夹点以下未画出），图中虚线表示复合线的制作过程。图 5-34（g）为包括烟道气在内的总复合曲线。可见在 c 点和 d 点出现了两个公用工程夹点。实际上，这种情况可能不现实，因为烟道气的 T-H 曲线由夹点 d 和 c 的位置决定其斜率（烟道气的流率），夹点以下的烟道气未被利用，烟道气的初始温度 e 点也是由外推法得到的，未必可行。

2. 换热网络中的热功集成

公用工程系统不仅向工艺系统和换热网络系统提供热量和冷量，有时还通过热机提供动力，因此公用工程系统与生产工艺系统和换热网络系统的能量集成是需要认真考虑的，运用夹点技术实现热机和热泵与换热网络系统的热功集成方法是十分重要的。

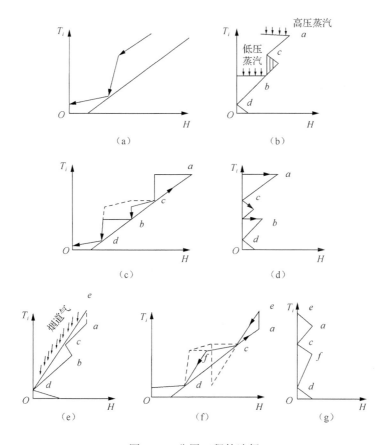

图 5-34 公用工程的选择

1）热机系统的集成

根据热力学第二定律可知，单独的热机（如蒸汽涡轮机或燃气轮机）的热效率不可能是 100%，必有一部分能量以低温热的形式排入环境。如果这部分热量能够利用，在提供动力的同时又可提供热能，就构成了所谓的热电联产（或热功联产）系统。可以用夹点技术分析这种热机系统与工艺系统的匹配是否有益。

图 5-35（a）所表示的热机系统，输入和输出的热量分别为 Q_1 和 Q_2，功为 W。Q_1 来自热公用工程；而 Q_2 由于温位低于夹点，排入夹点以下的工艺子系统。显然，这种集成并不节能，热公用工程消耗量是 $Q_{h,min} + Q_1$，冷公用工程消耗量是 $Q_{c,min} + Q_2$，与两个独立子系统无异。图 5-35（b）表示热机从夹点以上的工艺系统吸收余热 Q_1，而 Q_2 仍排入夹点以下的工艺子系统，这种热功集成同样也不能节能。事实上，这两种方法都违背了夹点设计的最低能耗原则，有热量通过夹点，没有收到热功集成的效果。

真正能够达到节能目的的热电联产系统与生产工艺系统的能量集成方式是

图 5-35（c）。图 5-35（c）表示热机设置在夹点上方，热机从热源吸收热量 Q_1，向外做功 W，排放热量 Q_2 到夹点上方。从热功转换效率来看，多耗的热公用工程量等于 W，且 100%转变为功，因此这种集成是合理且有效的，比单独使用热机的效率高得多。图 5-35（d）表示热机回收夹点下方的剩余热量，使冷公用工程的减少量为 W，可以认为热能转变为功的效率也是 100%。

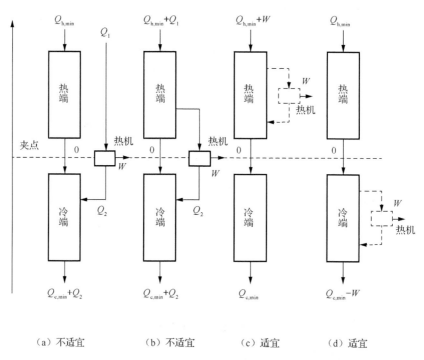

（a）不适宜　　　　（b）不适宜　　　　（c）适宜　　　　（d）适宜

图 5-35　热机相对于换热网络的位置

2）热泵系统的集成

热泵（或制冷）是热机的逆向循环系统，它利用机械能 W 使热能的温位提高，即从低温热源吸收热量 Q_1，向高温热汇排出热量 $Q_2 = Q_1 + W$。由于工厂存在大量的低温余热，因此恰当地采用热泵（制冷）系统实现供热（或制冷）可以达到节能的目的。

利用夹点技术同样可以分析热泵系统与生产工艺系统的能量集成是否适宜。图 5-36 是热泵相对于夹点的 3 种设置方式。图 5-36（a）用机械能 W 代替同等数量的热公用工程；图 5-36（b）使消耗的机械能 W 转变为同等数量的废热而被冷公用工程带走。这两种情况等效于单纯的对热端或冷端网络的"电加热"装置，是不适宜的设置。图 5-36（c）为热泵跨越夹点的设置，把夹点下方的废热 Q_1 连

同输入的功 W 一起作为供热量打到夹点上方，从而使热、冷公用工程负荷分别减小 Q_2 和 Q_1。因此这种热泵跨越节点的设置方式是有效的能量集成。

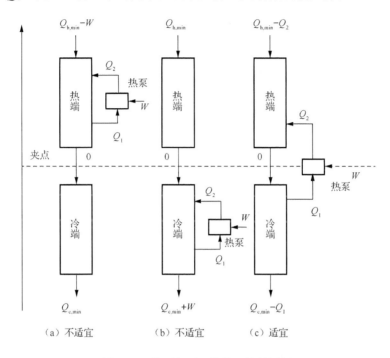

图 5-36　热泵相对于换热网络的设置

3）生产工艺系统的能量集成

上述原则还可以用来分析更为复杂系统的能量集成。设有一独立的蒸发-冷凝系统（如蒸馏水生产或一台精馏塔），所需热量和排出热量相等，但其温位不同。将此装置安排在一换热网络中，利用热工艺流股的热量代替加热蒸汽，并用冷工艺流股的热量代替冷却水。这样的设置并不总是节能的。如图 5-37（a）所示，如果该装置所需的热源和热汇都可在夹点以上（或以下）的子网络内得到解决，则显然是适宜的，单独设置时的公用工程能耗可以完全节省下来。如图 5-37（b）所示，如果装置所需的热源和热汇分属于夹点以上和以下的子网络，即供热温度高于夹点，而排热温度低于夹点，使热流跨越夹点，则能耗不仅不能节省，而且增加了系统的复杂性。

归纳以上几种情况，可知适宜的系统能量集成的节能手段是：增加夹点以上的热流或减少夹点以上的冷流，可减少 $Q_{h,min}$；减少夹点以下的热流或增加夹点以下的冷流，可减少 $Q_{c,min}$。凡不符合这一原则的集成，实质上并不能节能。由此可见，系统内的能量集成是否适宜，可以应用夹点技术进行分析。

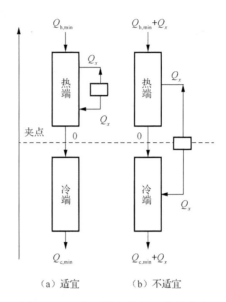

（a）适宜　　　　　（b）不适宜

图 5-37　工艺系统与换热网络的集成

3. 热功集成的热负荷和温位限制

在合理设置热机和热泵的前提下，还应该进一步考虑能量集成的热负荷大小和温位的高低。如图 5-38（a）所示，热机设置在夹点上方，这是适宜的集成方式，但热机排出的热量比换热网络所需要的最小热公用工程负荷 $Q_{h,min}$ 还多了 $\delta(Q_1 - W)$。也就是说，产生 W 数量的功具有 100% 的效率，但另外多产生的功 δW 则必有多余的热机排热量 $\delta(Q_1 - W)$ 为冷公用工程或生产工艺过程所吸收。如果这一多余热量排给冷公用工程，则所增加的功量 δW 的热效率并非 100%，而是与单独的热机运行条件相同；如果这一多余热量被换热网络所吸收，则它必将跨越夹点最终为冷公用工程所吸收，其热效率也没有改善。因此，能量集成应考虑热负荷的限制。这种限制可以归纳为：①夹点之上的热机适宜设置的热负荷限制是 $Q_1 - W \leqslant Q_{h,min}$；②夹点之下的热机适宜设置的热负荷限制是 $Q_1 \leqslant Q_{c,min}$；③跨越夹点的热泵适宜设置的热负荷限制是 $Q_1 \leqslant Q_{c,min}$ 或 $Q_1 + W \leqslant Q_{h,min}$。

图 5-38（b）说明温位的限制。根据多种公用工程选择的讨论可知，热机排出热量的温位不必都高于热级联图的最高温度，可以分级排入热级联图的不同温位处，使热机循环效率进一步提高。但这也存在着一个限度，即不能使热级联图中间的热流量为负值，极限情况为零。图 5-38（c）表示热机设置在夹点下方的情况，即从夹点下方热级联图中分级取热做功，但也不能使热级联图中间的热流量为负值，极限值为零。同样地，也可以建立其他适宜设置的温位限制。

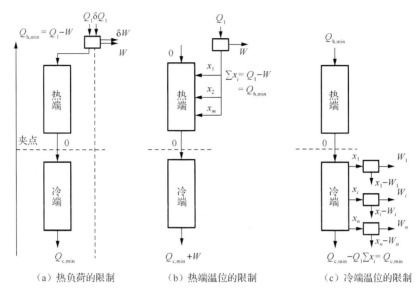

（a）热负荷的限制　　　　（b）热端温位的限制　　　　（c）冷端温位的限制

图 5-38　热负荷及温位的限制

　　一般来说，设计一个与工艺系统的热负荷特性完全匹配的能量集成系统是不切实际的。实际上，无论是热负荷的匹配还是温度变化的幅度，都要视原生产工艺系统而定，系统能量集成的代价是换热设备的传热温差减小，设备费提高。必须寻求一个满足技术和经济约束的最优折中方案，即不要求热机的供排热负荷与热级联图中各区间的热负荷完全匹配，而只要满足前述的热负荷限制条件，如寻求一系列 x_i 值使 $Q_1 - W = \sum x_i \leqslant Q_{h,min}$，以及热级联中间的热流量 $Q_i \geqslant 0$，从而获得具有最大经济效益的设计方案。显然，最优折中方案的结果可能要减少转换效率为 100% 的功 W 的数值。

　　应当指出，换热网络综合的研究虽已取得很大进展，但目前所能解决的只限于简化了的条件。这方面的研究非常活跃，并开始注意更多的实际问题。夹点技术的新发展（如双温差法）及其与数学规划方法相结合，可处理禁止匹配、优先匹配、不同公用工程成本等问题，以及研究换热网络的柔性、可操作性等。还应指出，换热网络的优化综合，与许多工程优化问题一样，答案并不是唯一的，一般要求得到一组相近的优化解即可。优良的综合方法应能花费较少的精力就可得到较优的解，而不致花精力于不合理的网络方案上。设计者还要再结合一些其他因素（有些是非定量的，甚至是非技术性和经济性的），从较优的方案中做出最后决策。归根到底，系统综合只是给出初步设计方案供进一步精确化，但这第一步却是极为重要的，不少工程设计由第一步失误造成的损失是无法挽回的。

5.3.5　夹点技术的网络调优

利用夹点设计法可以获得最小公用工程消耗的换热网络设计,这样的方案可能不止一个,而且也不一定具有最小的设备费或最小的总费用。因此,以最低公用工程消耗为前提,即运行费用已经固定,不同设计方案的评价指标就是尽量降低设备投资费用。这样的目标有两个:一个是总传热面积最小,另一个是设备台数最少。较早期的工作大都以前者作为优化的目标函数。事实证明,总传热面积最小的换热网络,即使公用工程耗量最少,其设备费亦不一定最低,往往设备台数很多,而设备费与换热面积并不呈线性关系,如不再进一步调优,实际总费用并不低。虽有不少人意识到这一点,但明确提出以设备台数最少作为换热网络匹配原则的是 Linnhoff,即前面所引述的夹点技术原则二。有时甚至不惜使部分热量穿越夹点造成能量惩罚,也要减少设备单元数,使投资费与能量消耗得到权衡。下面主要讨论最少换热设备台数与能量松弛的网络调优方法。

1. 最少换热设备台数

当公用工程消耗量已确定时,网络的总换热量也基本上确定,此时不同的匹配方式所得到的总换热面积也大体上接近。因此,以总传热面积最小为目标不如以总换热设备(包括换热器、加热器和冷却器)台数最少在经济上更为合理。

可以证明,一个热、冷物流数分别为 N_h 和 N_c,热、冷公用工程物流数分别为 N_{hu} 和 N_{cu} 的不可分割的换热网络。其最少设备台数为

$$n_{\min} = N_h + N_c + N_{hu} + N_{cu} - 1$$

则最少设备台数等于所有流股之和减 1。每一种公用工程也算一个流股。

图 5-39 (a) 给出了一个例证。

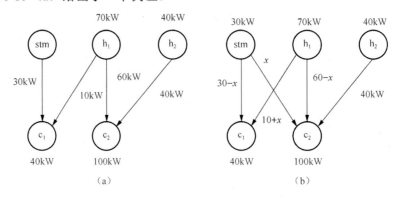

(a)　　　　　　　　　　(b)

图 5-39　换热网络设备台数的结构树

图 5-39 中有 3 个热流股 stm、h_1 和 h_2，两个冷流股 c_1 和 c_2，均用节点表示，并在旁注明该流股提供（或接受）的热量。两节点之间的连线表示换热匹配，并用数字标出换热量。假定每一匹配都取最大换热量，即以两流股中较小的换热量为限，则每匹配一次，就可取消一个流股。先令流股 stm 与 c_1 相匹配，两者热量的较小者是 stm 为 30 kW，因此取换热量为 30 kW，从而把流股 stm 勾销。c_1 余下的热量是 10 kW，与 h_1 匹配。c_1 的热量较小，因此取换热量为 10 kW，从而把流股 c_1 勾销。这样，每构成一组匹配，就消掉一个节点，最后一个匹配同时消掉两个节点（因必须满足热量平衡）。总匹配数为 4，这样就证明了上式的正确性。这种最少设备台数的匹配法则实际上就是前述的经验规则一。

从图论的角度来说，图 5-39（a）的结构不存在环路，否则将使设备台数增多。图 5-39（b）具有与图 5-39（a）同样的节点（物流），但第一次匹配没有勾销任何一个流股，这样就必须有 5 条连线才能完成全部匹配，比图 5-39（a）多一台设备。这是因为图中有一个环路 stm—c_1—h_1—c_2—stm。当取 $x = 0$ 时，就可消除环路，减少一台设备，回到图 5-39（a）。若取 $x = 30$，也可消除环路减少一台设备。

根据图论中的欧拉广义网络定理，换热网络所包含的最少设备台数 n_{min} 可用下式表示：

$$n_{min} = N + L - S$$

式中，N 为换热网络的流股数，包括公用工程物流，不包括流股分支；L 为由若干个热负荷单元构成的独立环路数；S 为换热网络内独立子网络数。

可见，独立子网络数的增加可减少整个网络的设备台数，而回路增加则使整个网络的设备数增加。当系统中某一热物流的热负荷同某一冷物流的热负荷相等，且其间传热温差大于或等于规定的最小传热温差 ΔT_{min} 时，两物流一次匹配换热就完成了所要求的换热负荷。此时，两物流可以分离出独立的子系统，连同原系统剩下的物流，系统内共含有两个独立的子系统，即 $S = 2$。

一般情况下，当网络中不能分离出独立的子网络时，即 $S = 1$，此时 $n_{min} = N + L - 1$。要使设备台数最少，必定使 $L = 0$，即需要把网络中所存在的热负荷回路断开，即 $n_{min} = N - 1$。图 5-40（a）是包括一个工艺设备（如反应器）的 5 台换热器的流程，共有 5 个流股，所以 5 台设备中可减少一台设备，因为图中有一环路 h_1—c_1—h_2—c_2—h_1。图 5-40（b）是经断开回路调整后的流程。

用最少设备原则进行换热匹配，可以用直观推断规则匹配方法，简便易行，直观看来也很合理，其具体步骤如下。

第一步：在全部流股中，总是取供应温度最高的热流股与目标温度最高的冷流股进行匹配，并且使换热量尽可能大（二流股之一已达到所要求的温度，或传热温差达到 ΔT_{min}）。

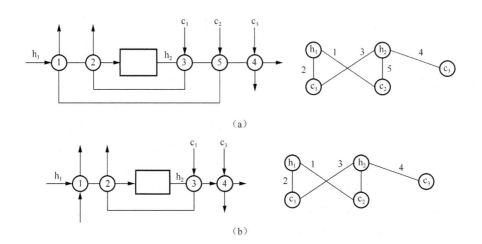

（a）

（b）

图 5-40　环路及其消除

第二步：如第一步不可行，则在冷流股末端设置加热器，其负荷应使余下部分可以用第一步的方法匹配。

第三步：消去已匹配的部分，剩余的流股组成新的系统回到第一步。

用这个方法对表 5-5 的问题进行换热匹配，可以得到一个初始网络方案，如图 5-41 所示。具体做法如下：

首先使 h_1 与 c_2 匹配，得到换热器 1。根据 $\Delta T_{min} = 10$ ℃，热流股出口温度 T 和冷流股进口温度 t 为

$$3 \times (160 - T) = 4 \times (140 - t)$$

$$T - t = 10$$

则 $T = 120$ ℃，$t = 110$ ℃，换热量 $Q = 3 \times (160 - 120) = 120 \, kW$。

剩下的系统，h_2 与 c_1 匹配，得到换热器 2。h_2 的出口温度 T 和 c_1 的进口温度 t 为

$$1.5 \times (150 - T) = 2 \times (135 - t)$$

$$T - t = 10$$

则 $T = 130$ ℃，$t = 120$ ℃，$Q = 30 \, kW$。

然后，应当再使 h_2 和 c_2 匹配，但限于传热温差已不能继续下去。将规则反过来，从冷端开始，因 h_2 的目标温度与 c_2 的供应温度最低，匹配得换热器 3。其余部分由加热器和冷却器构成整个网络。

由图 5-41 可见，公用工程消耗是 $Q_h = 50 + 120 = 170 \, kW$，$Q_c = 100 \, kW$。这比表 5-5 和图 5-31（e）给出的夹点技术最低能耗（$Q_{h,min} = 50 \, kW$，$Q_{c,min} = 60 \, kW$）高出许多，远非最优组合。而且其设备台数为 6，还不是最少（因还存在一环路），因此可以进一步调优和简化。

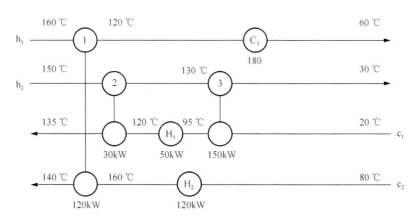

图 5-41　初始网络的经验匹配

2. 能量消耗与投资费用的权衡

换热网络最优综合的目的是获得具有最小总费用的网络设计，换热网络的总费用包括公用工程消耗费用和网络的投资费用。利用夹点设计法可以获得最小公用工程消耗的设计方案，在此基础上进行调优，使之尽量减少所用的换热设备台数，使两者统筹兼顾。为使总费用降低，有时甚至不惜使部分热量跨越夹点，造成适当的能量惩罚，以减少设备台数。

在前述的例题中，用夹点设计法得到的具有最小公用工程消耗的网络方案（图 5-31），其热端包含四股过程物流和一股热公用工程流，故其最少设备台数为 4；其冷端包含三股过程物流和一股冷公用工程流，故其最少设备台数为 3。因而具有最少公用工程消耗的整体网络的设备总台数为 7。然而从整体考虑，该换热网络的最少设备台数应为 5。这是由夹点设计法使原问题分解为两个独立子网络造成的，7 台设备无法进行简单的合并。因此，对于本问题来说，最小公用工程消耗和最少设备台数不可兼得，以该方案为基础进行调优，可减少设备台数，但必须以一定热量跨越夹点增加公用工程消耗为代价。可见两者存在一个权衡问题。

1）减少设备台数的方法

换热网络的设备台数超过最少值，反映在拓扑图上就是环路的存在。因此，减少设备台数的系统调优方法就是消除环路。

对前述的例题，将最小公用工程消耗的夹点设计网络方案图 5-31（e）重画于图 5-42（a），并做出树结构图 5-42（b），可见确实存在 2→4→2 和 1→3→H_1→H_2→1 两个环路。

为减少设备台数，须了解环路的特性。在热负荷回路中，热负荷可以由一个节点（一台设备）移到另一个节点。当一个节点增加热负荷时，则相邻节点可以减少热负荷，再下一个节点又可增加热负荷。这样的热负荷转移可以维持每一流股的热量不变，但单台设备的热负荷和传热温差都改变了，有可能破坏最小传热温差 ΔT_{min} 的要求。

对于图 5-42（a）中换热器 2 和换热器 4 构成的第一个环路，若换热器 2 和换热器 4 的热负荷分别增加 x 和减少 x，仍能满足流股 h_2 和 c_1 的热量要求而不必改变其他设备。当 $x = 30$ 时，就消除了换热器 4，取消了这一环路。但这样一来，温度分布将有所变化。计算结果，换热器 2 的冷端温度由原来的 $80 \sim 90$ ℃变为 $65 \sim 70$ ℃ ［图 5-42（c）］，不满足最小传热温差 $\Delta T_{min} = 10$ ℃的要求。（这里消除换热器 4 是因为其热负荷较小，它的影响较小。也可以试着消去换热器 2，但需要调整的幅度可能更大。）

在此需要权衡利弊：减少 ΔT_{min} 到 5 ℃，需增大传热面积，但减少一台设备，又可降低设备费。如果确认仍以原 ΔT_{min} 为宜，则必须在能耗上做一定的牺牲，因为改变原来的流程意味着热量通过夹点。这种为了减少设备台数或总费用而放弃对能量消耗的限制，称为能量松弛。

能量松弛必然是同时增加加热器和冷却器的公用工程负荷。为此，需要找出一个热负荷通路，这也是一串相互连接的换热设备，但不构成闭环，且必须从一个加热器开始，到一个冷却器结束。图 5-42（c）用虚线给出一个通路。与热负荷环路一样，当加热器 H 增加负荷 x，则相邻换热器减少负荷 x，下一个设备又增加负荷 x，最后直到冷却器加负荷 x，如图 5-42（d）。这样，流股的热量不变，但公用工程消耗量有变化，且影响温度分布。从图 5-42 中的（c）变化到（d），换热器 2 的冷流股 c_1 的冷端温度仍为 65 ℃不变，但由于该换热器减少负荷 x 而使热流股 h_2 的冷端温度升高。若保持两者仍为最小传热温差 $\Delta T_{min} = 10$ ℃，则 h_2 的冷端温度为 75 ℃。可计算出负荷变化量 $x = 7.5$，计算式为

$$1.5 \times (150 - 75) = 120 - x$$

经过调整，该换热网络的格子图如图 5-42（e）所示。若与最低公用工程的流程图 5-31（e）相比，加热和冷却负荷分别增加 7.5，而设备台数由 7 台减为 6 台。这两个方案可再做详细计算确定哪一个更为经济。

通过热负荷通路来消除热负荷环路，所增加的公用工程耗量往往较少。为取消图 5-42（a）中的换热器 4，也可以在流股 h_2 及 c_1 上分别设置冷却器和加热器，但其冷、热公用工程负荷均增加 30 kW，不如上述能量松弛方法优越。

图 5-42（e）中仍含有一个环路，可用类似的方法进一步处理，当然能耗会进一步增大。消除环路减少设备台数的方法步骤可归纳如下：①找出一个跨越夹点的环路；②通过减少和增加热负荷的办法取消某一设备，从而消除环路；③重新计算网络的环路，识别是否有违反最小允许温差 ΔT_{min} 之处；④寻找一个热负荷通

路，并建立满足 $\Delta T_{\min}$ 的温度参数与热负荷改变量 x 的关系式，求得 x 值；⑤根据 x 值调整热负荷。得到一个能量松弛网络。

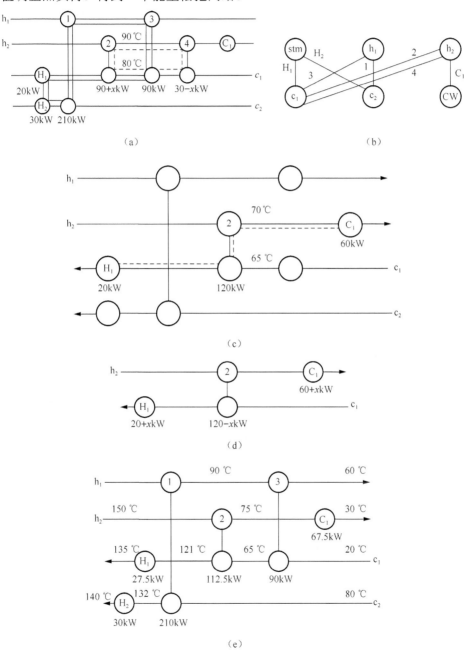

图 5-42　消除环路

2）最小允许传热温差 $\Delta T_{\min}$ 的选择

上述讨论中，网络的最小允许传热温差 $\Delta T_{\min}$ 都是给定的，它的大小决定了最低公用工程的水平。$\Delta T_{\min}$ 的变化将导致网络公用工程消耗量和网络换热面积的变化，从而使网络的投资费用也发生变化，如图 5-43 所示。因而，恰当的最小允许传热温差应是能量消耗费用与投资费用权衡的结果。

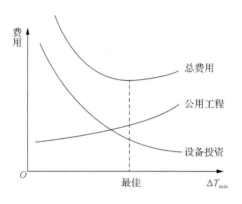

图 5-43　$\Delta T_{\min}$ 的选择

在整个网络综合之初就需要给定 $\Delta T_{\min}$ 值。作为初步尝试，可利用以往的经验选取。在当前能源价格下，有人推荐 $\Delta T_{\min}$ 的初值对于锅炉取 50 ℃，化工取 20 ℃，冷冻取 5 ℃；液-液热交换取 10 ℃，气-气热交换取 40 ℃。完成初始网络后，再进一步对 $\Delta T_{\min}$ 进行微调，或做出几个不同的 $\Delta T_{\min}$ 网络，从中找出总费用最低时的 $\Delta T_{\min}$ 值。从复合 T-H 曲线的形式可以得到一定的启示，由夹点出发，热复合线与冷复合线之间的张角越大，最佳 $\Delta T_{\min}$ 值将越小。反之，两线张角越小，即在较大范围内二者的温差都较小。此时，采用较大的 $\Delta T_{\min}$ 更为合适。

对于不同的 $\Delta T_{\min}$ 值，将产生不同的夹点位置，因而产生不同的网络结构。如果使用错误的初始结构，用常规的优化技术调优则很难使它逼近最佳网络结果，因为无法使一种结构向另一种结构急剧变化。这意味着，$\Delta T_{\min}$ 的错误选择将使设计陷入一个拓扑陷阱，即优化设计的结果只能局部最优，而达不到整体最优。如果选择不同的 $\Delta T_{\min}$ 值，每改变一次，就需要重新综合一次，这样的工作量又相当大。为了在设计之初就能得到最佳的 $\Delta T_{\min}$ 值，Linnhoff 在最近几年的工作中指出，正像最少公用工程消耗和最少设备台数可以预先给出一样，在具体进行网络综合之前可以估算出最低设备投资费。因此，虽然还不能预先找出最佳的 $\Delta T_{\min}$ 值，但只要根据热、冷复合曲线就可估算出对应于不同 $\Delta T_{\min}$ 值的设备费，从而可以预先求出最优的 $\Delta T_{\min}$ 值。Linnhoff 把这套方法称为超目标方法。

超目标方法对最少设备费的估算是以复合 T-H 图作为出发点的。在图 5-44 中

根据复合曲线的形状，可分解为若干个换热段，每段按单元逆流换热器来估算其传热面积，得到最小传热面积为

$$A_{\min} = \sum \frac{q_i}{K_i (\Delta T)_i}$$

式中，q_i、K_i 和 $(\Delta T)_i$ 分别是第 i 个换热段的换热量、传热系数和对数传热温差。

显然，上式仅是一个估计值，最佳 $\Delta T_{\min}$ 的确定和最优换热网络的综合并不如此简单。用夹点技术综合换热网络的过程如图 5-45 所示。

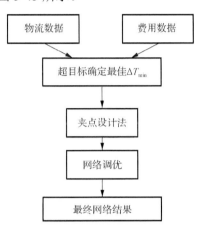

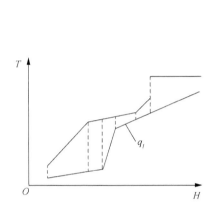

图 5-44　最小传热面积　　　　　图 5-45　换热网络综合过程

5.3.6　夹点技术的门槛、分流与网络的改造问题

实际的换热网络问题多种多样，有新系统的设计，也有现存网络的改造，综合过程可能很简单，也可能极为复杂。以下讨论几个在实际中经常遇到的问题。

1. 非夹点问题——门槛问题（threshold problem）

在实际工程中，并非任何换热网络在任何条件下都存在一个夹点。通常，随着 $\Delta T_{\min}$ 的降低，冷、热两种公用工程消耗量都减少。有些系统直到 $\Delta T_{\min}$ 减少到 0 时，两种公用工程耗量都为正值。而另有一些系统，当 $\Delta T_{\min}$ 降低到一定程度（临界情况），两种公用工程将只剩下一种，这时即使再继续减小 $\Delta T_{\min}$，该公用工程消耗量亦不再降低，如图 5-46。临界情况的 $\Delta T_{\min}$ 称为门槛值（threshold value），用 ΔT_{thr} 表示。

图 5-47 表示在门槛问题与夹点问题中公用工程消耗量与 $\Delta T_{\min}$ 之间的关系。只需用复合曲线即可计算门槛值，当发现所取的 $\Delta T_{\min}$ 经验值小于该系统的门槛值 ΔT_{thr}（只需一种公用工程）时，则不应该按前边的夹点技术进行设计，这说明

这种系统不存在以 $\Delta T_{\min}$ 作为传热温差的夹点，此时即使增大 $\Delta T_{\min}$（以 $\Delta T_{\min} \leqslant \Delta T_{\mathrm{thr}}$ 为限）也并不能增加公用工程耗量（运行费用）。这类系统的设计约束要少一些，设计方法更为简单和灵活。

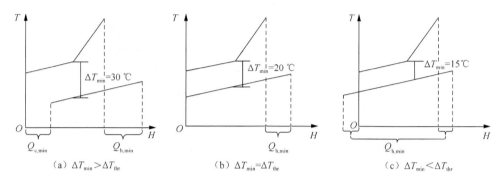

(a) $\Delta T_{\min} > \Delta T_{\mathrm{thr}}$ (b) $\Delta T_{\min} = \Delta T_{\mathrm{thr}}$ (c) $\Delta T_{\min} < \Delta T_{\mathrm{thr}}$

图 5-46 最小传热温差和门槛值

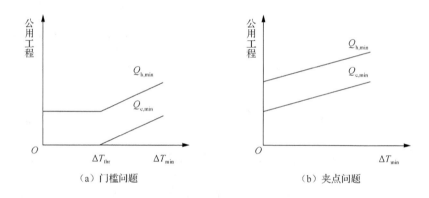

(a) 门槛问题   (b) 夹点问题

图 5-47 门槛问题与夹点问题

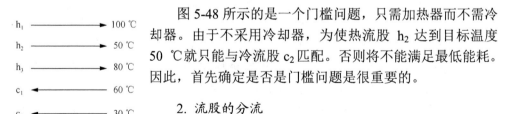

图 5-48 门槛问题

图 5-48 所示的是一个门槛问题，只需加热器而不需冷却器。由于不采用冷却器，为使热流股 h_2 达到目标温度 50 ℃就只能与冷流股 c_2 匹配。否则将不能满足最低能耗。因此，首先确定是否是门槛问题是很重要的。

2. 流股的分流

分流是指将一个流股分为两个或多个并流流股的过程。分流会增加网络的复杂性，但当出现违反夹点匹配的可行性规则时，分流是不可避免的。对于夹点以上子网络（热端），若出现以下两种情况之一必须分流。

第一，如果热端夹点处的热流股数大于冷流股数，即不满足 $N_{\mathrm{h}} \leqslant N_{\mathrm{c}}$。因夹点以上不能采用热汇（冷却水），则必须将冷流股分流，使每一热流股都可以与一冷流股匹配。

第二，当热端的某一夹点匹配中不能满足"热物流的热容率要小于或等于冷物流的热容流率（$Fc_{ph} \leqslant Fc_{pc}$）"时，则必须将热流股分流，以减小其热容流率。

对于夹点下方的子网络（冷端），若不满足 $N_h \geqslant N_c$，或 $Fc_{ph} > Fc_{pc}$，也必须对热流股或冷流股分流。对于有上述情况的夹点匹配程序如图 5-49 所示。

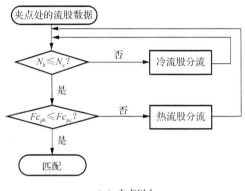

（a）夹点以上

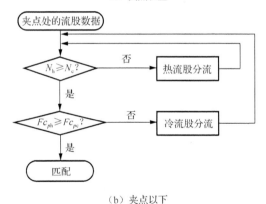

（b）夹点以下

图 5-49　夹点处的匹配程序

例如，对图 5-50（a）所示的热端子网络，应根据图 5-49（a）的程序进行冷、热流股的匹配。首先，$N_h = N_c$，其次检查 Fc_p 的关系，发现热流股 h_2 与冷流股 c_1 或 c_2 均可匹配，而 h_1 均不能匹配，因此 h_1 需要分流。除此之外，冷流股也需分流才能满足 $N_h = N_c$。如将 c_2 分流，并做如图 5-50（b）所示的匹配（并不唯一），即 h_1—1—c_1，h_1—2—c_2—1，h_2—c_2—2，应满足以下匹配规则关系式：

$$Fc_{p(h_{1-1})} \leqslant 4$$

$$Fc_{p(\text{h}_{1-2})} \leqslant Fc_{p(\text{c}_{2-1})}$$

$$Fc_{p(\text{c}_{2-2})} \geqslant 1$$

$$Fc_{p(\text{h}_{1-1})} + Fc_{p(\text{h}_{1-2})} = 5$$

$$Fc_{p(\text{c}_{2-1})} + Fc_{p(\text{c}_{2-2})} = 3$$

可以解出一组数据（不是唯一的）：

$$Fc_{p(\text{h}_{1-1})} = 3.75$$

$$Fc_{p(\text{h}_{1-2})} = 1.25$$

$$Fc_{p(\text{c}_{2-1})} = 1.5$$

$$Fc_{p(\text{c}_{2-2})} = 1.5$$

这样可以得到一个可行解，如图 5-50 所示。

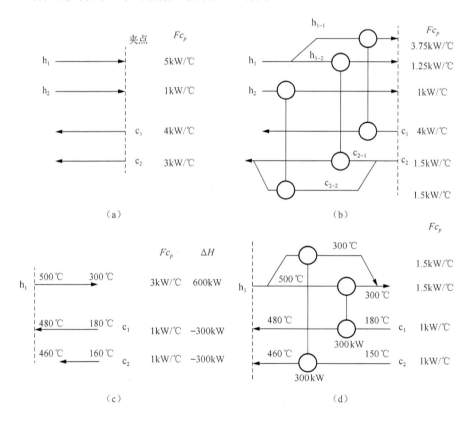

图 5-50　分流

除上述两种情况外，分流还可以解决另外一些问题。图 5-50（c）中，夹点处唯一可行的匹配是 h_1—c_1；（$\Delta T_{\min} = 20\,℃$），但这一匹配勾销流股 c_1，而剩余的流

股 h_1 不能与 c_2 匹配（h_1 初始温度 450 ℃，低于 c_2 终了温度 460 ℃）。如果减小 h_1—c_1 匹配的热负荷以提高剩余的流股 h_1 温度到 480 ℃，则设备台数将增加。最好的解决方式是 h_1 分流。图 5-50（d）是一个可行解。

采取分流的办法，虽然增加了网络求解的复杂程度，但也增加了可供选择的网络形式，为获得夹点技术的较优解提供了有利条件。

3. 夹点技术的换热网络改造

在实际工程中经常遇到对现有换热网络的更新改造问题。由于现存网络的状况和各种约束，网络的改造与新设计相比有相当大的差别。利用夹点技术进行换热网络的改造设计，在实践中已取得了显著效果，不仅有明显的节能效益，而且技术改造的设备费用可在短时间内收回。换热网络的改造与新设计一样，首先要确定设计目标，然后利用夹点技术进行设计。

1）确定改造设计的目标

某一给定的换热器网络的能量需求与其所用的换热面积之间的权衡关系可用图 5-51 所示的目标曲线表示。曲线之下为设计的不可行区域，即优于目标的设计是不存在的；曲线之上为偏离目标的可行区域。目标曲线上的 A 点代表具有较小 ΔT_{min} 值的设计点，它对应的热回收量较多（能量需求较少），但需要的换热面积（投资费用）较大；C 点代表具有较大 ΔT_{min} 值的设计点，它对应的热回收量较少，但需要的换热面积也较少；B 点代表具有最低总费用的最优权衡设计点。一个全新的网络设计方案应以 B 点为目标进行设计。

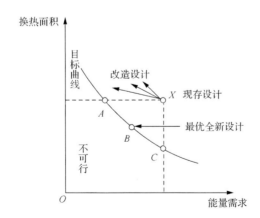

图 5-51　换热面积与能量需求间的关系

一个现存的网络，其改造前的设计点通常处于目标曲线之上的区域，如设计点 X。它所代表的设计方案既没有充分利用其换热面积，也未能回收应该回收的能量。换热网络的改造设计不应以最优全新设计的 B 点为目标，因为在实际中必须考虑尽可能地利用已有的换热面积，尽可能多地回收能量。因此，从现存设计点 X 出发，理想的改造目标应是最小能耗的设计点 A，即应力求改善由交叉匹配导致的换热面积的无效使用，并同时移动冷、热复合曲线，使它们更为接近，从而达到少投资（或不投资）、多回收能量的目的。

在实际改造中，往往需要适当增加部分换热面积（或投资）来改变现有的网络，这就产生了图 5-51 中箭头所示的几个途径供设计者选择。显然，这些箭头所代表的改造设计具有不同的经济效益，对于一定的能量节省量，箭头越低，其投资费用越少。

若给定换热面积和能量费用，则最优曲线可转换为图 5-52 所示的节能量和投资的关系曲线。这一曲线表明了年度节能量、投资和回收期之间的关系，设计的范围一般由三者之一来选定。例如，在图 5-52 中，对于投资 a_1，可以得到回收期为一年时的节能量 b_1；如果设定目标回收期为 2 年，则投资 a_2 可得到 b_2。

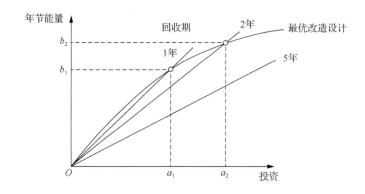

图 5-52 节能量与投资的关系

然而最优曲线是难以确定的，它是装置规模及过程状况的函数。可以预计一条可能接受的边界曲线，并假设改造之后的网络至少像原来一样有效地使用换热面积。如果一个改造设计是好的，就不可能因为设置了新的换热面积反而降低了总体换热面积使用的有效性。

改造设计中的一个重要参数是面积效率 α，它是所需的最小面积（目标面积）与达到同样能量回收量的实际使用面积之比，即

$$\alpha = \frac{A_t}{A_e}$$

实际设计中，α 值一般小于 1（$\alpha=1$ 表明不存在交叉匹配）。α 值越小表示面积使用越差，交叉匹配现象越严重。如果给定 α 值在整个能量变化范围内恒定，

则可得到图 5-53 所示的曲线，这条曲线构成了改造设计方案的边界。它在能量需求与换热面积关系图上与目标曲线可分出 4 个不同的区域，其中一个是改造设计的不可行区域，两个是经济效益较差的设计方案区域，还有一个就是较优的改造设计方案区域。网络改造的目标就是使改造设计方案落到最后一个区域内。

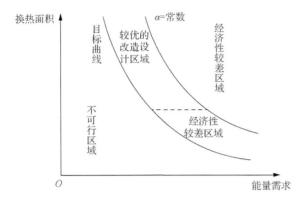

图 5-53　改造设计方案的区域选择

2）改造设计的方法

确定目标之后，就可以利用夹点技术进行改造设计。下面以图 5-54 所示的现存网络为例说明改造设计的步骤。

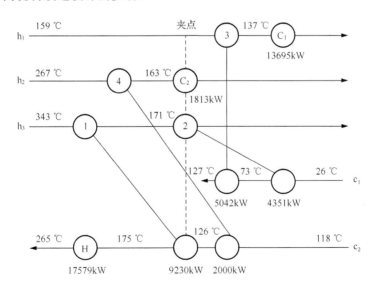

图 5-54　现存网络（ΔT_{min} = 10 ℃）

（1）辨别跨越夹点的换热器。做出现存网络的格子图，找出跨越夹点的换热器，其中 ΔT_{min} 在目标设定中给出。网络中换热器 1、2 和 4，以及冷却器 C_2 均存在跨越夹点的热量传递。

（2）消除跨越夹点的换热器。移掉换热器 1、2 和 4 及冷却器 C_2，如图 5-55 所示。

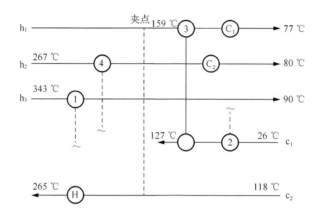

图 5-55　去除跨越夹点的换热器

（3）构成新网络。新换热器的设置，应尽可能地重新利用上面所消除的换热器。图 5-56 为一可能的新网络，夹点之上，换热器 1 及 4 得到重新利用，夹点之下换热器 2 得到重新利用，但负荷较小。流股 c_1 多余的热焓由换热器 3 承担，冷却器 C_2 负荷降低。只有换热器 A 是新设置的。

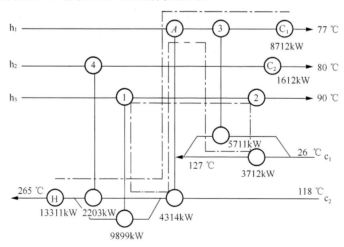

图 5-56　改进网络及其中的回路与通路

（4）改进网络。借助于热负荷回路和通路，可对现存网络进行改进，最大限度地使用已有换热器的面积。图 5-56 中的点划线标出了一个回路，回路的存在为网络设计引入了一定的灵活性。假定新换热器 A 的负荷增加 x 单位，那么通过每一流股的能量平衡，换热器 3 的负荷将为 $5711 - x$，而换热器 2 将是 $3712 + x$，换热器 1 为 $9899 - x$，这样可使旧换热器适应新的负荷。图 5-56 中还存在一个通路，始于加热器 H，通过换热器 A 到达冷却器 C_1，如图中点划线所示。假定加热器降低负荷 y，那么由流股的能量平衡，换热器 A 的负荷将增加 y，而冷却器 C_1 的负荷将减少 y。

通过回路和通路的负荷转移，可以确定出最终的网络，如图 5-57 所示。在此设计中，原换热器的换热面积得到了比较充分的利用。

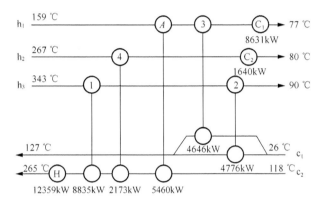

图 5-57　网络改造最终设计

第6章　蒸汽动力系统分析与优化

6.1　蒸汽动力系统的基本特点、存在的问题及优化措施

6.1.1　蒸汽动力系统的基本特点

蒸汽动力系统是将一次能源（燃料化学能、核能、地热能或太阳能等）转化成二次能源（电、蒸汽、热水等），以提供蒸汽、热能和动力的一系列设备组成。前已述及，蒸汽动力系统不仅是热力发电厂和自备热电站的基本构成，在化工、石油、冶金、轻工及机械等行业中也被广泛采用。在这些行业中，蒸汽动力系统是为推动所有工艺过程提供所需能量的单元或子系统，其基本任务是提供过程工艺所需的蒸汽和动力，是过程工业系统的重要组成部分，具有以下特点：①分散的多用户、多产汽点，多燃料来源，多压力等级；②多工况变化（季节、加工量、生产方案、市场价格）；③保证工艺系统需求，对能耗、加工费有较大影响。因此研究蒸汽动力系统多层次一体化集成建模，不仅有指导蒸汽动力系统全面优化的实际意义，而且对于整个过程工艺系统多层次集成建模的理论和技术研究具有重要的推动作用。

蒸汽动力系统的基本任务主要是：①提供工艺生产过程所需的蒸汽、热力；②吸收工艺生产过程中的热力能量、余热锅炉生产的蒸汽并合理地调配使用；③为降低所供应蒸汽的价格充分利用能量的价值，蒸汽多级利用，背压发电或驱动设备。

蒸汽动力系统一般具有高、中、低压等多个压力等级的蒸汽管网，各级管网之间通过蒸汽涡轮机产生过程所需的动力或电力，亏盈量可由电网购入或输出，它所提供的功率占全厂动力消耗的绝大部分，而产生蒸汽的相当一部分热能都来源于化工生产装置错综复杂的能量回收系统。蒸汽动力系统的安全、稳定运行是企业安全、稳定、长周期运行的基础，同时它也是企业中的耗能大户，它的转换效率影响着企业的经济效益。

6.1.2　蒸汽动力系统存在的问题

现有的蒸汽动力系统可能在设计上和运行上存在相应的问题。

设计上可能因为时效性出现锅炉、汽轮机的容量小、参数低且陈旧等问题，相应地为配合扩产和增建新装置而陆续增建小型锅炉、涡轮机组并扩充管网，就会缺乏联产和优化的统筹规划；而对于新建企业的功热联产能力也可能未充分利用；可能在选择驱动工艺设备的背压汽轮机时没有考虑低压蒸汽的用量，且蒸汽用量不可调节，就会出现当低压蒸汽用量少时背压蒸汽不得不放空。驱动工艺设备的背压汽轮机的背压选择过低，尽管中压蒸汽用量减少，但背压蒸汽没有充分利用，造成浪费。在选择余热锅炉和驱动工艺设备的背压汽轮机时，没有考虑蒸汽输送管线的特性，为保证管线随时能输送蒸汽，不得不使部分蒸汽减温减压。

在运行上可能存在冷凝水回收利用率低，蒸汽系统不平衡，泄漏严重，二次蒸汽、余热利用率低等问题。这些问题产生的主要原因是没有充分认识设计、调度和控制三个层次之间的相互联系；过多选用背压汽轮机驱动工艺设备，将提供驱动功作为主要任务，颠倒主次；没有从全厂蒸汽动力系统及其与全厂工艺生产的规划进行考虑。为解决这些问题，就需要对蒸汽动力系统进行优化。

6.1.3　蒸汽动力系统的优化措施

蒸汽动力系统优化有三个层次，分别为管理控制层次、实际生产运行层次以及设计投资决策层次。

管理控制层次的优化内容主要是针对系统的蒸汽压力和温度，确保蒸汽压力和温度的稳定。其优化目标是锅炉、蒸汽管线能满足用户蒸汽变化率的要求。

实际生产运行层次的优化内容主要是针对锅炉、汽轮机、蒸汽管网进行运行优化；达到燃料（煤、油、气、焦）的最优利用，外部资源（电、汽）和分时电价的最优利用。其优化目标是运行费用最小，优化变量是锅炉、汽轮机、蒸汽管网的开、停及负荷率。

设计投资决策层次的优化内容是蒸汽需求不变时对蒸汽动力系统的改进；蒸汽需求改变（四个方面原因：工艺设备及总流程重组改造、能量系统优化改造、扩产、新产品开发）时对旧系统的改造、新系统的设计。优化目标是设计工况运行费用+设备折旧费最小优化。优化变量是选择锅炉、汽轮机、蒸汽管道的型号及安放位置。

针对上述所说的三个层次，对蒸汽动力系统进行优化必须：①同企业总体规划、全局能量系统优化密切结合，确定合理的汽、电负荷；②同全局热量匹配、低温热利用综合考虑，充分利用工艺余热产汽和预热给水以减少锅炉负荷；③在全局扩产和设备更新中采用最新联产技术，高效、经济规模的设备以及合理选择燃料结构；④同蒸汽和动力用户密切配合的背压逐级利用、季节平衡和系统及管网的优化监控。因此，必须针对蒸汽动力系统进行集成建模，应用数学方法，确定集成模型的目标函数和约束条件，实现对蒸汽动力系统的优化研究。

6.2　蒸汽动力系统集成模型结构

系统的分析和优化离不开对结构的认识，为了实现蒸汽动力系统多层次一体化集成建模，需要从不同角度建立几种互相连接、互相表述的系统结构：物理结构、流结构、功能层次结构。物理结构是设备和系统硬件物理组元的反映，是系统集成建模与优化的基础；流结构是对软、硬件技术两方面综合集成的系统构成、稳态与动态特性及相互联结协调关系的描述；功能层次结构则是在实现不同层次和时间尺度上的控制管理、运行营销、设计投资决策三种功能的物理结构和流结构模型的集成框架。

6.2.1　蒸汽动力系统物理结构模型

蒸汽动力系统物理结构的描述是系统建模的基础，关系到计算机集成分析环境模型库与数据库的构建。因此，物理结构既要从全局上把握系统的描述，又要兼顾各单元设备在系统中的功能与地位。过程工业蒸汽动力系统为工艺生产提供工艺用蒸汽和加热热源，一般以 1.0 MPa 的蒸汽为主，燃烧瓦斯、重油或煤生产蒸汽。为了最大限度地合理利用能源，多生产 3.5 MPa 的中压或更高压力的蒸汽，中高压蒸汽逐级利用。同时工艺生产如催化裂化、丙烯腈等工艺过程也产生一定量的中压或高压蒸汽。

6.2.2　蒸汽动力系统流结构模型

蒸汽动力系统是多层面的复杂系统，从不同层面和角度可以揭示出不同的结构关系，只有从流结构的角度全面综合地研究蒸汽动力系统，才能实现蒸汽动力系统的整体最优化。

1. 物流

蒸汽动力系统中的物流主要是指燃料油、瓦斯锅炉给水和各压力等级蒸汽等，体现在图 6-1，购入的燃料油、天然气以及生产工艺过程产生的瓦斯在动力站转换为中、高压蒸汽。中、高压蒸汽通过汽轮机实现功热联产，输出电能或功，驱动工艺机械旋转，联产后的低压蒸汽和购入的低压蒸汽供工艺过程使用，工艺生产过程也产生一部分中、高压蒸汽，它们同样经过功热联产，联产后的低压蒸汽供工艺过程使用。

燃料油、瓦斯和蒸汽在转换和输送过程中严格遵守质量守恒定律，其模型可由质量守恒方程导出。由于燃料油、瓦斯和蒸汽都是先进入各自的管网后再进行分配，所以严格来讲应该研究管网上的物流平衡。

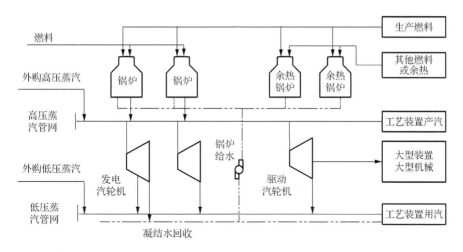

图 6-1　蒸汽动力系统物理结构模型

工艺生产过程中产生的瓦斯量等于加热炉、锅炉等消耗的量加上由于过剩而去火炬系统烧掉的量，瓦斯管网平衡方程如下：

$$\sum G_{gi}^{in} = \sum G_{gj}^{out} \qquad (6-1)$$

式中，G_{gi}^{in} 为第 i 股进入瓦斯管网的瓦斯量；G_{gj}^{out} 为第 j 股流出瓦斯管网的瓦斯量。

锅炉和工艺生产过程中产生的中压蒸汽量加上外购的中压蒸汽量等于工艺生产消耗的蒸汽量和进入汽轮机（背压式、凝汽式或抽凝式）、减温减压阀等的中压蒸汽量，其平衡可由下式表示：

$$\sum G_{MPsi}^{in} = \sum G_{MPsj}^{out} \qquad (6-2)$$

式中，G_{MPsi}^{in} 为第 i 股进入中压蒸汽管网的中压蒸汽量；G_{MPsj}^{out} 为第 j 股流出中压蒸汽管网的中压蒸汽量。

对低压蒸汽，进入蒸汽管网的蒸汽量等于流出低压蒸汽管网的蒸汽量。进入低压蒸汽管网的蒸汽包括汽轮机的背压出汽、减温减压后的蒸汽、工艺余热锅炉产生的低压蒸汽、外购的低压蒸汽等；流出低压蒸汽管网的蒸汽包括工艺过程消耗的蒸汽、冬季采暖、维温伴热消耗的蒸汽、传递过程中损失掉的蒸汽量，以及由于过剩而放空的量。低压管网的平衡由下式表示：

$$\sum G_{LPsi}^{in} = \sum G_{LPsj}^{out} \qquad (6-3)$$

式中，G_{LPsi}^{in} 为第 i 股进入低压蒸汽管网的蒸汽量；G_{LPsj}^{out} 为第 j 股流出低压蒸汽管网的蒸汽量。

2. 能流

能流是蒸汽动力系统中最重要的流，目前大部分针对蒸汽动力系统的优化主

要集中在能流的角度。能流的描述方程由能量守恒方程导出。在锅炉内的能量平衡方程为

$$G_f \eta_b q_s = G_{sb} (H_s - H_w) \qquad (6\text{-}4)$$

式中，G_f 为锅炉消耗燃料量，t/h；η_b 为锅炉热效率，%；q_s 为燃料低位发热量，kJ/t；G_{sb} 为锅炉产生蒸汽量，t/h；H_s 为单位质量过热蒸汽焓值，kJ/t；H_w 为锅炉给水焓值，kJ/t。

对于背压式汽轮机，其能量平衡方程如下：

$$G_s (h_{in} - h_{out}) \eta_t = P \qquad (6\text{-}5)$$

式中，G_s 为汽轮机中蒸汽流量，t/h；h_{in}、h_{out} 分别为蒸汽进出汽轮机的比焓值，kJ/t；η_t 为汽轮机做功效率，%；P 为汽轮机输出功，kW。

3. 信息流

对于蒸汽动力系统集成建模而言，信息流是数据库之间、子程序之间、数据库与子程序之间，以及设计、运行、控制三层次之间进行数据管理交换和共享的流，可分为静态和动态两种。静态信息流模型要解决的关键问题是制定通用的标准数据结构，使各公用数据库之间可以进行自由的数据交换；动态信息流模型主要涉及信息的实时采集、转换处理与共享，以便对系统的运行进行控制。这里的信息不仅包括蒸汽动力系统管理、控制与优化所使用的各种数学模型、求解方法以及其他内部信息，同时还包括生产运行状况、气候变化、能源市场变化以及政策法规等外部信息。

4. 资金流

蒸汽动力系统的集成建模是以获得最大经济效益为目标的，而经济效益的直接体现就是资金，所以资金流贯穿于蒸汽动力系统寿命周期。建设费用成本、运行费用成本以及优化改造费用成本这三项成本构成了蒸汽动力系统寿命周期成本模型。

5. 备件流

备件流主要涉及蒸汽动力系统设备的维修和更新的管理调度。对于各种设备必须严格建立其使用状态的数据报表，通过故障在线检测了解设备运行状态，并定时在数据报表中记录，以了解设备的寿命状况，对隐藏的故障做到防患于未然。

6. 人件流

这里的人件流是指蒸汽动力系统管理、运行工作人员的调度，以保证蒸汽动力系统的合理运行。

上述六种流并不是孤立的,而是存在紧密的关系,即由物流结构可向部分能流结构同构,因此部分能流结构模型可直接由物流结构模型与数据库转换而来。由于蒸汽动力系统内的物流均是有能量的,故能流与物流的关系就更密切了。物流与能流是动态信息流的主要载体,而动态信息流是物流与能流的定量描述。资金流配合能流的进行,能流的经济效益主要体现在资金设备与人件的消耗上。因此合理调度资金流、备件流与人件流,既能保证系统的运转,又可节能降耗。这方面的模型主要集中在系统的管理环节,包括能源管理、资金管理、备件管理和人件管理。

6.2.3　蒸汽动力系统功能层次结构模型

蒸汽动力系统的集成建模结构如图 6-2 所示。在蒸汽动力系统的综合集成层次结构中,将上述六种流划分为硬件技术环节和软件技术环节两大类,物流、能流和信息流等的控制运行和设计是硬件技术的环节的工程技术问题,而资金流、备件流、人件流与相应的信息流等的管理、营销和投资决策则属于软件技术环节的管理科学问题。软、硬件技术的集成是基于控制、运行和设计三层次的综合集成。

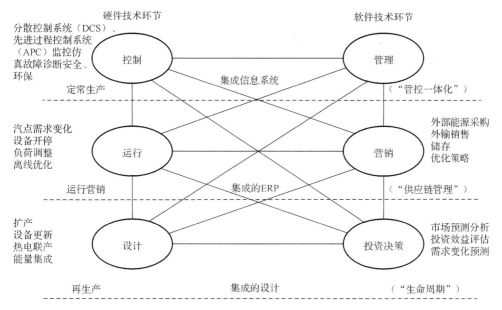

图 6-2　蒸汽动力系统的集成建模结构

(1)控制层次涉及系统连续工况下以分、秒为主时间尺度的运行和管理,对于已有的锅炉、汽轮机和管网组成的系统,在给定的燃料、蒸汽产量和蒸汽参数条件下,主要解决锅炉、汽轮机和蒸汽管网等运行参数的稳定控制优化问题。

(2)运行层次蒸汽动力量的需求随工艺生产变化而变化,气候等环境条件以及设备状况也在变化,且大多是偏离设计工况的,此时的运行优化包括:锅炉、汽轮机、燃气轮机、蒸汽管网的启停和设备维护等运行优化;燃料(燃煤、燃油、瓦斯等)的最优利用;外部资源(外购蒸汽、外购电等)的最优利用。在满足工艺生产需求的前提下,总运行费用最小,即在各种特殊情况下,都能做到无蒸汽、瓦斯放空和最大限度的热电联产。

(3)设计决策包括蒸汽动力系统的原始优化设计和优化改造。蒸汽动力系统的优化改造有两类:一类是工艺生产对蒸汽的需求没有发生变化,但因蒸汽动力系统的运行效率低而进行的优化改造;另一类是因工艺生产对蒸汽的需求发生变化而进行的优化改造。蒸汽需求的改变有四个方面的原因:工艺设备及总流程重组改造、能量系统优化改造、扩产以及新产品开发。这时准确的市场预测和能源需求分析是必不可少的,能源需求预测方法很多,投入产出法便是其中比较有效的一种。投资决策层次的优化目标为全周期内运行费用与设备折旧费之和最小。优化变量为选择锅炉、汽轮机、蒸汽管道的型号和安放位置等。

6.3　蒸汽动力系统多周期最优设计-运行的集成模型

蒸汽动力系统设计层次和运行层次集成的优化模型,既考虑了设计投资决策阶段的投资费用,也考虑了运行阶段的多工况运行因素,包括系统设备启停费用、维护费用等,最终的目标是使全周期内总费用最小,并给出各工况下各设备的最优运行状态和运行负荷。该集成模型如果不考虑设计,可以归结为优化运行计划模型或者优化运行调度模型,并且考虑了设备启停费用;如果不详细考虑运行过程中的各因素,则可归结为最优设计投资决策层次模型。

首先建立蒸汽动力系统的超结构流程图,然后建立混合整数线性规划(MILP)模型或混合整数非线性规划(MINLP)模型。用连续变量代表单元设备的处理能力和流量,用二元变量(取值为 0 或 1)来代表设计阶段设备的取舍(二元变量取值为 1 时表示设计阶段选择该设备,取值为 0 时表示设计阶段不选择该设备),以及在给定工况下各设备的运行状态(二元变量取值为 1 时表示运行该设备,取值为 0 时表示不运行该设备)。

6.3.1　集成模型的目标函数

目标函数取系统在全周期内总费用最小,一般取全周期为一年,即

$$\min C = \sum_n \mathrm{CEF}_n \times Y_n + \sum_t \sum_n (\mathrm{COF}_{nt} \times Y_{nt} \times \mathrm{CZF}_{nt}) + \sum_t \sum_p \mathrm{CWF}_{pt} + \sum_t \sum_r \mathrm{CSF}_{rt}$$

(6-6)

式中,Y_n 为设备选取变量($Y_n=0$ 表示设备 n 在开始阶段没有被选取,$Y_n=1$ 表示设备 n 在开始阶段被选取);Y_{nt} 为第 t 周期设备 n 的运行状态($Y_{nt}=0$ 表示设备 n 在第 t 周期不运行,$Y_{nt}=1$ 表示设备 n 在第 t 周期正常运行);CZF_{nt} 为第 t 周期设备 n

的启动、停止费用函数；CWF_{pt} 为第 t 周期外购 p 等级动力的费用函数；CSF_{rt} 为第 t 周期外购 r 等级蒸汽的费用函数。

（1）单元 n 的固定设计投资折旧和维护费用函数为 CEF_n。针对不同问题形式不同，对于单纯优化调度问题，一般折算到每小时，为固定值，不作为优化变量；设计问题包含原始设计和改造设计两种，改造设计中既包括改造前设备折旧维护费用，也包括改造新增设备折旧维护费用，它们一般为非线性形式，是模型的优化变量。

（2）第 t 个周期单元设备 n 的运行费用函数为 COF_{nt}，主要为锅炉燃料费用、冷凝水费用、锅炉给水费用等。

（3）第 t 个周期单元 n 启停费用函数为

$$CZF_{nt} = C_n \times ZO_{nt} + CS_n \times ZS_{nt} \qquad (6\text{-}7)$$

式中，C_n 为设备启动费用，美元；CS_n 为设备停运费用，美元；ZO_{nt} 为第 t 个周期单元设备 n 的启动状态变量（$ZO_{nt}=1$ 表示第 t 个周期单元设备 n 存在启动费用，$ZO_{nt}=0$ 表示第 t 个周期单元 n 不存在启动费用）；ZS_{nt} 为第 t 个周期单元设备 n 的停运状态变量（$ZS_{nt}=1$ 表示第 t 个周期单元设备 n 存在停运费用，$ZS_{nt}=0$ 表示第 t 个周期单元设备 n 不存在停运费用）。

（4）第 t 个周期外购动力的费用函数为

$$CWF_{pt} = c_{wp} \times wf_{pt} \qquad (6\text{-}8)$$

式中，c_{wp} 为外购动力单价，美元/（kW·h）；wf_{pt} 为周期 t 外购 p 等级动力量函数，kW·h。

（5）第 t 个周期外购蒸汽的费用函数为

$$CSF_{rt} = c_{sr} \times sf_{rt} \qquad (6\text{-}9)$$

式中，c_{sr} 为外购蒸汽单价，美元/t；sf_{rt} 为第 t 个周期外购 r 等级蒸汽量函数，t/h。

6.3.2　集成模型的约束条件

1. 单元设备 n 的物料平衡方程

根据质量守恒，列单元设备 n 的物料平衡方程如下：

$$\sum_n F_{n,\text{in},t} - \sum_n F_{n,\text{out},t} = 0, \qquad t = 1, 2, \cdots, T, \ n = 1, 2, \cdots, N \qquad (6\text{-}10)$$

式中，$F_{n,\text{in},t}$ 为周期 t 输入到单元设备 n 的物流单位流量函数；$F_{n,\text{out},t}$ 为周期 t 从单元设备 n 输出的物流单位流量函数。

2. 单元设备 n 的能量平衡方程

根据能量守恒，列单元设备 n 的能量平恒方程式如下：

$$\sum_n F_{n,\text{in},t} h_{n,\text{in},t} - \sum_n F_{n,\text{out},t} h_{n,\text{out},t} - \sum_p w_{npt} - \sum_r Q_{nrt} = 0 \qquad (6\text{-}11)$$

式中，w_{npt} 为周期 t 单元 n 单位时间内对外输出 p 等级功的函数，kW；Q_{nrt} 为周期 t 单元 n 单位时间内对外放出热量函数，kJ；$h_{n,\text{in},t}$ 为周期 t 输入到单元 n 的单位质量工质的焓；$h_{n,\text{out},t}$ 为周期 t 输出单元 n 的单位质量工质的焓。

3. 设备能力约束

设备能力约束条件如下：

$$\Omega^L_{F_{n,\text{in}}} \leqslant F_{n,\text{in},t} \leqslant \Omega^U_{F_{n,\text{in}}} \tag{6-12}$$

$$\Omega^L_{F_{n,\text{out}}} \leqslant F_{n,\text{out},t} \leqslant \Omega^U_{F_{n,\text{out}}} \tag{6-13}$$

$$\Omega^L_w \leqslant w_{npt} \leqslant \Omega^U_w \tag{6-14}$$

$$\Omega^L_Q \leqslant Q_{nrt} \leqslant \Omega^U_Q \tag{6-15}$$

$$\Omega^L_S \leqslant S_{nrt} \leqslant \Omega^U_S \tag{6-16}$$

式中，S_{nrt} 为周期 t 单元 n 单位时间内产汽量函数，kW；$\Omega^U_{(\cdot)}$、$\Omega^L_{(\cdot)}$ 为各对应项的上下界。

4. 周期 t 满足蒸汽和动力的需求约束

相关约束条件如下：

$$wf_{pt} + \sum_n w_{npt} \geqslant \mathrm{DW}_{pt} \tag{6-17}$$

$$sf_{rt} + \sum_n S_{nrt} \geqslant \mathrm{DS}_{rt} \tag{6-18}$$

式中，DW_{pt} 为第 t 个周期 p 级动力的需求量，kW；DS_{rt} 为第 t 个周期 r 等级蒸汽的需求量，t/h。

5. 周期 t 单元设备运行状态约束

其约束条件如下：

$$Y_n \leqslant \sum_t Y_{nt} \tag{6-19}$$

$$Y_{nt} \leqslant Y_n \tag{6-20}$$

式中，Y_n 为设备选取变量（$Y_n = 1$ 表示单元 n 在设计阶段被选取，$Y_n = 0$ 表示单元 n 在设计阶段不被选取）；Y_{nt} 为第 t 个周期设备的运行状态（$Y_{nt} = 1$ 表示单元 n 在周期 t 运行，$Y_{nt} = 0$ 表示单元 n 在周期 t 不运行）。

6. 单元设备启停约束

其约束条件如下：

$$\mathrm{ZO}_{nt} \geqslant Y_{nt} - Y_{n,t-1} \tag{6-21}$$

$$\mathrm{ZS}_{nt} \geqslant Y_{nt} - Y_{n,t+1} \tag{6-22}$$

6.4　蒸汽动力系统集成建模的应用

6.4.1　蒸汽动力系统运行优化实例

蒸汽动力系统的优化运行调度直接影响着过程工业企业的经济效益，合理的优化调度是企业节约能源、提高经济效益的重要途径。过程工业的蒸汽动力系统的蒸汽和动力的需求量时常随着生产量、产品方案、市场销售和季节变化等发生周期性的变化。当蒸汽和动力的需求变化时，便出现了设备的启动和停运问题。一般情况下，蒸汽动力系统的设备启停费用相当可观，是不可忽略的，因此在研究蒸汽动力系统的优化调度时，设备的启停费用是必不可少的。本节将要研究的蒸汽动力系统优化调度问题考虑了锅炉效率随负荷的变化、汽轮机做功的非线性以及各设备的启停费用，并采用改进的遗传算法求解。

1. 优化调度算例原始数据

图 6-3 为某石化企业的蒸汽动力系统的流程图，该蒸汽动力系统包括一台高压锅炉（B_1）、一台中压锅炉（B_2）、两台背压式汽轮机（T_1、T_2）和一台抽凝式汽轮机 T_3，两个最大流量为 60 t/h 的减温减压阀（V_1、V_2）。各单元折旧维护费用和设备的启停费用如表 6-1 所示，各等级蒸汽参数如表 6-2 所示。

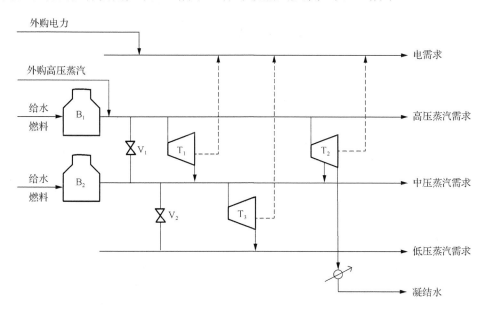

图 6-3　优化调度算例流程图

表 6-1　各设备的折旧维护费用和启停费用

设备	折旧维护费用/(元/h)	启动停运费用/元
B_1	160	25000
B_2	120	18000
T_1	60	6000
T_2	140	12000
T_3	60	6000

表 6-2　各等级蒸汽参数

蒸汽类别	焓/(kJ/kg)	压力/MPa	温度/℃
高压蒸汽	3318	4.9	450
中压蒸汽	3140	2.0	350
低压蒸汽	2743	0.34	140
凝气	2584.5	0.008	46

现考虑总时间 720 个小时的优化调度问题，总时间分为 6 个周期，每个周期 120 个小时，每个周期的蒸汽和动力需求如表 6-3 所示。外购高压蒸汽费用为 120 元/t，外购动力费用为 0.55 元/（kW·h），燃料煤的低位热值为 24000 kJ/kg，价格为 230 元/t。

表 6-3　各操作周期蒸汽和动力需求

周期	各操作周期 3 个等级蒸汽需求/(t/h)			各操作周期动力需求/kW
	高压	中压	低压	动力
1	40	70	60	9000
2	30	30	40	6000
3	40	75	50	4000
4	30	30	40	10000
5	30	80	45	8000
6	40	40	50	5000

2. 算例求解及结果

利用 6.1 节的集成模型理论，建立多周期混合整数非线性优化调度模型，目标函数中包括单元折旧维护费用、外购蒸汽和动力的费用、锅炉消耗燃料费用以及单元设备启停费用。因为没有设计问题，所以各设备的单位时间折旧维护费用是固定的，故不作为优化变量。锅炉和汽轮机的模型通过本章第 2 节提到的获得设备数学模型的方法得到。采用本书第 4 章介绍的遗传算法求解，变量数为 150

个，选取初始解群规模为 90，交叉变异产生中间种群的执行步数为 90，进化到 2000 代后得到了最优解，最优运行调度结果如表 6-4 所示。

表 6-4　非线性优化运行结果

周期	B_1 蒸发量 /(t/h)	B_1 燃料量 /(t/h)	B_2 蒸发量 /(t/h)	B_2 燃料量 /(t/h)	T_1 进气量 /(t/h)	T_1 输出功率 /kW	T_2 进气量 /(t/h)	T_2 凝气量 /(t/h)
1	130.00	14.38	58.20	5.91	37.6	1488	52.40	18.20
2	116.90	12.90	0	0	75.00	2967	0	0
3	106.40	11.87	58.60	5.95	50.60	2000	0	0
4	130.00	14.39	0	0	70.00	2768	30.00	30.00
5	120.10	13.24	51.50	5.32	37.50	1483	52.60	16.50
6	98.10	11.12	32.50	3.93	58.10	2300	0	0

周期	T_2 输出功率 /kW	T_3 进汽量 /(t/h)	T_3 输出功率 /kW	V_1 流量 /(t/h)	V_2 流量 /(t/h)	外购蒸汽 /(t/h)	外购动力 /kW
1	4312	60	3200	0	0	0	0
2	0	56.9	3003	11.9	0	0	0
3	0	37.5	2000	15.8	12.5	0	0
4	4891	40	2133	0	0	0	207
5	4117	45	2400	0	0	0	0
6	0	50.6	2700	0	0	0	0

3. 结果分析

由计算得出全周期总费用为 3176003 元，其中启停费用为 120000 元，占总费用的 3.8%。与各周期单独优化结果（模型中不考虑启停费用）对比可知，考虑了启停费用后，各设备运行发生变化。虽然操作费用有所提高，但是启停费用降低的幅度较大使总费用降低得更多，其数量相当可观。各周期之间蒸汽和动力需求量变化越大，同一时间段内划分的周期越多，总费用降低得越多。模型中如果不考虑启停费用约束的另一个结果是设备启停频繁，从安全和经济方面考虑都是不允许的。综合以上两点可知，启停费用在蒸汽动力系统多周期优化调度过程中是不可忽视的。

另外，本节还对该问题建立了线性模型并进行求解，求解结果如表 6-5。模型中没有考虑锅炉效率随负荷的变化以及汽轮机做功的非线性，锅炉效率取 0.9，汽轮机效率取 0.8，总费用为 3239878 元，比非线性模型求解结果高 63875 元。从非线性模型求解结果和线性模型求解结果的对比可以看出，前者高压锅炉和低压锅炉的各周期产汽量均较后者的高，且均在效率较高的工况下运行，并且前者低压锅炉多停用了一个周期，虽然增加了一次启停费用，但减少了运行费用，因此总费用与后者相比有所降低。对于汽轮机的运行,前者大多在额定工况附近工作,且停用的周期比后者多,运行费用同样比后者有所降低。造成以上结果的原因是线性模型中没有考虑锅炉效率的变化和汽轮机做功的非线性,进而没有合理地建立系统各设备数学模型,因而导致运行总费用增多,优化的结果不是真正意义上的最优。从表 6-5 可以看出,线性模型求解结果中锅炉 B_2 的蒸发量远低于其额定蒸发量 60t/h,其实际运行效率也低于给定的 90%,消耗的实际燃料量会更多,总费用比 3239878 元还要多。因此,对于蒸汽动力系统优化调度问题,合理地建立各设备的数学模型是非常重要的。

表 6-5　线性优化运行结果

周期	B_1 蒸发量 /(t/h)	B_1 燃料量 /(t/h)	B_2 蒸发量 /(t/h)	B_2 燃料量 /(t/h)	T_1 进气量 /(t/h)	T_1 输出功率 /kW	T_2 进气量 /(t/h)	T_2 凝气量 /(t/h)
1	130	14.56	58.1	6.03	37.5	1483	52.5	18.1
2	82.1	9.20	32.5	3.37	0	0	52.1	14.6
3	100	11.20	65	6.75	50.6	2000	0	0
4	130	14.56	0	0	40	1582	60	30
5	130	14.56	38.3	3.98	40	1582	60	13.3
6	98.1	10.99	32.5	3.37	58.1	2300	0	0

周期	T_2 输出功率 /kW	T_3 进汽量 /(t/h)	T_3 输出功率 /kW	V_1 流量 /(t/h)	V_2 流量 /(t/h)	外购蒸汽 /(t/h)	外购动力 /kW
1	4317	60	3200	0	0	0	0
2	3867	40	2133	0	0	0	0
3	0	37.5	2000	9.4	12.5	0	0
4	6077	40	2133	0	0	0	208
5	4018	45	2400	0	0	0	0
6	0	50.6	2700	0	0	0	0

6.4.2　蒸汽动力系统设计和运行同步优化研究

过程工业的蒸汽和动力的需求量时常随着生产量、产品方案、市场销售和季节等因素的变化而发生周期性的变化。蒸汽动力系统的设计要适合大范围的过程需求变化,运行要满足所有周期的热功需求,并且要保证全周期内设计和运行的总费用最小。以往的蒸汽动力系统设计和运行总是分开考虑,先优化设计再优化运行,这样难免造成设计与运行的脱节,虽然能够满足热功需求的目标,但是经常导致资源的浪费和运行的不合理,难以实现设计和运行总费用最小的目标,因此必须考虑设计和运行的同步优化。

1. 设计与运行同步优化算例原始数据

图 6-4 为某石化企业拟设计的蒸汽动力系统的超结构流程图，该超结构中有一个高压锅炉（B_1）、一个中压锅炉（B_2）、三个超高压汽轮机（T_1、T_2、T_4）、一个高压汽轮机（T_3）和两个中压汽轮机（T_5、T_6）可供设计选用。现要求通过计算，设计既要满足蒸汽和动力需求又要保证设计和运行总费用最小的最优蒸汽动力系统。

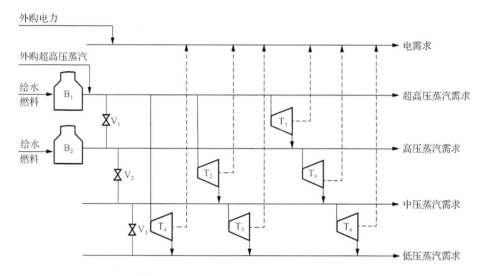

图 6-4　设计与运行同步优化算例流程图

该系统共有四个蒸汽等级，各等级参数见表 6-6，低等级的蒸汽可以通过高等级蒸汽节流得到。一年被划分为 12 个周期，各周期的动力和蒸汽需求如表 6-7 所示，允许从外部购买动力和超高压蒸汽，但数量有一定的限制。超高压蒸汽价格为 158 元/t，动力价格为 0.5 元/（kW·h），锅炉效率取 90%，汽轮机效率取 80%，燃料煤的低热值为 24000 kJ/kg，价格为 190 元/t。

表 6-6　各等级蒸汽参数

蒸汽类别	焓/(kJ/kg)	压力/MPa	温度/℃
超高压蒸汽	3473	9.9	540
高压蒸汽	3219	2.35	390
中压蒸汽	3146	2.07	250
低压蒸汽	2743	0.34	139

表 6-7　各操作周期蒸汽和动力需求

周期	各操作周期 4 个等级蒸汽需求/(t/h)				各操作周期动力需求/MW
	超高压	高压	中压	低压	动力
1	30	60	40	50	12
2	20	35	30	80	18
3	10	20	30	35	15
4	20	50	20	45	12
5	40	20	25	45	14
6	30	50	40	45	15
7	30	40	40	50	14
8	20	35	30	40	18
9	30	40	30	50	16
10	30	50	40	40	14
11	40	30	25	55	16
12	30	50	40	50	15

2. 算例求解和结果

根据前文中集成建模思想对本算例建立混合整数非线性模型，目标函数中的年总费用包括单元折旧维护费用、外购蒸汽费用、外购动力费用和锅炉消耗的燃料费用，其中锅炉和汽轮机的折旧和维护费用如下所示：

$$\text{CEF}_n = C_n \times \left(\beta_1 + \beta_2 \right) \tag{6-23}$$

$$C_B = 3.496 \times M_1 \times M_2 \times \left(X_B/3.6 \right)^{0.82} \times 10^5 \tag{6-24}$$

$$M_1 = 1 - 6.1 \times 10^{-4} \left(t - t' \right) + 1.3 \times 10^{-5} \left(t - t' \right)^2 \tag{6-25}$$

$$M_2 = 1.0187 - 2.724 \times 10^{-2} P + 9.865 \times 10^{-3} P^2 \tag{6-26}$$

$$t' = \frac{4.7965 \times 10^3}{12.85624 - \ln\left(10.1972 \times P \right)} - 273.15 \tag{6-27}$$

$$C_T = 1.73495 \times W_T^{0.424} \times 10^5 \tag{6-28}$$

$$\beta_1 = \frac{p\left(1 + p\right)^q}{\left(1 + p\right)^4 - 1} \tag{6-29}$$

式中，C_B 为锅炉投资费用，美元；X_B 为锅炉额定蒸发量，t/h；t 为锅炉出口蒸汽温度，℃；P 为锅炉出口蒸汽压力，MPa；C_T 为汽轮机投资费用，美元；W_T 为汽轮机额定输出功率，kW；β_1 为折旧费率；p 为贷款年利率，本书取 0.00621；q 为折旧年限，本书取 15 年；β_2 为维护费率，对锅炉取 0.08，汽轮机取 0.06；M_1

为与锅炉出口蒸汽温度有关的锅炉投资费用系数；M_2 为与锅炉出口压力有关的锅炉投资费用系数；t' 为与锅炉出口蒸汽压力有关的锅炉出口蒸汽修正温度。

该算例模型中共有 104 个二元变量和 194 个非线性约束，属于混合整数非线性规划模型，采用第 3 章介绍的遗传算法进行求解，变量数为 224 个，选取初始解群规模为 80，交叉变异产生中间种群的执行步数为 80，进化到 2000 代后得到了最优解。各设备的选择和容量如表 6-8 所示，各周期优化运行结果如表 6-9 所示。

表 6-8　集成优化设计结果

设备	设计容量
锅炉 B_1	177 t/h
汽轮机 T_1	8400 kW
汽轮机 T_3	1850 kW
汽轮机 T_6	7500 kW

表 6-9　集成优化运行结果

周期	B_1 蒸发量 /(t/h)	B_1 燃料量 /(t/h)	T_1 进汽量 /(t/h)	T_1 输出功率 /kW	T_3 进汽量 /(t/h)	T_3 输出功率 /kW	T_6 进汽量 /(t/h)
1	177.2	21.10	134.2	7577	90.2	1464	50.2
2	168.8	20.11	148.8	8400	113.8	1846	83.7
3	132.1	15.73	122.1	6890	102.1	1656	72.1
4	140.2	16.71	112.7	6360	70.2	1140	50.2
5	153.1	18.24	113.1	6386	93.1	1511	68.1
6	177.2	21.10	147.2	8306	97.2	1576	57.2
7	164.5	19.59	134.5	7590	94.5	1532	54.5
8	168.8	20.11	148.8	8400	113.8	1846	83.7
9	171.3	20.40	144.3	7974	101.3	1643	71.3
10	171.0	20.37	141.0	7958	91.0	1476	51.0
11	172.0	20.49	132.0	7450	102.0	1655	77.0
12	177.2	21.10	147.2	8306	97.2	1576	57.2

周期	T_6 输出功率 /kW	V_1 流量 /(t/h)	V_2 流量 /(t/h)	V_3 流量 /(t/h)	外购蒸汽 /kW	外购动力 /kW	
1	4500	16.0	0	0	3.1	0	
2	7500	0	0	0	0	254	
3	6454	0	0	0	0	0	
4	4500	7.6	0	0	0	0	
5	6103	0	0	0	0	0	
6	5118	0	0	0	0	0	

续表

周期	T$_6$输出功率 /kW	V$_1$流量 /(t/h)	V$_2$流量 /(t/h)	V$_3$流量 /(t/h)	外购蒸汽 /kW	外购动力 /kW	
7	4878	0	0	0	0	0	
8	7500	0	0	0	0	254	
9	6383	0	0	0	0	0	
10	4566	0	0	0	0	0	
11	6895	0	0	0	0	0	
12	5118	0	0	0	0	0	

3. 结果分析

以上计算的年总费用为 12941020 美元，其中设备投资和折旧费用为 7319052 美元，占总费用的一半以上，因此合理地选择设备和容量可以有效降低年总费用、提高企业经济性、节约能源。从算例的结果可以看出，满足蒸汽需求的最终的蒸汽动力系统中有一台超高压锅炉、三台背压式汽轮机。高等级蒸汽大部分通过汽轮机做功到达下一个等级，只有很少量的蒸汽通过减温减压阀（减温减压阀主要作应急使用）。各设备大部分都处于额定工况附近运行，没有造成设备的浪费及能量利用效率的降低。另外，采用改进的遗传算法进行计算，保证了最终的结果是全局最优解，并且所用的时间较短，运算效率和效果都很好。

参 考 文 献

崔峨, 尹洪超. 热能系统分析与最优综合[M]. 大连: 大连理工大学出版社, 1994.

傅家骥, 万海川. 技术经济学概论[M]. 北京: 高等教育出版社, 1992.

傅秦生. 能量系统的热力学分析方法[M]. 西安: 西安交通大学出版社, 2005.

黄素逸. 能源科学导论[M]. 北京: 中国电力出版社, 2012.

金红光, 林汝谋. 能的综合梯级利用与燃气轮机总能系统[M]. 北京: 科学出版社, 2008.

金齐. 综合能源系统热电联合建模与风电消纳分析[D]. 大连: 大连理工大学, 2021.

陆钟武, 蔡九菊. 系统节能基础[M]. 2 版. 沈阳: 东北大学出版社, 2012.

罗向龙. 蒸汽动力系统优化设计与运行集成建模及求解策略的研究[D]. 大连: 大连理工大学, 2004.

沈维道, 童钧耕. 工程热力学[M]. 4 版. 北京: 高等教育出版社, 2007.

孙秋野, 马大中. 能源互联网与能源转换技术[M]. 北京: 机械工业出版社, 2017.

唐焕文, 秦学志. 实用最优化方法[M]. 3 版. 大连: 大连理工大学出版社, 2004.

汪定伟. 智能优化算法[M]. 北京: 高等教育出版社, 2007.

王众讬. 系统工程引论[M]. 北京: 电子工业出版社, 1984.

韦保仁. 能源与环境[M]. 北京: 中国建材工业出版社, 2015.

文常保, 茹锋. 人工神经网络理论及应用[M]. 西安: 西安电子科技大学出版社, 2019.

吴岸城. 神经网络与深度学习[M]. 北京: 电子工业出版社, 2016.

吴金星. 能源工程概论[M]. 2 版. 北京: 机械工业出版社, 2019.

杨勇平. 分布式能量系统[M]. 北京: 化学工业出版社, 2011.

杨友麒. 实用化工系统工程[M]. 北京: 化学工业出版社, 1989.

姚平经. 化工过程系统工程[M]. 大连: 大连理工大学出版社, 1992.

殷亮. 能量系统建模与优化[M]. 北京: 机械工业出版社, 2017.

朱明. 热工工程基础[M]. 武汉: 武汉理工大学出版社, 2014.

朱明善. 能量系统的㶲分析[M]. 北京: 清华大学出版社, 1988.

朱自强, 徐汛. 化工热力学[M]. 2 版. 北京: 化学工业出版社, 1991.

Bertsch V, Fichtner W, Heuveline V. Advances in Energy System Optimization[M]. Switzerland: Birkhäuser, 2017.

Bejan A. Advanced Engineering Thermodynamics[M]. 2nd ed. New York: Wiley, 1997.

Knopf F C. Modeling, Analysis, and Optimization of Process and Energy Systems[M]. Hoboken: Wiley, 2012.

Obara S, Hepbasli A. Compound Energy Systems Optimal Operation Methods[M]. Cambridge: The Royal Society of Chemistry, 2010.

Rosen M A, Koohi-Fayeghs S. Cogeneration and District Energy Systems[M]. London: Institution of Engineering and Technology, 2016.